海をわたる機関車

近代日本の鉄道発展とグローバル化

Trading Locomotives:
The First Globalization and the Development of Japan's Railways, 1869-1914

中村尚史
NAKAMURA Naofumi

吉川弘文館

はしがき——グローバル化と鉄道車輌

　2005年6月，イギリス政府と同国鉄道車輌リース会社，日立製作所の三者間で，高速鉄道車輌の納入と保守に関する契約が締結された。総額650億円にのぼるこの契約は，日本で最初のイギリス向け鉄道車輌輸出である（小島英俊『鉄道技術の日本史』中公新書，2015年，236-237頁）。そして2007年8月，日本の工場で製作された最初の車輌がイギリスに上陸し，10月から走行試験を開始した（川崎健・用田敏彦・山口貴史「欧州鉄道向け車両技術」〈『日立評論』第89巻第11号，2007年，66-69頁〉）。イギリスからの技術導入によって日本で最初の鉄道が走ってから135年，日本の鉄道車輌は，はじめて鉄道の母国を走ることになった。

　2000年代に入り，従来，国内市場を中心にビジネスを展開してきた日本の鉄道車輌メーカーや鉄道事業者が，海外進出を本格化している。日立に限らず，川崎重工など他の鉄道車輌メーカーも，イギリスやアメリカに工場を建設し，日本国内のマザー工場と連携しながら，高速鉄道用を含む鉄道車輌の輸出や現地生産を行っている。またJR東日本やJR東海といった鉄道事業者は，新幹線や都市交通システムといった鉄道システムの輸出を目指して，世界各地でマーケティング活動を活発化している。

　こうした鉄道輸出の背景には，ヒト，モノ，カネ，そして情報の国際的な移動が加速する，グローバル化の動きがある。グローバル化する社会・経済とは，鉄道建設に必要な資本や資材，人材，システムが自由に，そして素早く国境を越え，海をわたることを意味する。そのため，車輌を中心とする鉄道システム供給をめぐる国際競争が激化し，最先端の高速鉄道技術や都市交通システムが，先進国のみでなく，途上国にも一気に拡がることになった。

　ただしグローバル経済のもとでの鉄道システムの拡散は，21世紀に固有の現象ではない。同様の現象は，19世紀後半から第1次世界大戦直前にかけて出現した，「第1次グローバル化」といわれる時代にもみられた。この時代には，スエズ運河や大陸横断鉄道，海底ケーブルに代表される運輸・通信インフラが

整備され，イギリスを中心とする国際金本位制や多角的決済システム，ロンドンでの海運取引所や海上保険が高度に発達した。そのため，ヒト，モノ，カネ，情報が頻繁に行き交うようになり，緊密なグローバル経済が構築された。日本の鉄道は，まさにその時代に，イギリスから導入され，技術的な多様化と収斂を経験しつつ，急速な発展を遂げたのである。

　日本における鉄道業の形成を考える場合，その再生産を可能にする鉄道用品の供給が，誰によって，如何にして行われたのかという点が重要となる。とくに蒸気機関車は，当時における最先端技術の粋を集めた製品であったことから，明治末年まで自給が困難であった。そのためこの問題は，機関車とその部品の円滑な輸入が，如何にして可能になったのかという問いに置き換えることができる。そしてこれに答えるためには，まず当該期における鉄道車輌の世界市場の状況を把握した上で，機関車取引の実態を，出し手である外国鉄道車輌メーカーと受け手である国内鉄道事業者，その仲介者である内外商社の活動に注目しながら明らかにする必要があろう。

　第1次グローバル化の時代における鉄道車輌，なかんずく蒸気機関車の生産と流通の構造を，日本を中心とする東アジア市場に焦点を当てつつ検討し，日本鉄道業形成の国際的な契機を明らかにする。そのことを通して，グローバル競争の中でしのぎを削る現在の鉄道車輌，鉄道システム輸出の今後の展開のあり方を考えたい。「海をわたる機関車」というタイトルには，このような問題意識が込められている。

　本書では表を各章末にまとめて掲載した。また引用する史料は旧漢字を新漢字に改め，年代は基本的に西暦で表記した。さらに蒸気機関車の車輪配置による分類は，原則として日本国鉄式（欧州式）で表記している。なお蒸気機関車分類の諸形式については，巻末に掲載した付表を参照してもらいたい。

目　　次

は　し　が　き——グローバル化と鉄道車輌

序章　海をわたる機関車 …………………………………… *1*

 1　日本鉄道業の形成と国際環境——問題の所在　*1*
 2　第1次グローバル化時代の鉄道史——課題と方法　*3*
 3　本書の構成　*10*

第1章　世紀転換期における
　　　　機関車製造業の国際競争 ……………………… *19*

 第1節　機関車製造業の構成 ………………………………… *19*
  1　イギリス　*19*
  2　アメリカ　*24*
  3　ドイツ　*26*

 第2節　機関車輸出市場の構造 ……………………………… *29*
  1　アメリカ製機関車のイギリス進出　*29*
  2　イギリス，アメリカにおける機関車輸出の動向　*31*
  3　機関車輸出市場の変化　*33*

 第3節　国際競争力の源泉 …………………………………… *34*
  1　イギリス，アメリカ製機関車の性能比較と棲み分け論　*34*
  2　アメリカ機関車メーカーの比較優位　*38*
  3　イギリスの輸出再拡大と過信　*40*
  4　機関車国際競争の構図　*41*

第2章　日本における鉄道創業と機関車輸入 ……… *56*
　　　　——イギリス製機関車による市場独占——

 第1節　鉄道創業期の市場構造（1869-89年）…………… *56*

1　鉄道創業と資材調達　56
　　2　イギリスによる日本市場の独占　57
　第2節　イギリス機関車メーカーの対日輸出 ················· 59
　　1　グラスゴーの機関車メーカー　60
　　2　マンチェスターの機関車メーカー　63
　第3節　アメリカ，ドイツ製機関車の日本進出 ················ 66
　　1　開拓使とアメリカ製機関車　66
　　2　ドイツ製機関車の日本進出　68
　第4節　機関車取引と外国商社 ···························· 71
　　1　官営鉄道への機関車納入——マルコム・ブランカ商会の独占とその崩壊　71
　　2　民営鉄道への機関車納入
　　　　——関西鉄道・大阪鉄道とジャーディン・マセソン商会　74

第3章　日本の技術形成と機関車取引 ·························· 91
　　　——アメリカ製機関車をめぐる攻防——

　第1節　技術形成と市場の流動化（1890-1903年）············ 91
　　1　鉄道ブームと独占の崩壊　91
　　2　官営鉄道における技術的自立と競争入札　93
　　3　民営鉄道の技術形成と資材調達　100
　第2節　アメリカの挑戦 ································· 105
　　1　ボールドウィン社の日本進出　105
　　2　フレザー商会とボールドウィン社　108
　　3　アメリカ機関車メーカーのマーケティング活動
　　　　——ボールドウィン社を中心に　110
　第3節　日本商社の参入 ································· 114
　　1　高田商会と三井物産　114
　　2　大倉組のニューヨーク進出と機関車取引　117
　第4節　供給独占と代理店契約の成立 ······················ 133
　　1　アメリカ機関車製造業の寡占化　133

2　代理店契約のメリットとデメリット　*135*
　　　3　日本商社による代理店契約の獲得　*136*

第4章　局面の転換 ……………………………………… *165*
　　　──日露戦争・鉄道国有化と機関車貿易──

　第1節　日本市場の構造変化（1904-08年）………………… *165*
　　　1　日露戦争による機関車市場の変化　*165*
　　　2　鉄道国有化による需要独占の成立　*167*

　第2節　対東アジア機関車輸出の競争構造 ………………… *168*
　　　1　イギリス，アメリカ機関車製造業の動向　*168*
　　　2　1900年代におけるドイツ製機関車の対日輸出　*171*

　第3節　市場環境の変化と商社の活動 ……………………… *174*
　　　1　日露戦争とフレザー商会＝ボールドウィン社　*174*
　　　2　三井物産による ALCO 製機関車の対中国輸出　*177*

第5章　機関車国産化の影響 ……………………………… *197*
　　　──最後の大型機関車輸入と市場再編──

　第1節　機関車自給化政策と過熱式蒸気機関車（1909-14年）…… *197*
　　　1　鉄道院の発足と工作課　*197*
　　　2　機関車自給化方針と民間機関車メーカーの技術形成　*199*
　　　3　過熱式蒸気機関車の技術開発と普及　*201*

　第2節　モデル機関車の輸入 ………………………………… *203*
　　　1　国産化モデル機関車の選定と入札　*203*
　　　2　仕様変更をめぐる攻防　*205*
　　　3　モデル機関車の発注と納品　*207*

　第3節　機関車国産化と市場再編 …………………………… *212*
　　　1　模倣から国産化へ　*212*
　　　2　機関車国産化の影響──三井物産の対応　*213*
　　　3　国内市場の再編　*215*

終章　日本鉄道業形成の国際的契機 ……………………………… *225*
   1　機関車貿易をめぐる国際環境　*225*
   2　国際環境を活かす社会的能力　*226*
   3　東アジア市場の構造変化　*228*

あとがき ……………………………………………………………… *231*
参照文献一覧 ………………………………………………………… *236*
付表　蒸気機関車の軸配置名称 …………………………………… *244*
索　　引 ……………………………………………………………… *245*

写真・図・表 目次

写真1　ボールドウィン社製1Cテンダー機関車　36
写真2　ベイヤー・ピーコック社製1Cテンダー機関車　37
写真3　ネイスミス・ウィルソン社製1C1タンク機関車　37
写真4　日本で最初の蒸気機関車（ヴァルカン・ファウンドリー社製1Bタンク機関車）　57
写真5　ダブズ社製Cタンク機関車　61
写真6　ダブズ社製1B1タンク機関車　61
写真7　シャープ・スチュワート社製C1タンク機関車　62
写真8　ネイスミス・ウィルソン社製Cタンク機関車　65
写真9　ポーター社製1Cテンダー機関車　67
写真10　クラウス社製Bタンク機関車　70
写真11　クラウス社製Cタンク機関車　70
写真12　ニールソン社製2Bテンダー機関車　73
写真13　官営鉄道神戸工場製複式1B1タンク機関車　96
写真14　ボールドウィン社製ヴォークレイン複式1Cテンダー機関車　107
写真15　ALCO製2Bテンダー機関車　116
写真16　ロジャース社製1Cテンダー機関車　121
写真17　NBL社製C1タンク機関車　169
写真18　NBL社製2Cテンダー機関車　206
写真19　ALCO製2C1テンダー機関車　209
写真20　ボルジッヒ社製2Cテンダー機関車　209
写真21　マッファイ社製Eタンク機関車　211
写真22　ALCO製マレー複式CCテンダー機関車　211
写真23　汽車製造会社製1Cテンダー機関車　213

図序-1　日本における鉄道車輌輸入　4
図序-2　鉄道業の発達と官民別機関車数の推移　4
図1-1　NBL系各社の系譜　21
図1-2　機関車輸出のイギリスとアメリカの比較　31
図1-3　機関車輸出世界市場をめぐるイギリスとアメリカの競争　32
図1-4　イギリス植民地向け輸出をめぐるイギリスとアメリカの競争　34
図2　官民別鉄道平均営業距離（1872-90年度）　58
図3-1　官民別鉄道営業距離の推移（1890-1907年度）　92

写真・図・表 目次　*vii*

図3-2　民営鉄道設立会社数の推移　92
図3-3　官営鉄道の技術者数　94
図4　日本市場における鉄道車輌輸入シェアの推移　166

表序-1　第1次世界大戦前における世界の鉄道　15
表序-2　世紀転換期における機関車製造業の平均年間生産高　16
表序-3　イギリス，アメリカ，フランスの機関車輸出地域別構成　17
表序-4　日本における機関車国籍別構成の推移　18
表1-1　イギリス国内における鉄道車輌数の増加　47
表1-2　イギリス主要機関車製造メーカーの販売輌数　48
表1-3　主要アメリカ機関車メーカーの製造高の推移　49
表1-4　主要なドイツ機関車製造業者　50-51
表1-5　機関車輸出をめぐるイギリスとアメリカの競争　52
表1-6　The Engineer 誌上におけるイギリス，アメリカ機関車比較関係記事と主要論点　53
表1-7　沼津―御殿場間における列車牽引実績のイギリス，アメリカ機関車比較　54
表1-8　御殿場急勾配路線における各種機関車の燃料消費　55
表1-9　御殿場急勾配区間における20万マイル当たりの石炭・油脂消費量　55
表2-1　鉄道関係主要お雇い外国人の職務と構成　79
表2-2　イギリス機関車メーカーの対日輸出　80
表2-3　Dubs 社による日本向け機関車の生産　81
表2-4　Sharp Stewart 社の対日輸出　82
表2-5　Neilson 社製機関車の対日輸出　83
表2-6　アメリカ，イギリス機関車メーカーの対日輸出における納期比較　84
表2-7　Beyer Peacock 社の対日輸出　85
表2-8　Nasmyth Wilson 社の機関車製造高と対日輸出　86
表2-9　Nasmyth Wilson 社製1B1タンク機関車の対日輸出　87
表2-10　イギリス，ドイツ製機関車の価格比較　88
表2-11　Krauss 社製機関車の対日輸出の動向　89
表2-12　大阪鉄道・関西鉄道との取引におけるジャーディン・マセソン商会の手数料収入　90
表3-1　官鉄道の幹部および機械技師　153
表3-2　官営鉄道汽車関係人員構成の推移　154
表3-3　1897年における機関車競争入札の状況　154
表3-4　1900年時点における5大鉄道会社の機械技師者　155-156
表3-5　Baldwin 社の規模と輸出先　157
表3-6　第1次企業勃興期における Baldwin 社製機関車の対日輸出　158

表3-7	Baldwin社製機関車の日本における納入先の推移	*159*
表3-8	フレザー商会の従業員構成	*160*
表3-9	Baldwin社の代理店別機関車取扱高	*161*
表3-10	1904年におけるS.M.Vaulclain Jr.の移動状況	*162*
表3-11	三井物産の鉄道用品取扱高（1897-1904年）	*163*
表3-12	三井物産における鉄道用品の支店別取扱高	*164*
表4-1	イギリス機関車製造業における従業員数の推移	*185*
表4-2	North British Locomotive社の生産と経営	*186*
表4-3	North British Locomotive社の対東アジア輸出	*187*
表4-4	アメリカ機関車製造業の受注動向	*188*
表4-5	アメリカ機関車製造業の対東アジア輸出	*189*
表4-6	1903年8月の官営鉄道C1タンク機関車30輌入札の結果	*190*
表4-7	Baldwin社製機関車の対東アジア輸出	*191*
表4-8	ALCOの対東アジア輸出	*192-193*
表4-9	三井物産の鉄道用品取扱高（1907-14年）	*194*
表4-10	鉄道院購入注文引受者の構成	*195*
表4-11	日本の鉄道用品輸入に占める三井物産のシェア	*196*
表5-1	鉄道院工作課および各管理局工作課・主要工場技師の構成	*222*
表5-2	1911-12年鉄道院発注機関車の諸元	*223*
表5-3	三井物産鉄道用品総取扱高（部店別販売高）の推移	*224*
表5-4	私設・軽便鉄道および軌道における動力車増備	*224*

序章　海をわたる機関車

1　日本鉄道業の形成と国際環境——問題の所在

　1825年，世界最初の公共鉄道が，イギリスのストックトン—ダーリントン間で開業した。その前後から，イギリス国内だけでなく，アメリカ，ドイツ，フランスなどでも蒸気機関車の試作が始まり，1830年代前半には欧米先進国で鉄道が一気に普及する[1]。そして1850年代にはインド，オーストラリアといったイギリス植民地や，アルゼンチン，ブラジルなど南アメリカでの鉄道建設が進み，鉄道が世界中に拡散し始めた。日本で最初の鉄道が開業したのは，この新世界での鉄道ブームから，さらに20年後の1872（明治5）年のことである。

　日本の鉄道は，イギリスから半世紀遅れで発足したにもかかわらず，19–20世紀転換期（1890年代から1900年代）に急激な発展を遂げた。そして，第1次世界大戦直前の1913年までに，営業距離1万km，年間の旅客数2000万人，貨物量400万トンを超える水準に到達した。表序–1を用いて，この数値を同時代の世界各国と比較すると，営業距離が15番目，旅客数が8番目，貨物量が12番目である。狭い国土を反映して営業距離こそ短いものの，輸送密度の面では，営業距離1km当たり旅客数（1967人）がイギリス，ドイツに次いで3番目，同じく貨物量（387t）がイギリス，ドイツ，アメリカ，フランスに次いで5番目である。鉄道創業からわずか40年で，日本は世界有数の鉄道大国に成長したといえよう。

　こうした日本における鉄道業の急速な発展は，A. ガーシェンクロン（Alexander Gerschenkron）が提起した「後進性の優位」というモデルで説明することが可能である。ガーシェンクロンは，後発国の工業化の速度が先発国に比べて急速である理由を，先発国から後発国への技術や制度の移転と資本導入による，技術開発と資本蓄積に必要な時間と費用の節約に求め，「後進性の優位」と名付けた[2]。ただし「後進性の優位」による後発国の先発国へのキャッチアップは自明ではない。「後進性の優位」が発揮され，キャッチアップが実現するた

めには，後発国側の主体的能力とともに，先発国から後発国への技術移転を可能とする国際環境が必要である。日本の鉄道に即していえば，鉄道の建設と運営を可能にする技術者，経営者，労働者や資本家，企業組織・制度の形成とともに，レール，橋梁材料，機関車，信号機といった鉄道用品の調達が重要となる。とくに，19世紀における最先端の輸送機械である蒸気機関車は，一部の試作品を除き，明治期を通じて輸入に依存し続けたことから[3]，その円滑な輸入が鉄道業の成否の鍵を握っていた。

19-20世紀転換期の世界では，イギリスを中心とする帝国主義的な国際秩序のもとで，自由競争を基礎とする最初のグローバル化が進展し[4]，各国政府，機関車メーカー，商社などを担い手とする激しい鉄道用品の輸出競争が展開していた。表序-2から[5]，1880年代における各国機関車メーカーの年間生産高をみると，イギリス496輛（1860-89年），アメリカ1720輛（1880-89年），ドイツ921輛（1881-93年），フランス174輛（1881-90年）となっており，主要4ヶ国で年間3300輛前後が生産されていたことがわかる[6]。このうち輸出向けは1300輛前後であり，すでにアメリカ，ドイツの輸出が，イギリスのそれを上回っていた。イギリスもまだ停滞していたわけではなく，1890年代から1900年代にかけて生産高，輸出高ともに伸張している。しかしその伸び幅はアメリカに比べて低く，とくに輸出では2倍以上の差が生じている。なおフランスは国内向け機関車の比重が高く，輸出は僅かであった。

以上のように世紀転換期には，イギリス，アメリカ，ドイツの機関車メーカーがいずれも生産を拡大しつつ，世界中で激しいシェア争いをしていた。表序-3から，当該期におけるイギリス，アメリカ，フランスの機関車輸出先の推移をみると，1880年代から1890年代前半は南アメリカ，1890年代後半はアジア，そして1900年代はイギリス，フランスの植民地と，中心的な市場が移り変わっていったことがわかる。なかでも注目できるのは，1890年代におけるイギリス，アメリカ両国にとってのアジア市場の重要性の高まりであり，その中心的な市場が日本であった。

日本市場をめぐる国際競争の激化は，技術の受け手である日本鉄道業が，資材調達のコストと納期を縮減し，技術選択の幅を拡げることを可能にしたと考えられる。その意味で，日本鉄道業の急速な発展の背景に，レールや機関車と

いった鉄道用品の廉価かつ安定的な供給を可能にした国際環境と資材調達システムが存在したことは間違いない。このように一国内における鉄道業形成の問題もまた，同時代の国際環境の影響を考察することなしには語れないといえよう。以上の問題意識に基づき，本書では日本における鉄道業の発展を可能した鉄道用品，とくに機関車の供給が，誰によって，いかにして行われたのかという問題を考える。そのことを通して，日本における鉄道業発展の国際的契機を再検討したい。

2　第1次グローバル化時代の鉄道史――課題と方法

(1)　第1次グローバル化の時代――時期の設定

　本書は，日本への鉄道導入が決定した鉄道創業の廟議決定（1869〈明治2〉年）から，大型機関車の輸入が終了し，機関車国産化が本格化する第1次世界大戦開戦（1914〈大正3〉年）までの45年間を主たる対象時期とする。その始点である1869年は，19世紀後半の交通革命を考える上で，重要な年である[7]。1869年5月には最初のアメリカ大陸横断鉄道が全通し，11月にはスエズ運河が開通して，ヨーロッパからアジアへの旅行時間が大幅に短縮された[8]。さらに1871年には上海―長崎間，ウラジオストック―長崎間の海底電信ケーブルが敷設され，日本は世界的な電信網に接続した。こうした運輸・通信網の整備に加え，イギリスを中心とする国際金本位制や多角的決済システムが構築され[9]，ロンドンでの海運取引所や海上保険の発達とも相まって，緊密な世界貿易ネットワークが出現した。このように，パックス・ブリタニカのもとで成立したグローバル経済（第1次グローバル化）の真っ直中で，日本の鉄道業は急速な発展を遂げていったのである。本書は，この点をふまえつつ，日本における鉄道車輛供給の動向を，いくつかの時期に区分しつつ，具体的に検討していく。

　まず図序-1から，この時期の日本における鉄道車輛輸入の推移をみると，第1次鉄道ブーム（1887-90年），第2次鉄道ブーム（1893-94, 1896-99年），日露戦争（1904-05年）と鉄道国有化（1906-07年），関税改正（1911年）という5つのピークが観察される。このうち機関車輸入の最大のピークは，第2次鉄道ブームにあった。図序-2が示すように，日本の鉄道営業距離は1896-98年にかけて急伸し，機関車数は1897-99年に民営鉄道を中心に急増している。

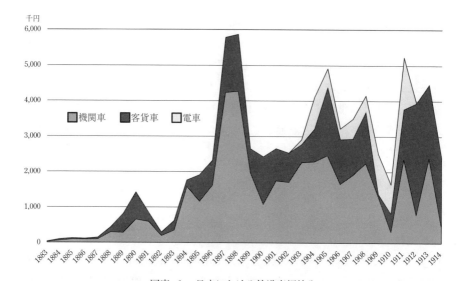

図序-1　日本における鉄道車輌輸入

（出典）　沢井1998，26頁より作成。（注）　1912年以降の電車は客貨車に含まれる。

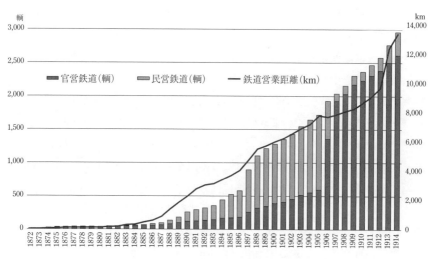

図序-2　鉄道業の発達と官民別機関車数の推移

（出典）　沢井1998，6，16頁より作成。

次に，表序-4から，機関車供給国の推移をみると，①イギリスの独占（1872-87年），②アメリカの台頭（1893-1902年），③アメリカの覇権とドイツの急伸（1903-07年），④イギリスの凋落と日本の比重増加（1908-12年）という4つの局面が観察できる。このうち鉄道創業期に対応する①の時期には，日本の機関車のほとんどがイギリスから輸入されていた。これに対して第2次鉄道ブーム期を含む②の時期には，1893-97年の5年間の機関車増備輌数でアメリカがイギリスを上回っていることからもわかるように，アメリカの台頭が著しかった。ただし，この時期には，イギリスからの機関車輸入も積極的に行われており，そのシェアはまだ50％を超えていた。しかし③の時期になると，1903-07年5年間の機関車増備輌数で，アメリカ製がイギリス製を100輌近く引き離すようになった。また同じ時期にはドイツ製機関車も急伸をはじめた。そして鉄道国有化（1906-07年）後である④の時期には，鉄道車輌輸入額におけるイギリスのシェアが急速に縮小し[10]，イギリスの凋落が決定的になった。これに対してドイツ製と日本製が徐々に増加し，ドイツ製機関車をモデルとした機関車国産化への胎動がはじまった。

　こうした機関車供給国の変遷を理解するためには，世界的な機関車製造業の覇権の推移を確認しておく必要がある。1820年代にイギリスではじまった機関車製造業は，1830年代にアメリカ，ドイツへと拡散した。1840年代に早くも対外自立を達成した両国では，1850年代以降，自国内における鉄道建設ブームに支えられつつ，急速な発展をはじめた。1860年代のアメリカでは，機関車タイプ（型式）の標準化と部品の互換性生産を特徴とするアメリカン・システムといわれる生産方式が登場する（第1章で詳述）。機関車製造におけるアメリカン・システムは，需用者側の鉄道会社をも巻き込みつつ，1870-80年代に著しい発展を遂げ，アメリカ製機関車の生産性向上に大きく貢献した[11]。そして1890年代には，ボールドウィン社（Baldwin Locomotive Works）をはじめとするアメリカ・メーカーが，低価格と短納期を武器に，機関車世界市場におけるイギリスの独占的な地位を蚕食していった。一方，ドイツでは1890年代末に工作機械工業などでアメリカン・システムが導入され，1900年代に独自の嵌め合いシステムを開発することで，機械仕上げの互換性部品生産を開始した[12]。ボルジッヒ社（Borsig）をはじめとする機関車メーカーはいち早くこのシステム

を採用し，アメリカと同様に機関車の低価格化と短納期化を達成した。さらに1900年代のドイツやアメリカでは，過熱式蒸気機関車が開発され，機関車の熱効率が向上した（第5章で詳述）。一方，一連の技術革新に乗り遅れたイギリスは，機関車世界市場における地位を後退させていくことになった。このような機関車製造業の世界的な展開過程を考えると，日本がイギリスからアメリカ，ドイツへと機関車の主な調達先を変更していったことは，極めて理にかなっていた。それは前述した後発工業化における後発国の「主体的能力」を考える上でも示唆的である。

以上の3つの要素を考え合わせると，機関車の世界市場と日本市場との関係は，①1869-89年，イギリスの覇権＝日本の創業期，②1890-1903年，アメリカの躍進＝日本の発展期，③1904-08年，ドイツの台頭＝日本の再編期，④1909-14年，イギリスの凋落＝日本の国産化期という4つの時期に整理することができる。そこで本書では，こうした時期区分を意識しながら，日本鉄道業の機関車調達をめぐる出し手（機関車メーカー）と受け手（鉄道事業者）と仲介者（商社）の相互関係を検討していきたい。

(2) 一国史の壁を越えて——先行研究

以上の課題を考える上で，まず参照すべきなのは，日本の鉄道史を国際関係史的にとらえた先行研究である。この分野における古典としては，まず田中時彦『明治維新の政局と鉄道建設』（吉川弘文館，1963年）をあげることができる。田中1963は，日本への鉄道導入の経緯を日英外交関係と幕末維新期の政治状況に着目しながら明らかにし，イギリスの影響力のもとで日本鉄道業が始動する過程を描いた。また湯沢威はイギリスから日本への機関車輸出を検討し，ドイツの台頭に対するイギリスの対応について論じた[13]。ところが，こうした先駆的な研究の存在にもかかわらず，その後，日本鉄道史では，国際関係史的な視点が後退してしまった。そのため，イギリスからアメリカ，ドイツへと鉄道技術に関する覇権が移行しつつあった世紀転換期の国際環境が，日本における鉄道業発達にいかなる影響を与えたのかという問題は看過されてきた。例えば筆者は，前著『日本鉄道業の形成』（日本経済評論社，1998年）において，19世紀末の日本における鉄道業の確立過程を多面的に論じた。しかし，あくまで日本国

内における技術形成・産業発達に研究の主眼があり，帝国主義を前提とした当時の国際環境がその過程に及ぼした影響については，十分に考察してこなかった。

ところが近年，これまで一国史の枠組みに囚われがちであった鉄道史研究を，グローバルな視点から問い直す試みがはじまっている。まずイギリスの鉄道史家，C. ウォルマー（Christian Wolmar）が，19世紀初頭から現代まで2世紀にわたる，鉄道の世界史を，文字通りグローバル・ヒストリーとして描いた[14]。日本を含む東アジアの視点から機関車の世界市場を考えたい本書の立場からみると，ウォルマー2009は，やや欧米中心史観の嫌いがある[15]。しかし，鉄道というシステムの伝播によって世界が変わっていく様子を網羅的に俯瞰した，優れた業績であることは間違いない[16]。一方，日本の鉄道史については，林田治男がイギリス側史料の丹念な追跡によって大英帝国から日本への鉄道導入の内実を明らかにした[17]。海外でも，S. エリクソン（Steven J. Ericson）が，アメリカ機関車メーカーによる日本でのマーケティング活動や，日本をめぐるイギリス，アメリカ，ドイツの機関車メーカーの角逐について，W. タイラー（Willard C. Tyler）というトラベリング・エージェントの日誌をもとに検討している[18]。

本書は，これらの先行研究に学びつつ，日本鉄道業形成の国際的契機を，19世紀における最大の発明品の1つであり，世紀転換期における最先端の機械製品である，蒸気機関車に注目することで明らかにする。日本における蒸気機関車に関する研究は，さまざまな分野で展開してきた。経済史の領域では，沢井実が日本の鉄道車輌工業の形成と発展を包括的に論じている[19]。ただし沢井の研究目的は，建造型機械工業としての鉄道車輌工業の確立過程にあり，鉄道業の再生産過程に不可欠の要素たる機関車供給のあり方を解明したい本書とは，問題関心が異なる。そのため鉄道車輌工業史の金字塔たる沢井1998において，本書の中心的な対象時期である世紀転換期（1890-1900年代）は，あくまで前史的な位置付けとなっている[20]。一方，鉄道史の分野では，青木栄一が機関車製造技術の自立過程を，鉄道政策の展開や土木技術者と機械技術者との確執も絡めつつ，包括的に論じた[21]。しかし，これも鉄道国有化以前における機関車供給への言及は限られている。この点に関して，むしろ参考とすべきなのは，実務家や鉄道趣味の人々によって進められてきた綿密な機関車研究である[22]。

7

とくに臼井茂信の一連の研究は，日本に存在した機関車の来歴を網羅的に調べ上げた偉大な業績である[23]。臼井は，輸入機関車の生産や来日の経緯，来日後の動向などについて，内外の原史料に基づき詳細に明らかにした。筆者は，欧米機関車メーカーの注文台帳（Order Book）や登録台帳（Register Book）などから機関車の流通経路を探るという手法を，そこから学んだ。

さらに機関車貿易の仲介者である商社にも注目する必要がある。世紀転換期の輸入貿易をめぐる内外商社の活動については，従来，多くの研究が積み重ねられてきた。まず外国商社については，石井寛治によるジャーディン・マセソン商会（Jardine Matheson & Co.）の研究があげられる[24]。石井は同商会文書の帳簿レベルの分析をもとに外国商館の活動を検討し，幕末維新期における「外圧」の経済的実態を明らかにした。ただしジャーディン・マセソン商会文書は，機関車貿易が活発化する1890年代以降の史料が極端に少ないという，史料上の制約があるため，同書では鉄道用品取引に関する記述は限定的であった[25]。一方，日本商社については三井物産を中心に，重厚な経営史研究が積み重ねられてきた[26]。例えば麻島昭一は，三井物産の機械取引の展開を分析する過程で，機関車を含む鉄道用品取引についても詳細に検討している。本書は，これらの研究をふまえつつ，機関車貿易の担い手である内外商社の企業活動を，仲介業務の内容にまで踏み込んで明らかにしていきたい。

(3) 国際関係史・経営史・技術形成史——研究の視角

本書は，国際関係史と経営史，技術形成史という，3つの研究領域から強い影響を受けている。

まず国際関係史の分野では，国境を越えた機関車の生産と流通を，日本，イギリス，アメリカ，ドイツ四ヶ国の一次史料に基づいて分析することで，第1次グローバル化の時代における機関車貿易の実態を考えてみたい。具体的には，まずイギリス，アメリカ，ドイツ各国の公文書館，大学図書館，企業文書館などが所蔵するイギリス，アメリカ，ドイツ機関車メーカーの注文台帳や登録台帳を可能な限り収集し，東アジア市場に対する機関車供給の動向をメーカー側から検討する。その上で，これらを鉄道局事務書類や逓信省公文書，各鉄道会社報告書といった日本の鉄道側の史料と照合し，機関車輸入の具体的な経緯を

明らかにする。また国際関係については，イギリス，アメリカ，日本の国立公文書館などで収集した，各国の外交文書や領事報告，統計資料を用いて，国際環境や各国政府の対応を分析する。さらに『鉄道時報』をはじめとする日本の専門誌と，*The Engineer* のような欧米の専門誌を突き合わせることで，対象時期の市場状況や技術水準などを立体的に考察することを試みる。こうした複数国・地域の文書史料をもちいる多言語文書アプローチ（multi-archival approach）は，近年，外交史や国際関係史の分野では主流になりつつある。この手法を導入することで，機関車の世界市場を多元的にとらえることが可能になり，鉄道業史のみならず，日米関係や日独関係といった二国間関係史を軸に展開してきた従来の国際関係経済史に対しても新たな貢献が期待できる。

　一方，経営史については，世紀転換期における鉄道車輛の国際取引の実態を，その担い手である企業や人に注目しながら考える。その際，アメリカ国立文書館に所蔵されている在米日系企業の接収文書群（Record Group 131シリーズ，以下，RG131と略）の活用を図りたい。この史料群は，近年，ようやくボックス単位での目録が整備され，その全容が明らかになりつつある。筆者はこの目録作成に係わり，鉄道用品輸入をめぐる日本商社の活動が詳細に判明する史料（大倉組の Letter Books など）を見出した。この史料を日本国内の諸史料群（三井文庫所蔵三井物産史料や東京経済大学所蔵大倉財閥資料など）とあわせて考えることで，鉄道用品取引のメカニズムのみならず，世紀転換期における日本商社の在外活動の実態解明が可能になる[27]。それは，経営史の1つの分野である商社史研究の深化につながるといえよう。

　最後の技術形成史については，機関車の受け手である日本側の社会的能力に注目する。グローバル経済のもとでヒト，モノ，カネ，情報が自由に行き交う時代においても，その恵まれた国際環境を活かして工業化を達成できる国・地域と，そうでない国・地域が存在する。この両者の明暗を分けるものの1つが，技術を導入し定着させる受け手側の社会的能力である[28]。本書では，この問題を技術選択を行う日本人機械技術者の養成と組織化，資材調達の制度的変化，機関車設計・製作能力の形成などに注目しながら考えてみたい。それは鉄道史という限定された問題に限らず，日本が，前述した国際環境と後進性の優位を活かして，急速な工業化を達成できた要因を解明するためにも重要である。

3　本書の構成

以上の課題と方法に基づき，本書では日本における鉄道業の発展を可能にした蒸気機関車の供給メカニズムと，そのダイナミズムを考える。具体的な構成は以下の通りである。

第1章　世紀転換期における機関車製造業の国際競争
第2章　日本における鉄道創業と機関車輸入──イギリス製機関車による市場独占
第3章　日本の技術形成と機関車取引──アメリカ製機関車をめぐる攻防
第4章　局面の転換──日露戦争・鉄道国有化と機関車貿易
第5章　機関車国産化の影響──最後の大型機関車輸入と市場再編

第1章では，イギリス，アメリカ，ドイツ各国における鉄道建設が一段落し，それぞれの国内市場が飽和状態になった世紀転換期（1880-1900年代）において，各国の機関車製造業が新たな市場を求めて新世界の市場に進出していく過程を，日本市場に注目しつつ明らかにする。その前提として，最初にイギリス，アメリカ，ドイツの機関車製造業の構成と主要メーカーの来歴を概観し，世紀転換期における機関車の供給主体を把握する。その上で，世界的な機関車市場における国際競争の状況を検討し，日本の機関車輸入をめぐる国際環境を明らかにしたい。

第2章は，日本の鉄道創業期における機関車供給の経路と取引実態について考える。日本の鉄道は，イギリスからの技術導入によって，ヒト，モノ，カネの供給を同国に仰ぎつつスタートした[29]。その後，1870年末以降，土木技術における技術的な自立は進むものの，機械技術は，1890年代前半まで，イギリス人を中心とするお雇い外国人頼みの状態が続いた。そのため，日本（とくに本州）に対する機関車供給は，1880年代を通してイギリスが独占していた。本章ではこの問題について，お雇い外国人体制や，随意契約を基本とした資材調達方法，外国商社の活動などにも注目しつつ，多面的に考察する。

第3章は，世紀転換期における日本鉄道業の急速な発展を支えた機関車供給体制を，日本人機械技術者の自立と，アメリカ製機関車の対日輸出に注目しな

がら明らかにする。第2次鉄道ブーム（1893-99年）による新設鉄道会社の叢生と既設鉄道会社の拡張によって，日本における機関車需要は一気に増大した。この需要増に迅速に対応し，機関車の日本市場におけるシェアを急激に高めたのが，ボールドウィン社をはじめとするアメリカ機関車メーカーであった。本章では，彼らがイギリスの独占を崩し，日本市場に浸透していく様子を，需要者である鉄道側における技術形成や取引制度の変化，仲介業者である内外商社の役割などに留意しながら明らかにする。とくに最後の点については，当該期に機関車取引に参入し，急速に取扱高を伸ばしていく日本商社の活動内容を，大倉組ニューヨーク支店を事例として具体的に検討したい。

第4章は，日露戦争という外的ショックや，鉄道国有化にともなう需要独占の成立が，機関車貿易にどのような影響を与えたのかという点について，やはり商社の動向に注目しながら考える。また当該期には，ボールドウィン社やアメリカン・ロコモーティブ社（American Locomotive Company，以下，ALCOと略）といったアメリカ機関車メーカーが日本市場での覇権を確立し，さらに対中国輸出もはじめた。本章では，その具体的な内容を，アメリカ・メーカー2社と三井物産の一次史料を用いて明らかにしたい。

第5章は，日本国内における機関車設計・製作能力の形成過程をふまえつつ，1909年に打ち出された鉄道院の鉄道車輛国産化方針が機関車貿易にもたらした影響を考える。その際，過熱式蒸気機関車という技術革新へのイギリス，アメリカ，ドイツ各国の対応と，模倣生産を通した鉄道院と民間車輛メーカーによる新技術習得の過程に注目したい。過熱式蒸気機関車の実用化を主導したドイツが，日本における国産機関車のモデルを提供したのに対して，この技術革新に乗り遅れたイギリスは，市場競争力を失うことになった。こうした状況の下で，大倉組と組んだイギリスを代表する機関車メーカー，ノース・ブリティシュ・ロコモーティブ社（North British Locomotive Co., 以下，NBLと略）は，イギリス政府を動かし，半ば強引に鉄道院のモデル機関車の一部を受注する。本章ではその具体的な経緯を，イギリス国立公文書館の外交文書やアメリカ国立公文書館の大倉組ニューヨーク支店文書を駆使して明らかにしたい。

註
1) 湯沢威『鉄道の誕生』(創元社, 2014年) 135-138頁。
2) Alexander Gerschenkron, 1962, *Economic Backwardness in Historical Perspective*, Cambridge Mass.: Belknap Press of Harvard University, 第1章。
3) 沢井実『日本鉄道車輌工業史』(日本経済評論社, 1998年)。
4) 秋田茂『イギリス帝国とアジア国際秩序』(名古屋大学出版会, 2003年) および同「アジア国際秩序とイギリス帝国, ヘゲモニー」水島司編『グローバル・ヒストリーの挑戦』(山川出版社, 2008年) 102-113頁。なお A. マジソンは1500-1870年の世界貿易量を推計し, 同時期の世界 GDP 成長率と比較した結果, 当該期の数値がそれ以降よりも高いとしている。Angus Maddison, 2007, *Contours of the World Economy, 1-2030 AD*, Oxford: Oxford University Press (政治経済研究所監訳『世界経済史 紀元1年-2030年』岩波書店, 2015年) 81-82頁。ただしマジソン推計でも, 貿易量自体は, 1820-70年と1870-1913年が, 1500-1820年よりも大幅に多い (Maddison 2007, 81頁, Table 2.6)。そのため19世紀後半が, 第1次グローバル化の最盛期であることは間違いない。
5) 本表の作成に際しては, ドイツについて鳩澤歩氏, 馬場哲氏, フランスについて中島俊克氏, 矢後和彦氏の懇切なご教示を得た。記して深く感謝したい。
6) イギリスの場合, 期間が1860年代からであることに加え, 鉄道会社による内製が多かったことから, 実際の製造高より過小になっている可能性がある。ただし輸出については, 機関車メーカーのみしか行っていなかったため, 実勢を反映していると思われる。
7) 19世紀の交通革命については, Daniel R. Headrick, 1981, *The Tools of Empire: Technology and European Imperialism in the Nineteenth Century*, Oxford: Oxford University Press (原田勝正・多田博一・老川慶喜訳『帝国の手先』〈日本経済評論社, 1989年〉), Part 3 を参照。
8) 1869年のロンドン─横浜間の移動日数は, スエズ経由で54日, 太平洋経由で33日となった。なお1867年には太平洋横断航路が, アメリカの太平洋郵船によって開設されている。以上, 小風秀雅「序」小風秀雅・季武嘉也編『グローバル化のなかの近代日本』(有志舎, 2015年) 4頁を参照。
9) S.B. Saul, 1960, *Studies in British Overseas Trade 1870-1914*, Liverpool: Liverpool University Press および藤瀬浩司『20世紀資本主義の歴史1 出現』(名古屋大学出版会, 2012年) 第5章, 西村閑也「第一次グローバリゼーションとアジアにおける英系国際銀行」西村閑也・鈴木俊夫・赤川元章編『国際銀行とアジア』(慶應義塾大学出版会, 2014年) を参照。
10) 沢井1998, 26頁。
11) John K. Brown, 1995, *The Baldwin Locomotive Works: 1831-1915*, Baltimore: John Hopkins University Press, 183-189頁。

12) 幸田亮一『ドイツ工作機械工業成立史』(多賀出版, 1994年) 251-254頁。
13) 湯沢威「イギリス経済の停滞と蒸気機関車輸出」『学習院大学経済経営研究所年報』3号, 1989年および Takeshi Yuzawa, 1991, 'The Transfer of Railway Technologies from Britain to Japan, with special reference to the Locomotive Manufacture', David Jeremy ed. *International Technology Transfer, Europe, Japan and the USA, 1700-1914*, Aldershot, Hants: Edward Elgar を参照。
14) Christian Wolmar, 2009, *Blood, Iron, and Gold: How the Railways Transformed the World*, London: Atlantic Books (安原和見・須川綾子訳『世界鉄道史』〈河出書房新社, 2012年〉)。
15) 水島司編『グローバル・ヒストリーの挑戦』(山川出版社, 2008年) および羽田正「Global History, グローバルヒストリーと日本史」『岩波講座日本歴史 月報11』(岩波書店, 2014年) 3-4頁を参照。
16) 日本についても, 鉄道創業期における時間意識や, 新幹線の世界史的位置付けについて, 興味深い論点を提起している (ウォルマー2012, 312-313頁, 459-463頁)。
17) 林田治男『日本の鉄道草創期』(ミネルヴァ書房, 2009年)。
18) Steven J. Ericson, 2005, 'Taming the Iron Horse: Western Locomotive Makers and Technology Transfer in Japan, 1870-1914', in G. L. Bernstein, A. Goedon, and K. W. Nakai eds. *Public Spheres, Private Lives in Modern Japan, 1600-1950*, Cambridge Mass.: Harvard University Press.
19) 沢井1998, 第1-4章。
20) この点は, 技術史の視点から鉄道車輌工業を研究した坂上茂樹『鉄道車輌工業史と自動車工業』(日本経済評論社, 2005年) も, 同様である。
21) 青木栄一「交通・運輸技術の自立 II鉄道」,「交通・運輸体系の統合 II鉄道」山本弘文編『交通・運輸の発達と技術革新』(東京大学出版会, 1986年) および同「日本の幹線用蒸気機関車の発達」『鉄道史学』9号, 1991年。
22) 本書がとくに参考にした文献は, 金田茂裕『日本蒸気機関車史 官設鉄道編』(交友社, 1973年), 斎藤晃『蒸気機関車200年史』(NTT出版, 2007年), 高木宏之『国鉄蒸気機関車史』(ネコパブリッシング, 2015年) などである。
23) 臼井茂信『国鉄蒸気機関車小史』(鉄道図書刊行会, 1958年) および同『機関車の系譜図』全4巻 (交友社, 1972-78年)。
24) 石井寛治『近代日本とイギリス資本』(東京大学出版会, 1984年)。
25) 石井1984, 403-405頁。
26) 麻島昭一『戦前期三井物産の機械取引』(日本経済評論社, 2001年)。
27) 上山和雄『北米における総合商社の活動』(日本経済評論社, 2005年) および上山和雄・吉川容編著『戦前期北米の日本商社』(日本経済評論社, 2013年) を参照。
28) 中岡哲郎編『技術形成の国際比較―工業化の社会的能力―』(筑摩書房, 1990年) 第

1章，末廣昭『キャッチアップ型工業化論』（名古屋大学出版会，2000年）第3章および中岡哲郎『日本近代技術の形成』（朝日新聞社，2006年）を参照．
29）　なお鉄道の「情報」については，幕末以来，オランダやアメリカからも盛んにもたらされていた．野田正穂・原田勝正・青木栄一・老川慶喜編『日本の鉄道』（日本経済評論社，1986年）第1章を参照．

表序-1　第1次世界大戦前（1913年前後）における世界の鉄道

	営業距離 (km)	旅客数 10万人	1km 当たり 旅客数(人)	貨物量 10万トン	1km 当たり 貨物量(t)	鉄　道 創業年
アメリカ	405,723	1,063	262	2,034	501	1830
ロシア	68,006	—	—	158	233	1837
ドイツ	63,687	1,722	2,704	564	886	1835
インド	55,762	458	821	84	150	1853
カナダ	49,549	46	93	97	196	1836
オーストリア＝ハンガリー	45,222	320	708	173	383	1838
フランス	39,389	526	1,335	194	492	1832
イギリス	32,583	1,550	4,757	364	1,118	1825
アルゼンチン	31,859	—	—	42	132	1857
オーストラリア	31,327	250	798	27	87	1854
ブラジル	24,737	—	—	—	—	1854
イタリア	18,861	94	498	41	220	1839
スペイン	14,396	58	403	—	—	1848
スウェーデン	14,262	67	470	42	297	1856
日　本	10,525	207	1,967	41	387	1872

(出典)　League of Nations Economic and Financial Section ed., 1927, *International Statistical Year-Book 1926*, Geneva: League of Nations, 121-127頁およびジョン・ウェストウッド著／青木栄一・菅建彦監訳『世界の鉄道の歴史図鑑』柊風舎，2010年，14-15頁。

表序-2　世紀転換期における機関車製造業の平均年間生産高　　　　　　　　（単位：輛）

	期間	平均年産	伸び幅	国内向け	伸び幅	輸出向け	伸び幅	備考
イギリス	1860-89	496		196		300		主要9社計
	1890-1913	733	1.5	155	0.8	578	1.9	主要10社計（NBLの前身3社を含む）
アメリカ	1880-89	1,720		1,350		422		
	1890-1909	3,065	1.8	1,381	1.0	1,684	4.0	
ドイツ	1881-93	921		381		540		主要12社計．年間最大製造能力1441輛
フランス	1881-90	174		158		16		主要5社計（以下同じ）
	1891-1910	200	1.1	171	1.1	30	1.8	

（出典）　以下の文献より作成。
　イギリス：S. B. Saul, 1968, 'The Engineering Industry', D.H.Aldcroft ed., *The Development of British Industry and Foreign Conpetition, 1875-1914*, Toronto: University of Toronto Press, 200頁。
　アメリカ：S. B. Carter, S.S.Gartner, M.R.Haines, A.L.Olmstead, R.Sutch, and G.Wright eds., 2006, *Historical Statistics of the United States*, Millennial Edition Online, Cambridge: Cambridge University Press.
　ド イ ツ：R. Helmholtz and W.Staby eds., 1981, *Die Entwicklung der Lokomotive* 1 Band, Munchen: Georg D.W. Callwey, p.441. Eisenbahnjahr Ausstellungsgesellschaft ed. 1985, *Zug der Zeit, Zeit der Zuge: Deutsche Eisenbahn 1835-1985*, Berlin: Siedler, p.135. R. Fremdling, R.Federspiel, A.Kunz eds., 1995, *Statistik der Eisenbahnen in Deutsceland 1835-1989*, St. Katharinen: Scripta Mercaturae Verlag.
　フランス：François Crouzet, 1977, "Essor, déclin et renaissance de l'industrie française des locomotives", Revue d'Histoire Economique et Sociale, Vol 55, No.1/2, 205-207頁。
（注）　イギリス，ドイツの主要企業名は表1-2，表1-4を参照。フランスの主要5社は，Schneider（1839-），Batignolles（1847-），Cail-SFCM（1845-），Five-Lille（1860-），SACM-Belfort（1880-）。
　　　　アメリカとドイツの輸出向けは生産高（期間中製造輛数）から国内鉄道機関車増加数を差し引いて求めた推計値。

表序-3　イギリス、アメリカ、フランスの機関車輸出地域別構成（外国向け、英米3ヶ年平均、仏5ヶ年累計）

	期間	ヨーロッパ 金額(£)	比率	南アメリカ 金額(£)	比率	アジア 金額(£)	比率	北アメリカ 金額(£)	比率	合計 金額(£)	比率
イギリス	1888-90	209,149	22.4%	598,134	64.1%	99,459	10.7%	26,222	2.8%	932,964	100.0%
	1891-93	206,728	38.2%	257,520	47.6%	49,083	9.1%	27,902	5.2%	541,233	100.0%
	1894-96	107,708	23.5%	200,053	43.6%	129,706	28.3%	21,202	4.6%	458,669	100.0%
	1897-99	118,232	27.4%	135,809	31.5%	169,375	39.3%	7,755	1.8%	431,171	100.0%
	1900-02	203,521	34.6%	243,238	41.3%	122,728	20.9%	18,866	3.2%	588,353	100.0%

	期間	ヨーロッパ 金額(£)	比率	南アメリカ 金額(£)	比率	アジア 金額(£)	比率	英植民地・アフリカ他 金額(£)	比率	合計 金額(£)	比率
アメリカ	1890-92	8,500	3.3%	177,130	69.7%	6,053	2.4%	62,528	24.6%	254,211	100.0%
	1894-96	63,170	16.6%	217,708	57.3%	83,579	22.0%	15,685	4.1%	380,142	100.0%
	1897-99	144,380	23.7%	65,601	10.8%	293,568	48.3%	104,506	17.2%	608,055	100.0%
	1900-02	142,307	28.3%	57,333	11.4%	66,699	13.3%	235,814	47.0%	502,153	100.0%

	期間	ヨーロッパ 輌数	比率	南アメリカ 輌数	比率	アジア 輌数	比率	仏植民地・アフリカ他 輌数	比率	合計 輌数	比率
フランス	1886-90	44	43.6%	26	25.7%	0	0.0%	31	30.7%	101	100.0%
	1891-95	36	31.3%	49	42.6%	0	0.0%	30	26.1%	115	100.0%
	1896-1900	14	23.7%	6	10.2%	29	49.2%	10	16.9%	59	100.0%
	1901-05	86	35.4%	45	18.5%	69	28.4%	43	17.7%	243	100.0%
	1906-10	0	0.0%	12	6.7%	20	11.2%	146	82.0%	178	100.0%

（出典）イギリス、アメリカは中村2009，41頁。原典はW. Pollard Digby, 'The British and American Locomotive export trade', *The Engineer*, 1904年12月16日，587-588頁，Table3, Table10, Table12。
仏はCrouzet, 1977, 207頁。

（注）1893年のアメリカはヨーロッパ向け輸出の数値が不明のため除外。

表序-4　日本における機関車国籍別構成の推移　　　　　　　　　　　　　　　（単位：輛）

年	イギリス		アメリカ		ドイツ		スイス		日　本		合　計	
	現在数	期中増加	現在数	期中増加	現在数	期中増加	現在数	期中増加	現在数	期中増加	現在数	期中増加
1872	10										10	
1877	36	26									36	26
1882	47	11									47	11
1887	95	48	2	2							97	50
1892	240	145	26	24	28	28					294	197
1897	484	244	282	256	55	27	3	3	11	11	835	541
1902	684	200	524	242	70	15	11	8	30	19	1,319	484
1907	966	282	908	384	160	90	11	0	95	65	2,140	821
1912	983	17	995	87	226	66	11	0	162	67	2,377	237

（出典）　沢井1998，27頁。原典は日本工学会編『明治工業史 機械編 地学編』啓明会，1930年，275頁。
（注）　　鉄道国有化によって国有鉄道に引き継がれた機関車のみの数値。

第1章　世紀転換期における
　　　　機関車製造業の国際競争

第1節　機関車製造業の構成

1　イギリス

(1) 世紀転換期のイギリス機関車製造業

　英国ニ鉄軌汽車ヲ製スルハ此場（Crewe Works—筆者注）ニ止ラス，漫識特府ニモ哥羅斯哥府ニモ舌弗力府ニモ又北明翰府ニモ製作シ，其他尚夥シ，此盛多ノ製作ヲ，狭キ英国中ニ用ヒハ，満地ミナ鉄道汽車ナルヘシ。憶フニ何地ニ之ヲ運シ出スカト問ハサルヲ得ス。其後蘭国ヲ経テ，露西亜ニ至ル，漫識特製ノ汽車ヲ見シコト数回ナリ，其後ニ独逸ヨリ墺国以国ヲ巡行スルニ，沿途ノ鉄道，此モ英国会社ニ頼ミ架スル所ナリ，彼モ英国会社ノ架スル所ナリト云フヲ見テ，而テ後ニ益信ス，英ノ鉄治ヲ以テ利ヲ欧州ニ専ラニスルコト甚タ広キヲ，猶且足ラス，又鉄道ヲ印度ニ架シ，「オヽスタラリヤ」ニ架シ，今ハ又支那ニ架センコトヲ企ル[1]。

　これは，久米邦武が編集した『特命全権大使米欧回覧実記』の一節である。1872（明治5）年，イギリスを訪問した岩倉使節団の一行は，チェシャー州クルーの鉄道工場（London & North Western Railway, Crewe Works）を視察し，その盛大な操業風景に驚いた。そして以後，行く先々で「鉄道汽車」を注意深く観察する。その結果，イギリスで製造された機関車がヨーロッパ各地のみならず，インド，オーストラリア，中国にも輸出され，世界中における鉄道建設を支えていることに気がついた。この引用文で久米が鋭く分析しているように，19世紀中葉のイギリス製機関車は，まさに世界を席巻していたのである。

　1823年にG.スティーブンソン（George Stephenson）が，はじめての機関車製造会社であるロバート・スティーブンソン社（Robert Stephenson & Co.）を設立して以降[2]，イギリスでは数多くの機関車メーカーが誕生してきた。1900

年時点におけるその数は二十数社に上り³⁾，機関車製造業の全就業者数は約1万4000人である。当時，最も多くの従業員を雇用していたのはグラスゴーのニールソン社（Neilson，3275人）であり，同じくグラスゴーのダブズ社（Dubs，2017人）や，マンチェスターのベイヤー・ピーコック社（Beyer Peacock，1866人）がそれに続いていた。これにグラスゴーのシャープ・スチュワート社（Sharp Stewart，1561人）を加えた4社を4大メーカーと呼ぶこともある。しかし，これに次ぐキットソン社（Kitson，リーズ，1440人）なども，従業員数の規模でそれほど大きな差は無く，中小の機関車メーカーがひしめいている状態であった⁴⁾。

　これに対して，当該期におけるイギリスの国内機関車需要は，表1-1が示すように，ピークである1900年前後でも年間700台程度に過ぎなかった。また主要鉄道会社は機関車を自社工場で生産していたため，機関車メーカーに発注される量は，さらに少なかったと思われる。したがって，機関車メーカーの主要な市場は自ずと海外になった。

　事実，表1-2から主要機関車メーカーの国内販売比率をみると，1860-89年の時期でも全体の40%，1890-1913年になると21%にまで低下している。イギリス機関車メーカーにとって，輸出はまさに生命線であったといえよう。そこで，同じ表からイギリス機関車メーカーの輸出先をみると，まず，1860-89年に17%と，インドに次ぐ地位を占めていたヨーロッパの比重が，1890-1913年には4%に急減している点が注目できる。これは後述するドイツにおける機関車製造業急成長の影響と思われる。ヨーロッパ市場から締め出されたイギリスは植民地市場への依存度を高めた。具体的には1860-89年時点で33%を占めていたインドを中心とする植民地が，1890-1913年には49%へと増加し，国内を抜いて最大の販売先になった。また中央・南アメリカや日本の重要性も高まり，前者は7%から18%へ，後者は1%から6%へと急伸している。とくに1890年代以降の日本は，イギリスにとってだけでなく，アメリカ，ドイツにとっても重要な市場となっており，国際的な機関車輸出競争の中心的な舞台になっていく。

　以上の点をふまえつつ，以下，世紀転換期における重要な機関車輸出の担い手である，主要イギリス機関車メーカーの概略を，日本との関係にも注目しな

がら紹介しておきたい[5]。

(2) NBL系各社

世紀転換期におけるイギリス機関車製造業の中心地の1つは，スコットランドのグラスゴーである。ここにはニールソン，ダブズ，シャープ・スチュワートといった大手機関車メーカーが集中しており，1903年にはこの3社が合併してノース・ブリティッシュ・ロコモーティブ社（NBL）が誕生することになった[6]。以下，図1－1を参照しつつ，各メーカーの概要と変遷をみていこう。

19世紀後半におけるイギリス最大の機関車メーカーであるニールソン社は[7]，1836年頃にW.ニールソン（Walter Neilson）とJ.ミッチェル（James Mitchell）によってグラスゴーで設立された，ミッチェル・ニールソン社に起源を有している。同社は1842年，ニールソン社に改組し，翌43年には最初の機関車を製造した。1857年，ニールソン社はドイツ人技師H.ダブズ（Henry Dübs）を雇用し，機関車生産を本格化する。そして1860-89年に3091輌の機関車を販売し，一躍，トップ企業に躍り出た（表1－2）。当該期における同社の輸出率は58％であり，インドなどのイギリス植民地を主な輸出先としていた。なおニールソン社は，1898年，パートナーの組み替えによって，社名をニールソン・レイド社に変更している。

1863年，ニールソン社から独立した技術者であるH.ダブズによって，同じ

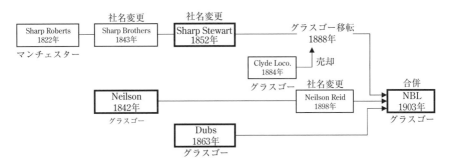

図1－1　NBL（North British Locomotive）系各社の系譜
（出典）　臼井1972，74頁より作成。

くグラスゴーで設立されたのがダブズ社である[8]。同社は1864年，最初の機関車を製造し，以後，急速に規模を拡張していった。1900年時点の従業員数2017人はニールソン社についで全英第2位である。表1-2が示すように，ダブズ社の1864-89年累計販売高は2419輌で全英第3位であったが，輸出率は64％とニールソン社やシャープ・スチュワート社に比べても高かった。その輸出先はインドを中心としていたものの，日本への輸出も多く，当該期のイギリス製機関車の対日輸出の3分の1を占めている（62輌）。この傾向は1890年代以降も続き，イギリス最大の対日輸出メーカーであり続けた。なおダブズ社の経営は，H. ダブズの死去にともない，1876年，パートナーであったW. ローリマー（William Lorimer）が継承している。

　NBL社を構成する最後のメーカーはシャープ・スチュワート社である。同社の歴史は古く，1822年，マンチェスターでシャープ・ロバーツ社（Sharp Roberts）として創業した[9]。1834年，シャープ・ロバーツ社はアトラス工場でリヴァプール—マンチェスター鉄道向けの蒸気機関車製造に乗り出す。その後，パートナーの変更により社名を変更し，1843年にシャープ・ブラザーズ社，1852年にはシャープ・スチュワート社（Sharp Stewart）となった。そして1888年，グラスゴーのクライド機関車会社（Clyde Locomotive Co.）を買収し，アトラス工場をグラスゴーに移転した。マンチェスター時代を中心とする同社の1860-89年累計販売高は2295輌と全英4位であり，その輸出比率は62％であった。その輸出先としては，イギリス植民地よりむしろヨーロッパの方が多く，後述するベイヤー・ピーコック社など，マンチェスターの機関車メーカーと共通している。日本との関係では，1872年の鉄道創業時の機関車10輌のうち4輌がシャープ・スチュワート社製であり，明治初期の官営鉄道に多くの機関車を供給したことで知られている。

　1903年2月，上記三社が合併し，ノース・ブリティシュ・ロコモーティブ社（NBL）が成立した[10]。当時のイギリス機関車製造業における上位3社の合併によって，従業員数7570人を擁し，年産600～700輌の生産能力を有する一大機関車メーカーが誕生する[11]。この大型合併は，世紀転換期におけるアメリカ企業の大規模化に倣い，規模の経済を発揮することでアメリカ製機関車の攻勢に対抗することを目的としていた。しかし，その規模はアメリカのボールド

ウィン社（1902年時点で１万2158人）と比べると小規模であり，なおかつ後述するように，生産能力には常に余裕のある状態が続くことになる。

(3) ネイスミス・ウィルソン社とベイヤー・ピーコック社

世界で最初の旅客鉄道といわれているリヴァプール―マンチェスター鉄道の開業（1830年）以降，その起点となったマンチェスター周辺には機関車製造業が集積することになった。著名な機械技術者ジェームズ・ネイスミス（James Nasmyth）がH. ガスケル（Holbrook Gaskell）の資金的な支援を得て，1836年，マンチェスター郊外のパトリクロフト（Patricroft, Salford）に設立したネイスミス・ガスケル社（Nasmyth Gaskell & Co.）は，そのなかの１つである[12]。同社は1839年，最初の機関車を製造し，以後，1850年にJames Nasmyth & Co., 1860年にNasmyth Wilson & Co. と社名を変更しつつ，中堅機関車メーカーに成長していった。ネイスミス・ウィルソン社は，1860-89年に262輌，1890-1913年に626輌の機関車を販売しているが，海外輸出が一貫して90％前後という高い比重を占める点に特徴があった。その主な輸出先はインドを含む植民地と日本であり，1890-1913年には日本からの注文が全体の４分の１を占めていた。1900年時点での従業員数が526人と，規模の面では中小機関車メーカーであったが，製品の品質は高いという評価を得ていた[13]。

一方，ベイヤー・ピーコック社（Beyer Peacock）は，1854年C. ベイヤー（Charles F. Beyer）とR. ピーコック（Richard Peacock）によって，マンチェスターで設立された[14]。同社は1855年に，最初の機関車をグレート・ウェスタン鉄道に納品して以降，イングランドを代表する機関車メーカーに発展する。表１-２が示すように，1860-89年の累計販売高は2626輌でニールソンに次いで全英第２位，1890-1913年（2477輌）も同じくNBL社（ニールソンを含む）に次いで第２位であった。ベイヤー・ピーコック社の販売動向で注目できる点は，輸出比率が1860-89年の65％から1890-1913年の81％へと急増しており，さらに輸出先が1880年代までのヨーロッパ中心から，1890年代以降の南アメリカ中心へと大きく変化している点である。この傾向は，植民地インドへの依存度が高かったNBL社とは好対照をなしている。さらに1890年代以降は日本への輸出も急増し，ダブス―NBL社やネイスミス・ウィルソン社とともに，イギリス

製機関車の対日輸出の中心となった。

2 アメリカ

(1) アメリカの機関車製造業15)

アメリカの鉄道は，1829年のイギリスからの機関車輸入から始まった。その直後の1831，32年には，ボールドウィン社やノリス社（Norris），ロジャース社（Rogers）といったアメリカの機関車製造業者が勃興し，早くも自給化を達成する。アメリカの鉄道会社は，機関車の内製を指向したイギリスの鉄道と違い，初発の段階から機関車を外注していた。そのため，アメリカの機関車メーカーは主に内需に依存しつつ，急速に発展していくことになった。例えば，1840-50年代に巻き起こったアメリカの鉄道ブームの際には，既存の機関車メーカーが急速に拡大するとともに，スケネクタディ社（Schenectady）をはじめとする多くの新設企業が誕生している。

表1-3から，1850年代までの機関車メーカー各社の生産台数をみると，首位はノリス社で21％，これにボールドウィン社とロジャース社が20％で続いていた。この3社が初期のアメリカ機関車製造業の中心であった。しかし，1860年代に入ると，ノリス社やロジャース社が生産台数を落とす一方で，ボールドウィン社が成長を続け，トップ・メーカーの地位を確立する。この傾向は1870年代により顕著となり，ボールドウィン社のシェアは30％を超えることになった。また1880年代にはスケネクタディ社が急伸し，生産高シェア（10％）でロジャース社（9％）を抜いて全米第2位に躍り出た。なお1870年代から80年代にかけては，ポーター社（H.K.Porter，機関車製造開始1871年）やリマ社（Lima，同1878年）といった産業用機関車メーカーをはじめとする新設会社が叢生し，アメリカ機関車製造業の多様性は高まった。ちなみに日本に最初に輸入されたアメリカ製機関車は，1880年に開拓使に導入されたポーター社製小型テンダー機関車であった。

1890年代には，ボールドウィン社のシェアが39％まで高まり，同社の圧倒的な地位が確立した。スケネクタディ社をはじめとする後続メーカーも伸長していたものの，両者の差は広がる一方であった。こうした状況を打開すべく，1901年にはスケネクタディ，クック（Cooke），マンチェスター（Manchester），

ディクソン (Dickson), ピッツバーク (Pittsburgh), ロードアイランド (Rhode Island), ブルックス (Brooks), リッチモンド (Richmond) の計8社が合併し[16], アメリカン・ロコモーティブ社 (ALCO) となった。この大合同によって, 1900年代における ALCO のシェアは前身各社を含めて44％にまで上昇し, ボールドウィン社のシェア (39％) と合わせると全製造高の83％を占める寡占体制が成立することになった。以後, アメリカでは2大メーカーであるボールドウィン社と ALCO が競い合いつつ, 積極的に海外市場へ進出していくことになる。

　以上の点をふまえ, 以下, 創業以来, アメリカ機関車製造業の中心であり続けたボールドウィン社の来歴を, 先行研究に依拠しつつ紹介しておきたい。

(2) ボールドウィン社の来歴[17]

　ボールドウィン社は, 1825年に M. ボールドウィン (Matthias Baldwin) によってフィラデルフィアで設立された。M. ボールドウィンは各種機械製作から出発し, 小型の蒸気機関を製造するようになり, 1831年, 機関車製造に進出した。彼はイギリスからの輸入機関車 (ロバート・スティーブンソン社製) の主要部品を調査し, その構造や寸法等を模倣することで, 最初の営業用機関車 'Old Ironsides' 号を製造した。ボールドウィン社の1号機関車は, 1832年に試運転を行い, 好評を博した。この成功をきっかけとして, ボールドウィン社は機関車メーカーとしての地位を確立し, フィラデルフィア・ブロード・ストリートの工場で多くの機関車を生み出すことになる。

　ボールドウィン社の生産システムの特徴は, 全体デザインをいくつかの型式に標準化, 均一化しつつ, ボイラーなどの細部設計は顧客の注文に応じる点 (uniform system of standard locomotives) と, 機関車工場に互換性部品の生産システム (interchangeable system) を導入した点にあった[18]。これらの革新によって, 同社は機関車製造コストと納期を大幅に圧縮しつつ, 顧客の要望に応じたあらゆる種類の機関車を製作することが可能になったのである[19]。それはイギリスで「アメリカン・メソッド」もしくは「アメリカン・システム」と呼ばれ, アメリカ機関車メーカーの競争力の源泉と見做されるようになった。

　1850年代から60年代にかけて, ボールドウィン社では, 標準化された多くの構成部品を用いるカスタム生産が目指された[20]。その過程で, 構成部品が再

設計され，ゲージや治具を用いた互換性生産が追求されていく。そして1860年頃，ボールドウィン社はボイラーの一部（挟み板）を除く，すべての部品の互換性生産に移行し[21]，大幅な生産性向上を実現した。その結果，1860年に6064ポンドだった同社の労働者1人当たり生産量が，1870年には1万2104ポンドへと一気に倍増している[22]。生産性の上昇が，価格や納期の面におけるボールドウィン社の競争力を高めたことはいうまでもない。

1870年代のボールドウィン社では，さまざまな専用工作機械の導入が進み，生産性のより一層の向上がみられた[23]。その結果，1880年までには，多数の専用工作機械を活用し，効率的に互換性部品を製造していく生産方式（アメリカン・システム）が確立した[24]。

アメリカン・システムは，生産性の向上に寄与しただけでなく，ボールドウィン社にとって強力なマーケティングの道具にもなった。当該期のアメリカでは，鉄道の大規模化によって，同型の機関車をまとめて注文することが多かった（バッチ発注）。同型機関車に共通して使える互換性部品の存在は，迅速な修理を可能にする点で，鉄道側にとっても望ましかった。そのため1870年代のボールドウィン社は，互換性生産という競争優位を利用して，大鉄道からバッチ発注を受けることで，アメリカ市場におけるマーケット・シェアを急速に伸ばしていった[25]。そして1880年代以降，同社は世界市場への本格的な進出をはじめることになる（第3章で詳述）。

なおボールドウィン社は，1866年のM.ボールドウィンの死去にともない，1867年に社名をM. Baird & Co.に変更する。以後，社名は，パートナーや会社形態の変更によって，1873年のBurnham, Parry, Williams & Co.，1891年のBurnham, Williams & Co.，1909年のBaldwin Locomotive Works Incと，たびたび変更した。しかし，機関車のブランド名は一貫してBaldwin Locomotive Worksを使用している。そのため以下の分析では，社名をボールドウィン社で統一することにしたい。

3　ドイツ

(1)　ドイツの機関車製造業

ドイツは，鉄道の草創期から蒸気機関車に関心を示し，その開発に取り組ん

できた。そして1838年には，ドレスデンのウビガウ社（Übigau）が，最初の実用国産機関車サクソニア号を製造することに成功した（表1-4）。その後，1840年代には，ボルジッヒ社（ベルリン），マッファイ社（Maffei, ミュンヘン），ハノマーク社（Hanomag, 正式名称は Hannoversche Maschinenbau, ハノーファー），ヘンシェル社（Henschel, カッセル）といった機関車製造業者を輩出し，一気に有力な機関車製造国となった。ドイツにおける1850年の機関車自給率（国内製／機関車総数）は57％に達しており[26]，ドイツ機関車製造業が創業からわずか10年余りで輸入代替に成功したことがわかる。この輸入代替の過程で，ドイツ諸邦の鉄道は，機関車を基本的には自国内の機関車メーカーに発注し，機関車製造業者の育成に努めた。この点について1900年代初頭にドイツ鉄道業を視察した日本の官営鉄道技師・森彦三（当時，新橋工場長）は，イギリスと比較しながら次のように報告している。

　　（ドイツ鉄道工場の）英国と異なる点は機関庫に小さき工場を置いて小修繕を盛んに遣つて居ること〻，機関車，客貨車等の新製をやらないことです。即ち英国に於て各鉄道会社が車輛の修繕をその主要工場に集中する習慣に反して，独逸は之を便宜に任せ，且つ之を各所に分配して居るのです。又英国では車輛の新製を自分の工場で遣るのですが，独逸では総て之を民間の専門工場に注文するのです[27]。

　その結果，ドイツでは，アメリカと同様に，鉄道の発達にともなう，機関車製造業の急成長がみられた。とくに1860-70年代には，鉄道ブームにともない，クラウス社（Krauss, ミュンヘン）やシュワルツコップ社（Schwarzkoppf, 1870年に Berliner Maschinenbau A.G と改称，ベルリン）といった新興機関車メーカーが勃興し，生産能力が急伸する。そのため，国内の鉄道ブームが終了した後には，官民をあげたプロモーション活動によって，積極的な海外進出をはじめた[28]。表1-4から，1880-93年における主要機関車メーカーの累計生産台数を推計すると，約1万2000輛となる。このうち国内向けが5000輛程度であることから，国内需要を大きく上まわる約7000輛が輸出されたことになる。これを年平均にすると540輛となり，同時期のアメリカ（442輛）を上まわる勢いであった（前掲表序-2）。

　なお1860年頃のドイツにおける最大の機関車メーカーはボルジッヒ社（プロ

第1節　機関車製造業の構成　27

イセン）であり，従業員数2000人を超えていた。しかし19-20世紀転換期になるとヘンシェル社（ヘッセン）やクラウス社（バイエルン）の台頭が著しく，ボルジッヒ社の地位は相対的に低下した。1880-93年の累計生産台数からみても，1位はヘンシェル社の2853輌，2位はクラウス社の約1900輌，3位はエスリンゲン社（Maschinenfabrik Esslingen，ヴュルテンベルク）の1404輌であり，ボルジッヒは634輌の6位に過ぎない（表1-4）。このように，ドイツの機関車製造業は地域的な割拠性が強く，世紀転換期にもアメリカのボールドウィン，ALCO両社やイギリスのNBL社のような巨大メーカーは生まれなかった。

　以上の点をふまえ，以下，19世紀後半におけるドイツ最大の機関車メーカーであったボルジッヒ社と，日本への積極的な機関車輸出で名高いクラウス社について，その来歴を述べておきたい。

　(2)　ボルジッヒ社[29]とクラウス社[30]

　ボルジッヒ社は1837年，プロイセンの機械技術者であるJ.F.A.ボルジッヒ（Johann Friedrich August Borsig）が，ベルリンで創業し，1841年に最初の蒸気機関車を製造した。そして1844年に開催されたベルリン工業博覧会で，ボルジッヒ社製機関車が好評を博し，一躍，プロイセンを代表する機関車メーカーとなった。1850年までに，ドイツでは機関車が392輌製造されたが，そのうち259輌がボルジッヒ社製であったという。ボルジッヒ社はプロイセン邦有鉄道を主な顧客としつつ発展し，1854年におけるJ.F.A.ボルジッヒの死去までに，583輌の機関車を製造している。そして1860年までに，機械工場だけでなく，製鉄所，ハンマー圧延場も備え，鉱山をも取得して，原料から製品までの一貫生産を行う体制を整えた。この時点における従業員数は2000人を超えており，当時のベルリンで最大の企業となっていた。

　ボルジッヒ社の生産台数は1870年までに2000輌を超え，1880年には3800輌に達しており，当時の欧州では最大の機関車メーカーであった（表1-4）。しかし，前述したように1890年代に入るとその伸びは鈍化し，ヘンシェル社などの猛追を受けることになる。

　一方，クラウス社は，1866年，G.クラウス（Georg von Krauss）によってミュンヘンで設立された。創業者であるG.クラウスは，先発企業であるマッ

ファイ社やバイエルン邦有鉄道などで経験を積んだ機械技術者であり，マッファイ社の強い反対を押し切ってミュンヘンで機関車工場を立ち上げた。そして1872年には早くも第2工場をミュンヘン南駅近くに建設し，1880年にはオーストリアに進出するなど，急成長を遂げた。

　クラウス社は，ドイツの機関車メーカーのなかでは後進の部類に入る。しかし，その発展は急であり，1866-1900年に累計4100輌の機関車を生産した。同社は，そのうち2500輌をバイエルンを中心とするドイツ国内に，1100輌をオーストリア＝ハンガリー帝国に供給し，残り500輌を海外に輸出した。同社の特徴は，「105種類ものゲージで，あらゆるタイプとクラスの機関車を製造した」といわれる多品種生産にあり[31]，とくに良質な小型機関車に定評があった。この点は小型のタンク機関車を多く需用した日本の民営鉄道や産業鉄道にとって大きな魅力となり，後述するように，多くのクラウス社製機関車が日本に輸入されることになった。

　なおクラウス社は1931年に同じミュンヘンの大手機関車メーカーであるマッファイ社と合併し，クラウス＝マッファイ社となって現在に至っている。

第2節　機関車輸出市場の構造

1　アメリカ製機関車のイギリス進出

　世紀転換期には，蒸気機関車の世界市場における国際競争が激化し，機関車製造業におけるイギリスの覇権が揺らぎはじめた。具体的には，1890（明治23）年頃からイギリス，アメリカ間における機関車の性能・価格・納期をめぐる競争が激化し，まず南アメリカで，ついで日本を含むアジアや大英帝国の植民地で，両国メーカーのシェア争いが熾烈となった[32]。さらに1900年前後になると新技術を積極的に採用したドイツが急速に台頭し，イギリス，アメリカ，ドイツ3国間での国際競争が展開した。その過程では，まず機関車の標準化や互換性生産の導入が価格・納期の両面における競争力強化に大きな力を発揮し，ついで新技術導入に対する積極性の有無が競争の行方を左右した。そのいずれにも乗り遅れたイギリス企業は，1900年代前半を境に急速にそのシェアを低下

させ，同国内でも機関車製造業の国際競争力の低下が大きな問題になった[33]。以上の点をふまえ，本節では世界的な機関車市場における国際競争の状況を検討し，日本の機関車輸入をめぐる国際環境を明らかにしたい。

　1899年1月，イギリス・ロンドンで発行されていた技術雑誌 The Engineer は，当時のイギリスにおける大鉄道の1つであるミッドランド鉄道が20輌のモーガル・タイプ（1Cテンダー）の貨物機関車をアメリカのボールドウィン社に発注したと報じた[34]。その後ミッドランド鉄道はさらに10輌を追加注文し[35]，またグレート・ノーザン鉄道（20輌），グレート・セントラル鉄道（20輌）といった他の大鉄道のボールドウィン社への発注も相次いだ[36]。当時のイギリスでは，大手鉄道会社は自社工場による機関車の自製を基本とし[37]，不足する機関車を国内の機関車製造会社に発注するというのが普通であり，イギリスの鉄道会社が海外に機関車を発注したのは実に40年ぶりであった[38]。19世紀末の国際的な機関車市場では，イギリスの絶対的な優位が揺らぎはじめ，後述するようにアメリカ製機関車の海外進出が本格化しつつあった。そのためアメリカ製機関車のイギリス本土上陸のニュースは，イギリス産業界で重く受け止められ，1899年から1900年代初頭にかけて，世界市場をめぐるイギリス，アメリカの機関車輸出競争の話題が，The Engineer 誌上を賑わせることになった。

　ところで，こうした世紀転換期における機関車製造業の国際競争については，すでに日本市場を事例とした湯沢威の先駆的な研究が存在する[39]。また明治期の日本における鉄道車輌輸入の動向については，沢井実による日本の鉄道車輌工業側からの分析[40]と，P. イングリッシュ（Peter J. English）によるイギリス側からの分析がある[41]。本節はこれら先行研究に学びながらも，視点を従来の研究が暗黙の前提としてきた当該期の世界市場における機関車輸出競争に定め，その実態を主としてイギリス側の史料を用いて解明することを目指したい。具体的には，The Engineer という，当時のイギリスにおける代表的な技術雑誌と，イギリス国立公文書館が所蔵するイギリス外交文書（FOシリーズ）を用いて，1890年代から1900年代に至る機関車メーカーの国際競争の動向を明らかにする。なお，The Engineer は学術雑誌というよりも業界誌としての色彩が強く，世界中に通信員（correspondents）を有して世界各国の機械技術お

よび工業製品貿易に関する情報を丹念に収集・紹介していた。さらに同誌は読者層に技術者や職人といった技術系の人々だけでなく，企業家や商人をも含んでいたため，その記事には技術的な情報のみならず，貿易や商慣行，経営管理に関する情報も豊富に含まれていた[42]。また *The Engineer* のもう1つの特徴は，'letters to editor' という投稿欄が極めて充実しており，世界中から投稿してくる読者同士の誌上での論争が華々しく展開した点にある。この論争はイギリス国内のみならず，時には *The Engineering Magazine* などアメリカの技術雑誌との大西洋を越えた論争にも発展した。そこで以下，世紀転換期におけるイギリス，アメリカの機関車輸出の状況とその競争構造について，*The Engineer* や *The Engineering Magazine* に掲載された論文・記事を参照しながら考えてみたい。

2　イギリス，アメリカにおける機関車輸出の動向

最初に図1-2から，世紀転換期におけるイギリス，アメリカの機関車輸出

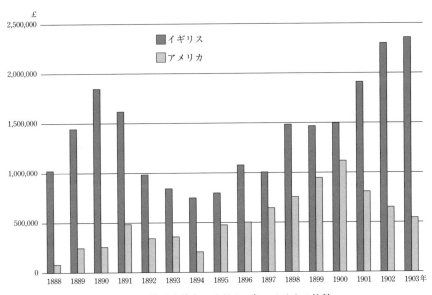

図1-2　機関車輸出のイギリスとアメリカの比較
（出典）　Digby 1904, 587-588頁より作成。

の動向をみてみたい43)。この図からまず指摘できる点は，全期間を通してイギリスの優位は変わっていないものの，1890年代後半から1900年にかけて，アメリカの伸びが著しいという点である。イギリスが19世紀の機関車世界市場におけるリーダーであることは，衆目の一致するところであり44)，事実，1890年のイギリス機関車輸出輛数はアメリカの7倍以上に上っていた（表1-5）。しかし1891年から93年にかけて，前掲表1-1が示すイギリス国内における機関車需要の増大によって，イギリス・メーカーの輸出余力が急減した。その後，1896年前後における機関車需要の急増と45)，大規模な機関車工場ストライキの発生によるイギリスの生産停滞を受けて46)，1890年代後半において，アメリカの海外輸出が急伸した。

　図1-3から，イギリス植民地を除く海外市場におけるイギリス，アメリカ機関車輸出の動向をみると，1890年から93年にかけてイギリスの対外輸出が急落したのに対して，アメリカは1894年の一時的な落ち込みを除き，1890年代を通して漸増を続けていることがわかる。その結果，1897年以降は，イギリス本国への輸出を含めると，アメリカがイギリスを凌駕するようになった。表序-

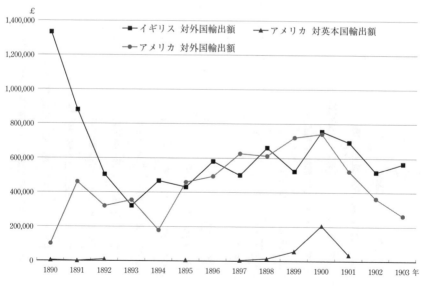

図1-3　機関車輸出世界市場をめぐるイギリスとアメリカの競争
（出典）　Digby1904, 587-588頁より作成。

3から両国の輸出先をみると、1894-96年の時点では、両国共に南アメリカを主たる輸出先としているものの、アメリカの方がその傾向がより強く、全体の57％となっていた。これに対してイギリスはアジア（28％）、ヨーロッパ（24％）への輸出が合計では5割を超えている。ところが1897-99年になると、両国共に主たる輸出先が日本を含むアジアとなった。とくにアメリカの場合、この間に主たる輸出先が南アメリカから、一気にアジアに変わり、全体の48％を占めるようになった。例えばボールドウィン社の対日輸出は、1890-92年の年平均7輛（全体の0.8％）から、1894-96年の同25輛（6％）、1897-99年の同44輛（8％）へと急増している（後述）。ここからも、日本を含むアジア市場が、当該期における世界の機関車市場のなかでいかに重要な位置を占めていたかがうかがえよう。

3　機関車輸出市場の変化

ところが1900-02年の段階になると、アメリカの主たる機関車輸出先はイギリス植民地に転換し、全体の47％を占めるに至る（表序-3）。そして1900年代には、全世界的にイギリス植民地が機関車輸出の最大の市場になっていく。図1-4を用いて、対イギリス植民地への機関車輸出をみると、1890年代から一貫してイギリスの圧倒的な優位が続いていることがわかる。インドや南アフリカといったイギリス植民地では、多くの場合、植民地政府が鉄道建設の主体となっており、その建設・運営に携わる技術者の多くもまたイギリス人であった。そのため植民地の鉄道資材調達はイギリス人スタッフによって、宗主国であるイギリスから行われる傾向があった[47]。ところが1890年代後半になると、アメリカ製機関車のインドなどへの進出が本格化することになる。その背景には、価格や納期の面でアメリカ製機関車がイギリス製に勝るという植民地政府側の判断があった[48]。

本節の冒頭で紹介したボールドウィン社製機関車のイギリス本国への上陸は、こうしたアメリカによるイギリスの超克の象徴的な出来事であったといえよう。

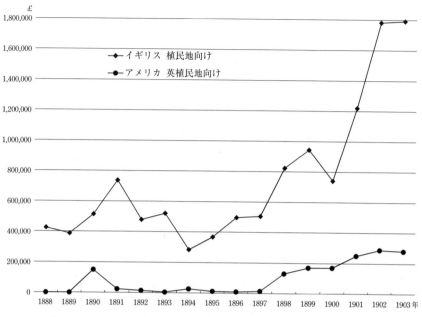

図1-4　イギリス植民地向け輸出をめぐるイギリスとアメリカの競争
（出典）　Digby1904, 587-588頁より作成。

第3節　国際競争力の源泉

1　イギリス，アメリカ製機関車の性能比較と棲み分け論

　アメリカの機関車メーカーが，先発のイギリス・メーカーとの激しい競争に打ち勝って，海外市場のみならず，イギリスの植民地，さらにはイギリス本国にまで進出することが可能になったのはなぜであろうか。

　世紀転換期の The Engineer には，イギリス，アメリカ機関車の市場競争に関する記事や，性能と製造方法に関する比較検討を行った論文や投書が数多く掲載されている。こうした記事・論文と投書を年ごとに集計したのが表1-6である。この表から，イギリス，アメリカ機関車の比較の視点が，1890年代前半と1890年代末，1900年代初頭では異なっていることがわかる。1890年代前半

はイギリス，アメリカ機関車の性能比較と，それぞれの特徴を活かした棲み分けが議論されていたのに対して，1890年代末には型式の標準化を特徴とするアメリカの機関車製造方式の受容の可否が論点になっていた。さらに1900年代初頭にはイギリスに導入されたアメリカ製機関車の運用実績に関する議論が盛り上がっている。そこで以下，これらの時期区分にしたがって，イギリス，アメリカ機関車の性能比較の過程を分析し，あわせてアメリカ製機関車の競争力の源泉を考えてみたい。

　*The Engineer*誌上でアメリカの機関車に対する関心が高まるきっかけは，1890（明治23）年のエディンバラ万国博覧会へのアメリカ機関車メーカーの招聘であった[49]。当時のアメリカでは，アメリカ製機関車がエディンバラ万国博覧会に参加してイギリス製機関車と競走することは，ヨーロッパへの輸出促進のためというよりも，当時の主たる機関車輸出市場であった南アメリカへの輸出を促進するために重要だと考えられていた[50]。そしてその前提として，アメリカ製機関車はあらゆる点でイギリス製に勝っているという彼らの自負があった[51]。

　当初，アメリカ最大の機関車メーカーであるボールドウィン社は，エディンバラ万国博覧会への出品に前向きであった。しかし出品のための費用負担の問題が障害となり，結果的には参加を見送る。ところがこれを契機として，アメリカ製機関車とイギリス製機関車の性能比較に関する論争が，*The Engineer*誌上で華々しく展開することになった。

　この論争は，まずボイラーの性能比較や機関車のデザインをはじめとする技術的な論点からはじまった。しかし，徐々にイギリスとアメリカの機関車が混在している海外市場での比較走行実験の結果報告とその解釈に移っていく。インド，オーストラリア，アルゼンチン，そして日本など世界各地から多くの実験結果が報告された。例えば日本の場合，官営鉄道のお雇い外国人F.H.トレヴィシック（Francis H. Trevithick）が，1894年5月3〜6日と1895年9月30日に，東海道線の沼津—御殿場間で同じクラスのイギリスとアメリカの機関車の比較走行実験を行った。これは官営鉄道が新たに導入したアメリカ製機関車（ボールドウィン社製，国鉄8150形，写真1）の性能テストであったが，F.H.トレヴィシックが実験結果を直ちに英国土木学会誌（*Proceedings of Institute of Civil*

第3節　国際競争力の源泉　　*35*

写真1　ボールドウィン社製1Cテンダー機関車
（出典）　鉄道博物館所蔵。（注）　官営鉄道，国鉄形式8150。

Engineers）に発表していることからもわかるように[52]，イギリスにおけるイギリス，アメリカ機関車比較論争の強い影響を受けていた。まず表1-7から沼津―御殿場間の列車牽引実績のイギリス，アメリカ比較をみると，速度と牽引力はおおむねアメリカ製が優位であり，引張重量もアメリカ製が大きい。さらに石炭・水消費量も上下線ともにアメリカ製がやや少なく，全体的にアメリカ製の方がよい数字を記録している。次に表1-8で，御殿場急勾配における1マイル当たり石炭消費量の比較を行うと，イギリスのネイスミス・ウィルソン社製1C1タンク機関車の燃費が最もよく（52 lbs），それに同じくネイスミス・ウィルソン社製1Cテンダー機関車（57 lbs）とベイヤー・ピーコック社製1Cテンダー機関車（64 lbs，国鉄7700形，写真2）が続き，アメリカのボールドウィン社製1Cテンダー機関車（72 lbs）は最後であった。つまり急勾配の登坂路線での燃費は，イギリス製の方がよいという結果が得られた。さらに表1-9から，20万マイルを走行した場合の石炭・油脂消費の差をみると，ボールドウィン社製1Cテンダー機関車の経費（4489ポンド）に対してネイスミス・ウィルソン社製の1Cテンダー機関車は983ポンド，同1C1タンク機関車（国鉄3080形，写真3）は1298ポンドの節約になると試算が出ている。こうした実験の結果，F.H.トレヴィシックは速度と牽引力に優れたアメリカ製機関車に対して，燃費と保守費節約に優れたイギリス製機関車という結論を導

写真2　ベイヤー・ピーコック社製1Cテンダー機関車
（出典）　鉄道博物館所蔵。（注）　官営鉄道，国鉄形式7700。

写真3　ネイスミス・ウィルソン社製1C1タンク機関車
（出典）　鉄道博物館所蔵。（注）　官営鉄道，国鉄形式3080。

第3節　国際競争力の源泉

き出している。

　速度や牽引力に勝るアメリカ製と，燃費や保守の効率性に勝るイギリス製という機関車の特徴は，イギリス，アメリカの地理的ないし社会経済的な環境の違いに由来している。アメリカでは広大な国土と豊富な資源を有しながらも人口が少ないという環境を前提として，長距離を走り，高い労賃と激しい競争のなかで高い利益率をあげる鉄道運営の方法を見いだすことが必要であった。そのためアメリカでは重量機関車による高速運行が一般的になり，さらに生産を効率化するために型式の標準化や互換性生産が進んだ[53]。これに対してイギリスは，国土が狭く，駅間が短いことから，速度よりもむしろ燃費のよさが求められた。

　このようにアメリカ製機関車の特徴は，アメリカ固有の環境に応じて形成されてきた。ところが1890年代にはいると，輸送量の増大によって，アメリカ以外の国においても機関車の重量化と高出力化が求められるようになった。そのため世界各国の機関車メーカーは，重量と型式の両方でアメリカのプランに追随してきた。とくにアメリカと環境が似ている南アメリカやオセアニア，アジアの国々では，価格と納期の問題もあり，アメリカ製が歓迎されることになった[54]。ただしこの段階では，まだアメリカ製機関車のイギリス本国への進出という事態には立ち至っていなかったため，The Engineer 誌上ではそれぞれの風土にあった機関車の発達を肯定的に評価する意見が強く，イギリス製とアメリカ製の棲み分けが議論されていた[55]。

2　アメリカ機関車メーカーの比較優位

　その後，1897-98年には一時的にイギリス，アメリカ製機関車比較の議論が誌面から遠ざかる（表1-6参照）。しかし1899年1月に，イギリス大鉄道によるアメリカ製機関車の本格的な輸入が報じられると，The Engineer 誌上ではアメリカ製機関車の比較優位の分析が盛んに行われるようになった。この段階ではすでに価格や納期でのアメリカの優位は，イギリス国内でも認知されていた。例えば1899年5月，バリー・ドック鉄道（Barry Docks and Railway Co.）がアメリカに発注した4輌の機関車は，1輌1800ポンドであった。これは競合するイギリス製なら2800ポンドである。さらに違うのは納期で，アメリカ・メー

カーが5月に発注して7月か8月に納品（納期は3ヶ月程度）なのに対して，イギリス・メーカーの納期は12ヶ月より早いことはないと報じられている[56]。

こうしたアメリカ・メーカーの比較優位の源泉が，型式の標準化と互換性生産にあるという見方は，世紀転換期には，すでに論者の共通認識になっていた。例えば1880年におけるアメリカのセンサス・レポートは，互換性生産のアメリカ機関車製造業への浸透過程を詳細に分析し，早くもその優位性を論じている[57]。さらに1890年代には，インドの鉄道などで，運転・保守の効率化のため，機関車の標準化の動きが生じはじめていた[58]。この動きもまた型式の絞り込みを特徴とするアメリカン・メソッドに有利であった。そしてアメリカの*The Engineering Magazine* が指摘するように，必要に応じて型式をカタログから選び機関車を発注できるというシステムは，自ら詳細な仕様書を書く必要が無く，技術蓄積が乏しい植民地では確かに簡便で満足できるものであった[59]。

この方式（アメリカン・メソッド）を用いた，アメリカ・メーカーの急成長を目の当たりにして，当該期の *The Engineer* 誌上では，アメリカン・メソッドを早急に導入すべきであるという意見が強まっていた（表1-6参照）。ところが，イギリス側には，アメリカン・メソッドを直ちに導入できない事情があった。例えばロンドンの機関車製造業者からは，次のような内容の投書が *The Engineer* 誌に届いている。

> イギリスの機関車メーカーは技術的にアメリカに後れを取っているわけではない。しかしイギリスでは大手鉄道会社が機関車を自製していることもあり，独立の機関車メーカーは小口需要に応じて多くの種類の機関車を製作する必要があり，そのために費用がかさむ。今やイギリスも，アメリカのように機関車の標準化を進めるべきであるが，そのためには鉄道会社の協力も必要である[60]。

つまりイギリスでは，大口需要家である大手鉄道会社が基本的に機関車を自製しており，自社工場で製造しきれない分のみを外注していたため，機関車メーカーは国内では多車種少量生産に従事せざるを得ず，型式を標準化しにくい構造となっていたのである。

さらにイギリス製機関車を使い慣れていた植民地や，日本のような大英帝国勢力圏内のユーザーが，依然として「典型的なイギリス製機関車はイギリス国

内と同様に，世界中でも最適である」という認識を持っていたことも事実である。こうした 'British Made' ブランドの存在が，イギリス機関車製造業者の経営変革への意欲を殺いだであろうことは想像に難くない。自らの品質への絶大な自信は，イギリス・メーカーの一部に「敢えて言えばアメリカに学ぶものは何もない」という傲慢な態度をとらせた61)。そのため The Engineer 誌上では，「イギリスの技術者や製造業者はアメリカとの競争の現実について，もっと厳しく直視すべきである」といった意見がたびたび掲載され62)，関係者の注意を喚起していた。

3　イギリスの輸出再拡大と過信

　1900年3月，The Engineer は，'English and American Railways' という論説を4回にわたって連載し，1890年代を通して同誌最大のテーマの1つであったイギリス，アメリカ機関車比較検討の総括を行った。そしてその結論は，「英米の鉄道実績比較の結果は，不幸なことにいずれの面でもイギリスの方が見劣りする傾向にある」という悲観的なものであった63)。

　ところが皮肉にも，翌1901年からイギリスの機関車輸出は急伸をはじめ，輸出総計は1900年の150万ポンドから，1903年の236万ポンドへと1.6倍になっている（表1-5）。とくに植民地向け機関車輸出は好調で，1900年の74万ポンドから1903年の179万ポンドへと，実に2.4倍の伸びを示していた（図1-4）。その一方で，ライバルであるアメリカは，輸出総計が1900年の112万ポンドから，1903年の54万ポンドへと半減している。1900年以降におけるアメリカの機関車海外輸出の急減は，国内需要の急伸によるアメリカ機関車メーカーの輸出余力減退に起因していると思われる。例えばボールドウィン社の場合，1899年の年産901輛から1903年の同2022輛へと生産が急増しているにもかかわらず64)，増産分はすべて急拡張する国内市場に吸収されていった65)。前述したように当該期のアメリカでは，大鉄道会社がバッチ発注を行っており，機関車メーカー側も互換性生産の特性を活かすため，それに積極的に応じていたのである66)。こうしたアメリカ側の事情もあり，図1-2が示すように，イギリスの機関車輸出は，再度，ライバルに大きな差を付けることになった。

　機関車輸出の基調の変化をうけて，1901年以降，The Engineer 誌には「近

年におけるイギリス本国・植民地などにおける機関車需要の急増でイギリス・メーカーは繁忙となり，その供給力を超える部分の需要がアメリカなど他の国に向かった」という言説が登場するようになった[67]。さらに1901年6月，先にミッドランド鉄道などに導入されたボールドウィン社製機関車の運用実績について，イギリス製に比べて燃料で20-25％，オイルで50％，保守費で60％も過剰な経費がかかったという報告が出され[68]，The Engineer誌上ではその費用対効果をめぐる議論が紛糾した。そしてこの議論の過程で，「イギリス・メーカーは技術的には最上の機関車を作っている」ことに対する自負が蘇ってきた[69]。1901年6月，インド政府がボールドウィン社と鉄道資材の供給契約を結んだ際，イギリス政府高官が「技術的に優れたイギリス・メーカーを差し置いて，アメリカ・メーカーと契約するとは何事だ」，と強く非難した出来事からも，このような自負が垣間見える[70]。その一方で，そこには「納期がルーズで値段が高い」というイギリス・メーカーに対する需要家側の不満への配慮は見いだせない。そして，そもそもイギリス製機関車対アメリカ製機関車という議論の枠組み自体が，1902年頃を境にThe Engineer誌上から姿を消した。

　こうしたイギリスにおける自らの技術への過信は，同国機関車メーカーの技術革新への取り組みを遅らせた。それは，イギリスが1900年代の蒸気機関車製造技術における最大の革新である，飽和式から過熱式への移行に乗り遅れる原因の1つになったのである（第5章参照）。

4　機関車国際競争の構図

　以上，世紀転換期の世界的な機関車市場の状況について，主としてイギリスの技術雑誌The Engineerに掲載された論文・記事や投書を用いて概観してきた。その結果，当該期の機関車製造業をめぐる国際競争の構図は，①1890年代前半，②1890年代末，③1900年代という3つの時期で，少しずつ変化していることが明らかになった。

　このうち①は，イギリスの覇権に対するアメリカの挑戦がはじまった時期であり，主たる競争の場は南アメリカであった。この時期にイギリス，アメリカ機関車メーカーの間で，最大の争点となったのは価格と納期であり，性能に関しては速度と牽引力に勝るアメリカ製と燃費効率に勝るイギリス製という，そ

れぞれの特徴を活かした棲み分けが議論されていた。また当該期には，イギリス国内市場が活況を呈していたこともあり，イギリス・メーカーはリスクを冒してまで，あえて海外から受注する必要もなかった[71]。こうした国内市場の動向もまた，機関車の輸出市場の動向に大きな影響をおよぼしたと考えられる。

　次に②の時期になると，アメリカの海外進出が顕著となり，大英帝国の植民地を含むアジア市場が主たる競争の舞台となった。そして1899年，アメリカ製機関車は，ついにイギリス本国に上陸する。この段階になると，価格と納期，ユーザーの要望への対応能力といった面でのアメリカの比較優位が明白となり，その競争力の源泉と見做されたアメリカン・メソッドの導入が，イギリス国内で真剣に議論されるようになった。しかしイギリス・メーカーは，大手鉄道会社が機関車を自製しているという国内市場の特質と，自らの機関車の品質への自負から，型式の標準化に踏み切ることはなく，結局，アメリカン・メソッドの導入も掛け声倒れにおわった。

　③の時期になると，アメリカ国内市場の急拡張の影響で，アメリカ・メーカーの海外輸出が急減したこともあり，イギリスの機関車輸出は，植民地市場を中心に再度，急伸することになった。一方，この時期には，過熱式蒸気機関車の普及に象徴される技術革新が，アメリカ，ドイツで急速に進行し，とくにドイツの台頭が著しくなってきた（第4章で詳述）。ところが，アメリカとの関係において一時的に優位に立ったイギリス・メーカーは，自らの技術への過信から，この技術革新への素早い対応ができなかった。その結果，1910年前後になると，アメリカ，ドイツに対するイギリスの技術的劣位が明白になり，イギリス・メーカーはもはや機関車製造業のトップ・ランナーとはいえなくなった。こうしてイギリス機関車製造業の長期凋落がはじまったのである。

　このように世紀転換期には，機関車の世界市場をめぐるイギリス，アメリカ，そしてドイツの激しい国際競争が展開していた。その過程では，アメリカにおけるアメリカン・メソッドと呼ばれる生産方式の革新や，ドイツにおける過熱式蒸気機関車の実用化といった技術革新が継起的に生じ，これらの革新への対応能力が競争力の源泉となった。19世紀の機関車製造業における覇者であったイギリスは，こうしたさまざまな革新への対応にことごとく失敗し，衰退への道を歩みはじめた。

一方，冒頭で述べた筆者の問題意識に戻ってこの過程を見直すと，世紀転換期はアメリカとドイツの参入によってイギリスによる市場独占が崩れ，機関車の世界市場が急速に流動化していた時代であったということになる。機関車輸出をめぐる国際競争が，価格と納期だけでなく，技術革新を含む品質面での競争をも内包していたことから，顧客である日本の鉄道業は，良質で安価な機関車を，短納期で手に入れることが可能になったと思われる。そこで次章以降，受け手側である日本における機関車取引のメカニズムの解明を通して，日本鉄道業がこのような恵まれた国際環境を，いかに活用していったのかを考えていきたい。

註
1) 久米邦武編『特命全権大使 米欧回覧実記』第2巻，岩波文庫版，1993年（第13刷），149–150頁。
2) 湯沢2014，129頁。
3) 湯沢1989，20頁，第2表および臼井茂信『機関車の系譜図1』（交友社，1972年）から算出すると，1900年時点で稼働中の機関車メーカーは21社となる。
4) 湯沢1989，21頁，第3表。なお *The Engineer* 1903年1月16日，65頁の'Railway Matters' は「昨年中の英国における機関車製造業の従業員数は1万4853人であり，Neilsonが3140人で最大，次がDubsで2423人，3位がBeyer Peacockで2165人である。1901年より合計で700人以上増加している」としている。
5) 北政巳「19世紀グラスゴウ蒸気機関車製造業発展史」『創価経済論集』22-4，1993年および　James W.Lowe 1975, *British Steam Locomotive Builders*, Cambridge: Goose and Son を参照。
6) R. H. Campbell, 1990, 'The North British Locomotive Company between the Wars' in R.P.T.Davenport-Hines ed. *Business in the age of Depression and War*, London: Frank Cass.
7) Lowe 1975，502–505頁および北1993，57頁。
8) Lowe 1975，140–142頁。
9) 北1993，57頁およびLowe 1975，579–580頁。
10) National Railway Museum, 2003, 'Records of North British Locomotive Company Ltd & constituent companies, locomotive builders, Glasgow'. 3頁。
11) 北1993，51–66頁。
12) Lowe 1975，497頁。
13) Lowe 1975は「その会社は職人仕事で良い製品をつくるという評判を得ており，

1839年から1939年までに1531輌の蒸気機関車を製造した」と述べている（498頁）。
14) Lowe 1975, 59-61頁。
15) Brown 1995, 5-7頁および John White, 1982, *A Short History of American Locomotive Builders in the Steam Era*, Washington, D.C.: Bass, 3頁。
16) ロジャース社の合併は1905年。
17) Brown 1995, 第1章および96-101頁。
18) Charles H. Fitch, 1888, *Report on the Manufactures of Interchangeable Mechanism*, Washington: Government Print Office, 47-48頁。
19) 'United States Competition in the Locomotive Export Trade.' *The Engineer*, 1899年9月15日, 260頁および9月29日, 313頁。
20) 以下, Brown 1995, 171-183頁を参照。
21) Fitch 1888, 48頁。
22) Brown 1995, 181頁, Table 6.2を参照。
23) Brown 1995, 183-189頁および Fitch1888, 51-59頁。
24) アメリカン・システムについては, David A. Hounshell, 1985, *From the American system to mass production, 1800-1932 : the development of manufacturing technology in the United States*, Baltimore: Johns Hopkins University Press（和田一夫・金井光太朗・藤原道夫訳『アメリカン・システムから大量生産へ』〈名古屋大学出版会, 1998年〉）および橋本毅彦『「ものづくり」の科学史』（講談社, 2013年）を参照。
25) Brown 1995, 182頁。
26) 小笠原茂「19世紀前半におけるドイツ機械工業の発展」『商学論集（福島大学）』38-2号, 1969年, 12-13頁。
27) 「森彦三氏（新橋工場長）を訪ふ（三）」『鉄道時報』254号, 1904年7月30日, 5頁。
28) 例えば日本へは, 後述するように1880年代後半に阪堺鉄道, 伊予鉄道や九州鉄道への売り込みが成功している。湯沢1989を参照。
29) 小笠原1969, 31-32頁および高橋秀行「初期ボルジッヒ企業の成長と機関車生産の展開」『大分大学経済論集』27-3号, 1975年。
30) Krauss-Maffei ed., 1988, *Krauss Maffei, 150 Years of Progress Through Technology 1838-1988*, Munich: Krauss-Maffei AG, 16-19頁。
31) Krauss-Maffei ed., 1988, 19頁。
32) 湯沢威の研究によれば, イギリス, アメリカの機関車輸出競争が顕在化したのは1870年代末であり, 1880年代にはすでに納期や価格, 品質におけるアメリカ機関車のイギリス機関車に対する比較優位が議論されていた（Yuzawa 1991, 199-202頁）。しかし海外市場だけでなく, 大英帝国内部における両者の競争が激化したのは19世紀末であった。
33) Yuzawa 1991, 200-201頁。

34) 'Literature'. *The Engineer*, 1899年1月27日, 89頁。
35) 'Railway Matters'. *The Engineer*, 1899年3月17日, 262頁。
36) 'Railway Matters'. *The Engineer*, 1899年3月31日, 313頁, 同年5月26日, 517頁。
37) 湯沢1989, 19-20頁。
38) Charles Rous-Marten, 1899, 'English and American Locomotive Building', *The Engineering Magazine*, vol. 17, No.4, 545頁。
39) 湯沢1989および Yuzawa 1991。
40) 沢井1998。
41) Peter J. English, 1982, *British Made: Industrial Development and Related Archaeology of Japan*, Nederland: De Archeologische Pers.
42) *The Engineer* については橋本毅彦「英国からの視線」鈴木淳編『工部省とその時代』(山川出版社, 2002年) が詳細な書誌情報を提供し, また1863年から1898年までの日本関係記事の紹介を行っている。
43) W. Pollard Digby, 'The British and American Locomotive Export Trade'. *The Engineer*, 1904年12月16日, 587-588頁。
44) Brown 1995, 46-47頁。
45) 1896年初の機関車市況について, *The Engineer* は次のように述べている。
   グラスゴーの機関車製造業は, ちょうど今, 明らかにブームを迎えている。それは私企業 (独立製造業者) でより顕著である。(中略) 熟練労働者が払底して, 各社はもはやこれ以上注文を受けられない状況である。例えば Neilson 社は現在, 170台以上を受注しており, 創業以来, 最高記録である (*The Engineer*, 1896年5月8日, 480頁)。
46) 1896年の機関車工場ストライキの影響については Rous-Marten 1899を参照。
47) *The Engineer* 誌上でもたびたび論及されているが, 1890年代半ばまで, 日本の鉄道資材調達もまた外国人 (イギリス人) スタッフによって, 固定的な国 (イギリス) から行われていた (*The Engineer*, 1898年3月4日, 201頁)。なお日本におけるお雇い外国人と, その母国からの機関車輸入については, Yuzawa 1991, 202-210頁も参照。
48) 1901年6月, インド政府はボールドウィン社と鉄道資材の供給契約を結ぶ。それを強く非難したイギリス本国政府高官に対して, インド政府高官は価格と納期の問題で, イギリス・メーカーではなく, アメリカ・メーカーと契約することが植民地経営のために必要と主張した ('Indian Government Contracts'. *The Engineer*, 1901年6月7日, 591, 597頁)。
49) 'English v. American Locomotives'. *The Engineer*, 1890年1月10日, 34頁。
50) 'American Locomotives and the Edinburgh International Exhibition'. *The Engineer*, 1890年2月21日, 152頁。
51) 'English and American Locomotives'. *The Engineer*, 1890年3月28日, 262頁。The

*Engineer*誌が,アメリカの*The Engineering News*誌に対して,アメリカの機関車がイギリスの機関車に勝っている点について尋ねたのに対する答え。
52) Francis H. Trevithick, 1896, 'English and American Locomotives in Japan', *Proceedings of Institute of Civil Engineers 1895-96*, Part 3, No.125, 335頁。
53) 'Difference between American and Foreign Locomotive'. *The Engineer*, 1894年1月19日, 57頁。
54) 'Colonial Locomotives'. *The Engineer*, 1894年9月28日, 269頁。
55) 'Locomotive Gates'. *The Engineer*, 1896年2月14日, 168頁。
56) 'Railway Matters'. *The Engineer*, 1899年5月26日, 517頁。
57) Fitch 1880, 44-59頁。
58) 'Railway Matters'. *The Engineer*, 1899年11月17日, 495頁。
59) 'English and American Locomotive Building.' *The Engineering Magazine* Vol. 17-4, 1899年7月, 560頁。
60) 'Home and foreign locomotives (from Locomotive Builder in London).' *The Engineer*, 1899年6月16日, 603頁。
61) 'English and American Locomotives'. *The Engineer*, 1899年7月7日, 13頁。
62) 'American Competition'. *The Engineer*, 1899年10月6日, 356頁。
63) 'English and American Railways No. 2'. *The Engineer*, 1900年3月23日, 298頁。
64) Brown 1995, 241頁。
65) Brown 1995, 54-55頁。
66) Brown 1995, 182-183頁。
67) 'British Locomotive Manufacturers'. *The Engineer*, 1901年7月19日, 70頁。
68) 'American Locomotives in England'. *The Engineer*, 1901年6月28日, 661頁。
69) 'Government Contracts'. *The Engineer*, 1901年11月1日, 457頁。
70) 'American firms and Indian Railway Contracts'. *The Engineer*, 1901年6月7日, 591頁。
71) もし納期までに機関車を納入できない場合,機関車メーカーは顧客に罰金を支払う義務が生じた。例えば1894年におけるニールソン社と日本鉄道会社の契約では,納期に遅れた場合,メーカー側がユーザー側に機関車1台1週間につき100ポンド支払うことになっていた('Quick Locomotive Building'. *The Engineer*, 1894年12月28日, 568頁)。そのため機関車メーカーは,繁忙期には海外からの受注を控える傾向があった。

表1-1　イギリス国内における鉄道車輌数の増加（1894-1903年）

年	機関車数		客車(客車・その他)		貨車(有蓋・無蓋・鉱物他)	
	年末現在	期中増加	年末現在	期中増加	年末現在	期中増加
1891	16,860		—		—	
1892	17,439	579	—		—	
1893	18,032	593	—		—	
1894	18,328	296	57,661		608,079	
1895	18,658	330	58,737	1,076	618,291	10,212
1896	18,956	298	58,983	246	633,771	15,480
1897	19,479	523	61,411	2,428	647,475	13,704
1898	19,914	435	63,023	1,612	672,530	25,055
1899	20,570	656	64,446	1,423	694,370	21,840
1900	21,304	734	66,341	1,895	714,685	20,315
1901	21,823	519	68,240	1,899	721,575	6,890
1902	22,130	307	69,295	1,055	730,653	9,078
1903	22,385	255	70,291	996	737,444	6,791

(出典)　W.Pollard Digby 'The earning power of British rolling stock from 1894 -1903', *The Engineer* 1905年9月22日，279-280頁および湯沢1998，19頁。
(注)　単位は輌。

表 1-2　イギリス主要機関車製造メーカーの販売輌数　　　　　　　　　　　（単位：輌）

	1860-89年販売輌数								
	イギリス国内	インド	植民地（除インド）	ヨーロッパ	中・南アメリカ	その他	うち日本	総計	輸出比率
Neilson*	1,291	1,227	170	239	109	55	0	3,091	58.2%
Dubs*	866	817	343	159	156	78	62	2,419	64.2%
Sharp Stewart*	865	380	31	732	164	123	17	2,295	62.3%
Beyer Peacock	918	60	451	870	250	78	26	2,626	65.0%
Kitson	608	439	150	158	136	46	12	1,536	60.4%
Robert Stephenson	595	103	210	200	100	131	4	1,339	55.6%
Vulcan Foundry	419	285	44	33	14	28	13	823	49.1%
Hawthorn Leslie	302	53	19	35	65	3	0	477	36.7%
Nasmyth Wilson	27	54	45	54	43	39	32	262	89.7%
North British Loco.	—	—	—	—	—	—	—	—	
合計	5,891	3,418	1,463	2,480	1,037	581	166	14,868	60.4%
	39.6%	23.0%	9.8%	16.7%	7.0%	3.9%	1.1%	100.0%	
年平均	196	114	49	83	35	19	6	496	

	1890-1913年販売輌数								
	イギリス国内	インド	植民地（除インド）	ヨーロッパ	中・南アメリカ	その他	うち日本	総計	輸出比率
Neilson*	814	775	676	52	44	131	94	2,492	67.3%
Dubs*	461	393	556	80	135	305	226	1,930	76.1%
Sharp Stewart*	621	369	87	183	152	55	28	1,467	57.7%
Beyer Peacock	476	98	493	314	816	280	186	2,477	80.8%
Kitson	439	567	252	11	330	26	15	1,625	73.0%
Robert Stephenson	174	216	55		139	36	0	620	71.9%
Vulcan Foundry	331	1,179	70		115	16	10	1,711	80.7%
Hawthorn Leslie	7	34	103	4	113	21	15	282	97.5%
Nasmyth Wilson	46	256	79	42	33	170	151	626	92.7%
North British Loco.	342	1,655	645	84	1,213	431	335	4,370	
合計	3,711	5,542	3,016	770	3,090	1,471	1,060	17,600	78.9%
	21.1%	31.5%	17.1%	4.4%	17.6%	8.4%	6.0%	100.0%	
年平均	155	231	126	32	129	61	44	733	

（出典）　S.B.Saul, 1968, 'The Engineering Industry', D.H.Aldcroft ed., *The Development of British Industry and Foreign Competition, 1875-1914*, Toronto: University of Toronto Press, 200頁および臼井1972。

（注）　1880-89年の海外販売輌数の合計は原資料と異なる。
　　　＊印の3社は1903年に合併して North British Locomotive になる。

表1-3 主要アメリカ機関車メーカーの製造高の推移

企業名	創業年	1830-59年 輛数	シェア	1860-69年 輛数	シェア	1870-79年 輛数	シェア	1880-89年 輛数	シェア	1890-99年 輛数	シェア	1900-9年 輛数	シェア	1910-19年 輛数	シェア	累計
Baldwin	1831	905	19.7%	1,143	23.8%	2,861	31.8%	5,634	31.3%	6,770	39.2%	16,834	39.3%	18,627	47.3%	52,774
Norris	1831	975	21.2%	269	5.6%											1,244
Rogers+	1832	897	19.5%	789	16.4%	867	9.6%	1,671	9.3%	1,246	7.2%	791	1.8%			6,261
Hinkley	1840	679	14.7%	260	5.4%	371	4.1%	501	2.8%							1,811
Mason	1845	92	2.0%	248	5.2%	276	3.1%	138	0.8%							754
Schenectady+	1848	213	4.6%	393	8.2%	595	6.6%	1,805	10.0%	2,272	13.1%	916	2.1%			6,194
Portland	1848	103	2.2%	69	1.4%	185	2.1%	244	1.4%	26	0.2%	1	0.002%			628
Taunton	1849	270	5.9%	210	4.4%	237	2.6%	265	1.5%							982
New Jersey-Grant	1851	268	5.8%	506	10.5%	623	6.9%	450	2.5%	41	0.2%					1,888
Cooke+	1852	157	3.4%	475	9.9%	464	5.2%	892	5.0%	511	3.0%	256	0.6%			2,755
Manchester+	1855	46	1.0%	159	3.3%	587	6.5%	652	3.6%	275	1.6%	74	0.2%			1,793
Dickson+	1856			47	1.0%	196	2.2%	491	2.7%	361	2.1%	235	0.5%			1,330
Pittsburgh+	1865			66	1.4%	329	3.7%	817	4.5%	834	4.8%	364	0.9%			2,410
Rhode Island+	1867			162	3.4%	649	7.2%	1,505	8.4%	839	4.9%	211	0.5%			3,366
Brooks+	1869			2	0.04%	386	4.3%	1,212	6.7%	1,802	10.4%	712	1.7%			4,114
Porter*	1871					356	4.0%	769	4.3%	927	5.4%	2,427	5.7%	1,927	4.9%	6,406
Lima*	1878					5	0.1%	260	1.4%	328	1.9%	1,282	3.0%	2,059	5.2%	3,934
New York (Rome)	1881							564	3.1%	131	0.8%					695
Richmond+	1883							40	0.2%	641	3.7%	354	0.8%			1,035
Vulcan*	1887							79	0.4%	57	0.3%	1,230	2.9%	1,532	3.9%	2,898
Climax*	1888							12	0.1%	189	1.1%	446	1.0%	280	0.7%	927
Heisler*	1894									36	0.2%	144	0.3%	228	0.6%	408
ALCO	1901											15,556	36.4%	14,709	37.4%	30,265
Davenport*	1902											955	2.2%			955
合計		4,605	100.0%	4,798	100.0%	8,987	100.0%	18,001	100.0%	17,286	100.0%	42,788	100.0%	39,362	100.0%	135,833
ALCO系小計(除くRogers)												18,678	43.7%			
年平均		154		480		899		1,800		1,729		4,279		3,936		1,509

(出典) White 1982, 21頁。
(注) 創業年は最初に機関車を製造した年。+はALCOに参加した企業。*は産業用機関車メーカー。

49

表1-4 主要なドイツ機関車製造業者

社名	所在地	開始年	出荷輛数（累計）			年間製造輛数		対日輸出年	仲介業者	備考
			1880年	1893年	増加数	1881-93年平均	最大			
Übigau	ドレスデン	1838								最初の実用されたドイツ製機関車サクソニアを製造。40年まで計2台のみを製造
Gutehoffnungshütte	オーバーハウゼン	1840								九州鉄道創立時に鉄道資材一式を供給。元々は製鉄所
A. Borsig	ベルリン	1841	3,800	4,434	634	49	200	1905年〜	大倉組	ドイツ最大の機関車メーカー。従業員数は1860年で2000人以上。1905年双合機関車37輌を輸入。1911年に鉄道院が過熱式機関車(8850形)を12輌輸入
J.A. Maffei	ミュンヘン	1841	1,232	1,720	488	38	60	1903年〜	進藤太、ベッカー一商会	1903年の第5回国内勧業博覧会にマレー複式タンク機関車を高田商会を通じて出展。1912年に国鉄に納入された4100形機関車が有名
E. Kessler	カールスルーエ	1842	1,015	1,400	385	30	50			1852年 Maschinenbauges Karlsruhe と改称
G.Egestorff (Hanomag)	ハノーファー	1846	1,442	2,500	1,058	81	150	1900年〜	ラスペ商会	1871年 Hannoversche Maschinenbau (Hanomag) と改称。1907年には累は5000輌に達する。1900年に北海道炭礦鉄道タンク機関車2輌を納む阪鶴鉄道
Henschel & Sohn	カッセル	1848	1,147	4,000	2,853	219	300	1904年〜	ラスペ商会、高田商会	ボルジッヒと並ぶドイツを代表する機関車メーカー。1848-99年に5000輌を生産。1904年に日本鉄道に導入された初の複式タンク機関車67輌を輸出。1904-5年にB6形タンク機関車が最初の官営鉄道に納入
Maschinenfabrik Esslingen	エスリンゲン	1848	1,596	3,000	1,404	108	80	1892年〜		E. Kasslerが1846年官営鉄道にマフェイ式機関車4輌を輸出。官鉄初のドイツ製機関車
F. Wöhlert	ベルリン	1848	770	—						Borsig勤務のWöhlertが1843年に独立。70年代初頭には年間120-150台製造。1882年に機関車製造を停止
R. Hartmann	ケムニッツ	1848	1,087	1,720	633	49	120	1905年		1898年に Sächsische Maschinenfabrik と改称

Union	ケーニヒスベルク	1855	169	753	584	45	96			1828年設立. 55年から機関車製造を開始. プロイセン邦有鉄道に機関車を供給
MG. Vulkan	シュテッチン	1859	800				100			1898年. 最初の過熱式機関車を製造
Schichau	エルビング	1860	291	695	404	31	65			1837年会社設立. プロイセン東部鉄道に最初の機関車を納入. 1873年に通算第100台目の製造. その後1891年に500台. 1899年に1000台目を製造
Krauss	ミュンヘン	1866	925	2,800	1,875	144		1888年~	イリス商会, ローデ商会, 鋤賀商会	ドイツ・メーカーで日本に最も多くの機関車を輸出. 1931年にマッファイ社を合併して, Krauss-Maffei となる. なお1893年の累計輸出輛数は1894年の数値 (3000輛) をもとにした推計値
Berliner Maschinenbau	ベルリン	1867	1,094	2,090	996	77	150	1904年~	イリス商会	旧名 Schwarzkopff. 1867-1910年に3500輛を生産. 1904年官鉄道にB6形12輛が納入される. 1911年の鉄道院による過熱式機関車 (8800形) 12輛の輸入が有名
A. L. Hohenzollern	デュッセルドルフ	1872	148	806	658	51	70	1885年~		1885年阪鶴鉄道に機関車を輸出
Orenstein & Koppel	ベルリン	1876	—					1905年~	茂須礼商会, オットー・ライマー商会	軽便鉄道用小型機関車450輛を日本に輸出. 日露戦争時にイリス商会経由で又合機関車188組を受注し, 各社に配分
Arnold Jung	ユンゲンタール	1885						1905年~	イリス商会	軽便鉄道用小型機関車を日本に輸出
合計			15,516	25,918	11,972	921	1,441			

(出典) 小笠原茂「19世紀前半におけるドイツ機械工業の発展」『商学論集 (福島大学)』38-2 (1969年), 白井茂信「機関車の系譜図2」『交友社, 1973年, 幸田亮一『ドイツ工作機械工業成立史』多賀出版, 1994年, 33頁. R.Helmholtz and W. Staby eds., *Die Entwicklung der Lokomotive 1 Band*, Munchen: Georg D.W. Callwey, 441頁. Eisenbahnjahr Ausstellungsgesellschaft ed. 1985, *Zug der Zeit, Zeit der Zuge: Deutsche Eisenbahn 1835-1985*, Berlin: Siedler, 135頁. R. Fremdling, R. Federspiel, A.Kunz eds. 1995, *Statistik der Eisenbahnen in Deutscheland 1835-1989*. St. Katharinen: Scripta Mercaturae Verlag, 141-203頁. Wolfgang Messerschmidt, 1977. *Taschenbuch Deutsche Lokomotivfabriken*, Stuttgart: Franckh (本書の閲覧と利用は鴇澤歩氏のご厚情による. 記して感謝の意を表したい).

表1-5 機関車輸出をめぐるイギリスとアメリカの競争

(単位：£)

	イギリス						アメリカ			
	対植民地	同比率	対その他外国	同比率	合計	対英本国	同比率	対英植民地	同比率	対その他外国	同比率	合計
1888	425,613	41.5%	598,831	58.5%	1,024,444	―	―	―	―	―	―	81,403
1889	387,239	26.8%	1,056,376	73.2%	1,443,615	―	―	―	―	―	―	245,430
1890	514,462	27.8%	1,334,000	72.2%	1,848,462	4,900	1.9%	149,680	58.4%	101,541	39.6%	256,121
1891	736,885	45.6%	880,369	54.4%	1,617,254	540	0.1%	23,840	4.9%	460,493	95.0%	484,873
1892	479,698	48.8%	504,054	51.2%	983,752	9,840	2.9%	14,063	4.1%	319,640	93.0%	343,543
1893	521,383	61.9%	321,277	38.1%	842,660		0.0%	4,383	1.2%	354,559	98.8%	358,942
1894	283,273	37.8%	466,313	62.2%	749,586		0.0%	26,206	12.7%	179,461	87.3%	205,667
1895	367,359	46.0%	430,488	54.0%	797,847	5,675	1.2%	11,656	2.4%	458,573	96.4%	475,904
1896	496,858	46.1%	580,965	53.9%	1,077,823		0.0%	9,193	1.8%	493,257	98.2%	502,450
1897	506,219	50.3%	499,917	49.7%	1,006,136	4,450	0.7%	14,163	2.2%	626,553	97.1%	645,166
1898	822,973	55.5%	660,627	44.5%	1,483,600	13,845	1.8%	129,977	17.2%	612,922	81.0%	756,744
1899	944,438	64.4%	522,951	35.6%	1,467,389	56,299	6.0%	169,379	17.9%	720,071	76.1%	945,749
1900	741,013	49.5%	755,836	50.5%	1,496,849	207,102	18.5%	170,145	15.2%	741,235	66.3%	1,118,481
1901	1,219,391	63.8%	691,949	36.2%	1,911,340	35,910	4.4%	249,256	30.9%	522,635	64.7%	807,801
1902	1,781,904	77.5%	517,275	22.5%	2,299,179		0.0%	288,041	44.2%	363,518	55.8%	651,559
1903	1,791,512	76.0%	567,188	24.0%	2,358,700		0.0%	280,091	51.5%	263,865	48.5%	543,956

(出典) Digby 1904, 587-588頁。
(注) 1895年のイギリス輸出合計の値は原資料と異なる。

表1-6 *The Engineer* 誌上におけるイギリス，アメリカ機関車比較関係記事と主要論点

年	論説・記事数	投書数	主　要　な　論　点
1890	9	2	エディンバラ万国博覧会へのボールドウィン社の参加打診を契機としたイギリス，アメリカ機関車性能比較。ボイラーやデザインの比較。アメリカ *The Enginnering News* のアメリカ機関車優位論に対するイギリス側の反論
1891	4	1	前年の続き
1892	7	17	インド，オーストラリア，アメリカなどでの英米機関車性能比較実験をめぐる議論
1893	2	7	アメリカ機関車が複式機関を導入することで長足の発展を遂げたという認識と，複式機関の効率性に関する議論
1894	4	2	アメリカと他の国との機関車の違いはその環境に由来するという認識。重量機関車による高速度運転が適合的な環境と，そうでない環境との違いへの注目
1895	0	1	アルゼンチンでのイギリス，アメリカ機関車の性能比較
1896	2	5	それぞれの風土にあった機関車の機能が発達。イギリスとアメリカの機関車の棲み分けを議論
1897	1	0	
1898	0	1	
1899	4	4	アメリカ機関車の価格・納期面での優位性を設計の標準化と互換性生産によって説明。イギリスも型式の標準化を軸とするアメリカン・メソッドを取り入れるべきという議論
1900	5	1	イギリス，アメリカの鉄道実績比較は，いずれの面でもイギリスの方が見劣りする傾向にあることを認めた上で，その改善策を議論
1901	10	21	イギリスに進出したアメリカ機関車の運用実績に関する議論。燃費・保守費の面での非効率を指摘する意見と，それに対する反論。イギリス本国・植民地などにおける機関車需要の急増でイギリス・メーカーが繁忙となり，その供給力を超える部分の需要がアメリカなど他の国に向かったという認識の是非に関する議論
1902	2	1	ボールドウィン社における標準化の進展と，その効用についての議論

（出典）　*The Engineer* 1890-1902年。

表1-7 沼津―御殿場間（15マイル29チェーン）における列車牽引実績のイギリス、アメリカ機関車比較（1894年5月）

機関車番号 ICテンダー	製造業者	引張重量		列車合計重量	所要時間	時速	牽引力 時速5哩での牽引力	石炭消費 上り消費量	同1哩当り消費量	上り下り消費量	同1哩当り消費量	水消費 消費量	石炭1lbs当り水消費量
		貨車数	同重量 t	機関車自重 t	t	分	miles/h	H.P.	lbs	lbs	lbs	lbs	gallons	lbs
American A No.140	Baldwin	20	184	60	244	75	12.30	224	2,464	160	86	0.35	1,443	5.87
American A No.140	Baldwin	25	228	60	288			265						
American A No.140	Baldwin	22	204	60	264	105	8.80	243	3,416	222	117	0.44	1,590	4.68
American A No.138	Baldwin	22	204	60	264	100	9.23	243	3,080	200	106	0.40	1,511	4.90
English B No.55	Nasmyth	20	185	55	240	78	11.80	220	2,576	168	89	0.37	1,526	5.92
English B No.55	Nasmyth	22	204	55	259			238						
English B No.55	Nasmyth	21	195	55	250	110	8.40	230	3,136	204	107	0.43	1,902	6.06

（出典） Francis H. Trevithick, 1896, 'English and American Locomotives in Japan', *Proceedings of Institute of Civil Engineers 1895-96*, Part 3, No. 125, 5頁, Table 2。

表1-8 御殿場急勾配路線における各種機関車の燃料消費（1895年9月30日）

	種類	製造業者	輌数	走行距離	石炭消費	1哩当たり消費量	油脂消費	100哩当たり消費量
				miles	t	lbs	pints	pints
American A	1Cテンダー	Baldwin	6	343,118	221,244	72.22	51,974	15.15
English B	1Cテンダー	Nasmyth	6	467,856	239,382	57.35	53,382	11.41
English C	1Cテンダー	Beyer Peacock	10	210,341	120,512	64.17	34,605	16.45
English D	1C1タンク	Nasmyth	1	75,185	7,669	51.76	7,669	10.20
	合計平均			1,096,500	588,807	61.38	147,630	13.30

（出典） Trevithick 1896, 8頁, Table 4。
（注） 1哩（マイル）当たり石炭消費量の平均値は原資料と異なる。

表1-9 御殿場急勾配区間における20万マイル当たりの石炭・油脂消費量

	種類	製造業者	年間走行距離	石炭消費	同価格	油脂消費	同価格	合計支出額	年間節約額
			miles	t	£	gallons	£	£	£
Amerian A	1Cテンダー	Baldwin	200,000	6,575	4,275	3,445	215	4,489	
English B	1Cテンダー	Nasmyth	200,000	5,121	3,328	2,852	178	3,507	983
English D	1C1タンク	Nasmyth	200,000	4,666	3,033	2,550	159	3,191	1,297

（出典） Trevithick 1896, 9頁, Table 5。

第2章　日本における鉄道創業と機関車輸入
――イギリス製機関車による市場独占――

第1節　鉄道創業期の市場構造（1869-89年）

1　鉄道創業と資材調達

　1869（明治2）年12月，鉄道創業の廟議決定が行われ，日本における鉄道建設がスタートした。その際，イギリス公使・H. パークス（Harry S. Parkes）の紹介により，日本政府の代理人として鉄道敷設とそれに要する資金提供を受託したのが，H.N. レイ（Horatio Nelson Lay）であった1)。この時，レイは日本政府といくつかの契約書を取り交わしているが，機関車を含む鉄道用品の調達については，第2約定書（The Second Agreement, 1869年12月22日締結）の第2項で，以下のように取り決めている。
　　一　右ホラチヲ，ネルソン，レイ其相続人又ハ代人等ニ十一月十二日（一千八百六十九年第十二月十四日）附ノ約定ニ記セル鉄道ヲ築造保存スル為必用ナル機械ヲ通例ノ世話料二分五厘ヲ払ヒ買入ル、事ヲ委任ス。但シ右ハ建築方長官ヨリ差出シ且内国事務執政ノ承諾セル仕様書ニ従ツテ築造ス可シ2)。
　ここから，お雇い外国人技師長が作成し，民部省が承認した仕様書にもとづき，レイもしくはその代理人が，鉄道用品を発注することになっていた点，その際，レイには手数料として代金の2.5％が支払われることになっていた点がわかる。この契約をふまえてレイは，同じく手数料2.5％という条件で，ロンドン在住のコンサルティング・エンジニアであるG.P. ホワイト（George P. White）と顧問技師契約を結び，資材選定と第1次検査（製造国での製品検査）を委託した3)。そしてホワイトは，1870年8月頃，お雇い外国人 E. モレル（Edmund Morel）の仕様書をもとに，ヴァルカン・ファウンドリー社（Vulcan Foundry）をはじめとするイギリス機関車メーカー5社に計10輛のタンク式機

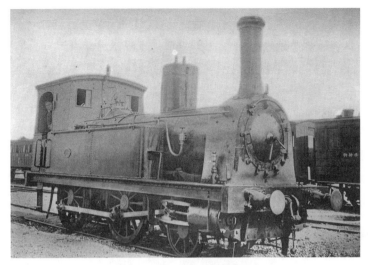

写真4　日本で最初の蒸気機関車
（出典）　鉄道省編『日本鉄道史』上篇，1921年。（注）　ヴァルカン・ファウンドリー社製1Bタンク機関車。

関車（写真4）を発注した[4]。なおこの時，彼がわずか10輛の機関車を5社に分散発注した理由は，短期間で機関車を調達するためであったといわれている[5]。

ところが日本政府は資金調達方法をめぐるトラブルから，1870年12月にレイとの借款契約を破棄し，代理人をオリエンタル銀行に切り替えた。その際，鉄道監理権はW.W.カーギル（William W. Cargill）らオリエンタル銀行幹部が受託することになり[6]，資材調達はロンドンのマルコム・ブランカ商会（Malcolm Brunker & Co., 以下，MB商会と略）に依託することになった。その際，両者は，オリエンタル銀行1％，MB商会1.5％と，手数料を分け合う契約を結んだ。

2　イギリスによる日本市場の独占

最初の機関車10輛は1871年中に，次々にイギリスから日本に到着し，翌72年には官営鉄道の新橋―横浜間が開業した。当時の官営鉄道は，鉄道建設・運営をほぼすべてお雇い外国人に依存していた。表2-1から，主要なお雇い外国人の構成をみると，全員がイギリス人であることがわかる。このうち，鉄道差

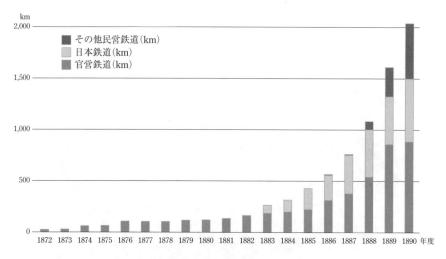

図2　官民別鉄道平均営業距離（1872-90年度）
（出典）『明治40年度 鉄道局年報』付録。

配役（director），建築師長（engineer in chief），汽車監察方（locomotive superintendent），書記官（secretary）といった役職の人々は，鉄道建設の規格や購入資材の仕様を，事実上，決める権限を持っていた。またオリエンタル銀行との契約によって，資材輸入はMB商会が一手に扱うことになった。こうして，イギリス人お雇い外国人が，イギリス系商社を通して，イギリスのメーカーに機関車を発注するというルートが確立したのである。

ただしそのことは，当時のイギリス人お雇い外国人が，日本の鉄道を食い物にしていたことを意味しない。例えば，書記官・鉄道差配役として25年以上，日本に在勤した A.S. オルドリッチ（Arthur S. Aldrich）[7]は，日本の鉄道用品の調達コストを削減するため，1882年，後述するようにMB商会と直接契約を結び，手数料を2.5％から1.5％に引き下げることに成功している[8]。しかし，鉄道用品調達のルートが変更されたわけではなく，官営鉄道では，1880年代になっても基本的にイギリスから機関車を調達していた。

ところで，図2の官民別鉄道平均営業距離が示すように，1870年代から1880年代初頭にかけて，日本の鉄道の中心は官営鉄道であった。1881年，日本で最初の民営鉄道である日本鉄道が設立され，1883年に上野―熊谷間で開業する。

58　第2章　日本における鉄道創業と機関車輸入

しかし同社は，1892年まで鉄道の建設と運営を官営鉄道に依託していた。そのため，第1次企業勃興期（1886-89年）に山陽鉄道や九州鉄道といった他の民営鉄道が設立されるまで，官営鉄道は日本の鉄道建設・運営を独占していた。したがって，当該期の機関車輸入もまた，結果的にイギリスの独占状態になった[9]。事実，1887年時点でも，日本の機関車の98%がイギリス製となっている（表序-4）。

　この点については，在日イギリス領事館も状況を正確に把握していた。1895年に書かれたG. ローサー（Gerald Lowther）の本国に対する報告書 'Report on Railway of Japan' は，「今まで，イギリスはレールや機関車，車輌などの（日本への）供給を，事実上，独占してきた」と述べた上で，その理由について，日本の鉄道がイギリス人を中心とするお雇い外国人によって建設されており，「イギリス人技師の設計を施工するために必要となる鉄道用品は，イギリスに発注されなければならなかった」ためと指摘している。そして，こうした独占は，現在，イギリス人顧問（English advisers）が解雇されつつあることで存立の基礎を失っており，イギリスが権益を守れるかどうかは製造業者たちの自覚と努力次第だと警告した[10]。注文生産を基礎とする機関車製造業において，発注責任者の交代は，受注の成否を左右する重要な要素である。そのためローサーは，この時点におけるイギリス本国の機関車メーカーによるマーケティングの必要性を，強く主張したのである。

第2節　イギリス機関車メーカーの対日輸出

　1871（明治4）年から1911年までの41年間に，日本に対して機関車を輸出したイギリス・メーカーは，表2-2の18社であり，その総数は1245輌であった。このうち最多は，グラスゴーに拠点を置くノース・ブリティッシュ・ロコモーティブ社（NBL）とその前身3社であり，計762輌（61%）となっている。ちなみに同じ期間におけるアメリカ・ボールドウィン社の対日輸出は627輌であった。したがってNBLは日本に，最も多くの機関車を輸出した機関車メーカーということになる。イギリス・メーカーでNBLに次ぐのは，マンチェスター周辺のベイヤー・ピーコック社（212輌）と，ネイスミス・ウィルソン社（183

輌）であった。また時期別の輸出台数をみると，1871-89年はダブズ（36％），ネイスミス・ウィルソン（19％），ベイヤー・ピーコック（15％）の各社が比較的多いものの，そのシェアは分散していた。ところが1890-1911年になると，公共鉄道用の機関車はNBL系に集中することになった（シェア64％）。その一方で，1900年代以降になると産業用の小型機関車の輸入がはじまり，逆にメーカー数は増加している。以上の点をふまえつつ，主要各社における対日輸出の展開をみていこう。

1　グラスゴーの機関車メーカー

(1)　ダブズ社

NBLの前身会社の1つであるダブズ社は，イギリス・メーカーのなかで最も多くの機関車を日本に輸出したメーカーとして知られている。表2-3が示すように，同社は，1871-1902年の33年間に288輌の機関車を日本から受注している。このうち202輌がタンク式機関車であり，官営鉄道のB2形（Cタンク，国鉄1850形，写真5）やA8形（1B1タンク，国鉄500形，写真6）の同型機種を大量に納品している。その納入先は，官営鉄道（186輌）を中心に，日本鉄道（49輌），関西鉄道（30輌），など多くの民営鉄道に拡がっていた。とくに関西鉄道や大阪鉄道は官営鉄道A8形の同型機種を集中的に導入しており，官営鉄道による機種選定と試用→民間鉄道会社の導入という調達プロセスが想定される。また取引の仲介業者は，1897年まではMB商会やジャーディン・マセソン商会，バーチ商会（John Birch & Co.）といったイギリス系商社であり，1898年以降，官営鉄道を中心に高田商会や大倉組といった日本商社が登場しはじめた。

(2)　シャープ・スチュワート社

同じくNBLの前身会社であるシャープ・スチュワート社もまた，1871-97年の27年間で45輌の機関車を日本から受注している。表2-4が示すようにシャープ・スチュワート社は，日本で最初の鉄道である新橋―横浜間鉄道で用いられた10輌の機関車のうちNo.2-5の4輌を供給するなど，とくに1870年代において重要な役割を果たした。事実，1880年時点における日本の機関車43

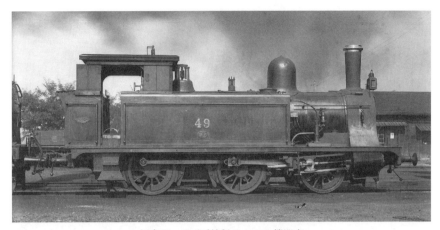

写真5　ダブス社製Cタンク機関車
（出典）　鉄道博物館所蔵。（注）　官鉄形式B2，国鉄形式1850。

写真6　ダブス社製1B1タンク機関車
（出典）　鉄道博物館所蔵。（注）　関西鉄道，官鉄形式A8，国鉄形式500。

写真7　シャープ・スチュワート社製C1タンク機関車
（出典）鉄道省編『日本鉄道史』中篇，1921年。（注）官鉄形式B6，国鉄形式2120。

輌中，シャープ・スチュワート社製機関車が15輌を占めていた[11]。シャープ・スチュワート社の機関車はMB商会やバーチ商会といったイギリス系商社が取り扱っており，主な納入先は官営鉄道であった。ただし1890年代半以降は，九州鉄道や日本鉄道といった有力な民営鉄道にも機関車を供給している。その後，日本鉄道が大型の2Bテンダー機関車を試用したり，官営鉄道が一度に18輌のC1タンク機関車（官鉄B6形，国鉄2120形，写真7）を発注したりしているものの，1897年を最後にシャープ・スチュワート社の対日輸出は途絶えている。

(3) ニールソン社

ニールソン社は，1903年に成立したNBLの中核であり，前身3社中で最大の機関車メーカーであった。しかし日本に対する輸出ではダブス社の後塵を拝しており，1889-1900年の12年間の累計で94輌となっている。ただし，ダブス社やシャープ・スチュワート社がタンク機関車中心であったのに対して，ニールソン社はテンダー機関車中心であり，94輌中82輌がテンダー式となっている。表2-5が示すように，ニールソン社の取引相手は，山陽鉄道，日本鉄道，官

62　第2章　日本における鉄道創業と機関車輸入

営鉄道といった幹線鉄道であり，とくに官営鉄道へは1895年以降，56輌のテンダー機関車が納入された。また仲介業者は，他のイギリス・メーカーと同様に，MB商会，バーチ商会，ブラウン商会（Albert R. Brown）といったイギリス系商社であった。

表2-5の原史料であるニールソン社の注文帳（'Engine Orders'）には，納期と注文条件の記載があり，機関車製造の日数と条件が判明する[12]。それによると1890年代における同社の納期は最短90日から最長390日まで，時期によって大きな幅があることがわかる。そこで表2-6を用いて，1893年から1896年にかけて4年間の平均を取ってみると，159.3日となる。これを同時期のアメリカ・メーカー（ボールドウィン社）の平均75.5日と比較すると，2.1倍であった。すでに1890年代半ばの時点で，ニールソン社に代表されるイギリス製機関車は，納期面でアメリカ製に全く太刀打ちができなかったのである。そしてこの点ゆえに，イギリス・メーカーは，鉄道国有化時や南満州鉄道設立時の特需に対応できず，アメリカ・メーカーに決定的な後れを取ることになった（第4章を参照）。

2　マンチェスターの機関車メーカー

(1)　ベイヤー・ピーコック社

　ベイヤー・ピーコック社（以下，BP社と略）は，表2-7からわかるように，1882-1914年の33年間で218輌を日本に輸出しており，イギリス・メーカーの対日輸出高でダブス社─NBLに次いで第2位をしめている。BP社の対日輸出は，とくに1894年から1898年の第2次鉄道ブーム期に集中しており，これらの年には，同社の全受注高中の日本の比重が20～40％となっている。

　その納入先をみると，日本鉄道が圧倒的に多く，142輌と日本からの注文全体の65％を占めている。その結果，1901年時点の日本鉄道の所有機関車286輌中93輌がBP社製であり，とくにテンダー式は154輌中68輌（44％）を占めるという状況であった[13]。このように日本鉄道がBP社製テンダー機関車を好んだ理由として，燃費のよさとメンテナンス費用の低廉性が指摘されている。日本鉄道によると，テンダー機関車の石炭消費は，BP社1マイル1.91ポンド，シャープ・スチュワート社1.95ポンド，ニールソン社2.22ポンドであり，4万

マイル走行時の修復料はBP社を100とした場合，シャープ・スチュワート社150，ニールソン社108となっていた[14]。つまり同社は，価格が多少高くても，ランニングコストが安いと認識していたのである。

またBP社製機関車は，1882年時点ではMB商会が仲介していたが，1900年以降は三井物産が取り扱っている。例えば1903年1月におけるタンク機関車32輌（うち2輌は複式）発注時の事例では，随意契約によって三井物産を通してBP社に24輌を発注している。ちなみに，この時，残りの8輌は，ドイツ系のラスペ商会（M. Raspe & Co.）を通して，ハノマーク社（Hanomag，6輌），ヘンシェル社（Henschel，2輌）というドイツ・メーカーに発注された[15]。

一方，BP社製機関車を積極的に採用した，日本鉄道以外の鉄道は官営鉄道であった。官営鉄道は1889-1911年の間に42輌の機関車をBP社から入れており，そのうち8輌は碓氷峠越えのアプト式（rack）機関車であった。とくに1895年以降は基本的にアプト式機関車のみをBP社から購入している。BP社は，こうした特殊機関車の製造にも定評があったのである[16]。

(2) ネイスミス・ウィルソン社

これまでに述べた各社が，イギリスを代表する大規模機関車メーカーであったのに対して，ネイスミス・ウィルソン社は従業員数500人前後，年間製造数は50輌にも満たない，中小規模のメーカーであった。しかし対日輸出に関しては，1885-1911年にかけて183輌と，NBL系各社（762輌），BP社（212輌）に次いで第3位につけており，大きな存在感を示している（表2-2）。その結果，第2次鉄道ブームの最中である1896年から1898年にかけて，日本からの注文が，ネイスミス・ウィルソン社の全製造数の過半を占めることになった。

表2-8から，日本に輸出した183輌の内訳をみると，テンダー式は6輌のみであり，基本的にはタンク機関車を供給していたことがわかる。その顧客は，官営鉄道から中小鉄道会社に至るまでさまざまであり，幹線鉄道を主要な顧客としていたニールソン社やBP社と好対照をなしている。

ネイスミス・ウィルソン社は，1885年から1887年にかけて，官営鉄道からの注文をうけてA8形（車軸配置1B1，国鉄400形，写真6と同形）とB3形（同C，国鉄1100形，写真8）タンク機関車の試作を行い，一定のモデルを確定した上

写真8　ネイスミス・ウィルソン社製Cタンク機関車
（出典）鉄道博物館所蔵。（注）官鉄形式B3，国鉄形式1100。

で量産に移った[17]。そして1893年以降，中小の民営鉄道に官営鉄道A8形式やB3形式と同型のタンク機関車を大量に納入することになる。臼井茂信は，1880年代のネイスミス・ウィルソン社製機関車の発注時におけるメーカーと発注者との共同作業について，当該期の官営鉄道がお雇い外国人F.H.トレヴィシックの強い影響力のもとでの随意契約を行っていた点の重要性を指摘している[18]。随意契約であったからこそ，量産前における試作の繰り返しが可能になったと考えられる。中小規模ながらも高い技術力をもつネイスミス・ウィルソン社は，鉄道建設がはじまったばかりの極東の小国にとって極めて重要なパートナーであった。

　次に表2-9から，A8形タンク機関車に絞って，その発注時期，価格，納入先，仲介業者をみてみると，同形式の機関車であっても発注時期や納入先の違いで，価格が異なっていることがわかる。例えば1887年に原型が固まった製造番号326号は，その時点でMB商会の仲介によって，官営鉄道や日本鉄道に1335ポンドで納入されている。ところが1888年から1889年にかけて，官営鉄道や日本鉄道に計18輌納入されたその同型機関車は，イギリス国内や植民地市場の活性化によって（図1-2）1620ポンドに値上がりした。

第2節　イギリス機関車メーカーの対日輸出　　65

またＡ８形機関車は，第２次鉄道ブームの過程で，官営鉄道と同じ条件で多くの中小民営鉄道に納入されていた。例えば1893年から1896年にかけて，総武鉄道は官営鉄道に納入された製造番号326号と同型機関車を10輌，バーチ商会経由で採用しているが，その１輌当たりの平均価格は1378ポンドであった。これは1887年時点の価格より43ポンド高いものの，1889年時点よりは242ポンドも安い。この点は，1890年代後半の中小民鉄が，官営鉄道が開発した機関車と同型機種を買い入れることで，仕様書作成の手間とコストを省いていたことを示唆している。ただし，1899年から1901年にかけては，イギリス国内需要の高まりによって（表1-1），機関車の値段が急速に値上がりした。そのため，1901年の総武鉄道は，1896年時点の成田鉄道が1420ポンドで購入したＡ８形と同型のタンク機関車を，500ポンド以上高い，1953ポンドで購入せざるを得なかった。

　さらにこうした時期の違いによる差異だけでなく，同じ時期に，同じ仲介業者を通しても鉄道間で価格差が大きかった点も注目できる。例えば1894年，総武鉄道，参宮鉄道，甲武鉄道の３社が，同じバーチ商会を経て，計６輌のＡ８形タンク機関車を調達した。しかし，その価格は総武1379ポンド，参宮1429ポンドと1517ポンド，甲武は1360ポンドとばらつきがあった。最低価格の甲武と最高額の参宮では157ポンドの差がある。この点は，同じ時期に中小民鉄がバーチ商会経由で一斉に発注し，互いに価格情報を共有していなかったことを示している。この価格差こそが，貿易商社にとっては重要な意味をもっていた。なお1900年頃を境として，ネイスミス・ウィルソン社の仲介業者は，従来のＭＢ商会やバーチ商会といったイギリス系商社から，高田商会や三井物産といった日本商社に転換している。その理由については，第３章で検討したい。

第３節　アメリカ，ドイツ製機関車の日本進出

1　開拓使とアメリカ製機関車

　本州の鉄道建設が，イギリスからの資本，人材，資材によってはじまったの

写真9　ポーター社製1Cテンダー機関車
(出典)　鉄道博物館所蔵。(注)　弁慶号。

に対して，開拓使が管轄する北海道の鉄道はアメリカからの技術導入によって建設が進められた。その際，重要な役割を果たしたのが，アメリカ人顧問技師J.U.クロフォード（Joseph Ury Crawford）であった[19]。クロフォードは，1878（明治11）年，開拓使の招きによって来日し，コンサルティング・エンジニア（顧問技師）兼インスペクター（検査員）として幌内鉄道の建設・運行を包括的に請負った[20]。彼の在任期間は1878年から1881年までのわずか4年間であったが，この期間内で，幌内鉄道の線路選定，設計，資材調達，技術者・技能者調達，建設・運行監理をすべて行い，1880年11月には手宮―札幌間鉄道の開業にこぎ着けた。この鉄道の資材は，クロフォードが選定し，基本的にアメリカに発注された。そのため，1880年には，ポーター社製の小型テンダー機関車（写真9）2輛が到着し，日本における初のアメリカ製機関車となっている。

　幌内鉄道の建設は，クロフォードの帰国後，松本荘一郎（1878-84年に開拓使在勤），平井晴二郎（1881-89年に開拓使―北海道庁―北海道炭礦鉄道在勤）といった日本人技師が引き継ぎ，1883年に全線開業した。ここで注目すべき点は，松

本と平井が，いずれもアメリカのレンセラー工科大学（Rensselaer Polytechnic Institute）に留学した経験をもつ，初期留学技術者であったことである。クロフォードは，鉄道建設に必要な技師をアメリカから連れてくるだけでなく，アメリカの大学出身の日本人技師に活躍の場を与えた。その結果，松本や平井は鉄道建設・運営を包括的に監理できる鉄道技師として大成し，のちに第2代（1893-1903年）と第3代（1903-07年）の鉄道（作業）局長官となって官営鉄道を率いることになる。

このように北海道でアメリカ式の鉄道建設に馴染んだ人々が，1890年代以降，日本の鉄道業の中心人物になっていったことは，アメリカ製機関車の対日進出にとって，重要な意味をもった。さらにクロフォード自身は，アメリカへの帰国後，1890年代後半から官営鉄道のアメリカでの第1次検査員（外国品購入に際して製造国での第1次検査を行う技師）をつとめ，アメリカから日本への鉄道資材供給に寄与している（後述）[21]。

2　ドイツ製機関車の日本進出

機関車製造業におけるもう1つの新興国であるドイツもまた，1880年代後半に日本に対する機関車輸出をはじめた。その嚆矢は，1885年におけるホーエンツォレルン社（A.L.Hohenzollern）製機関車2輛の阪堺鉄道（軌間838mm）への納入であり，1888年には伊予鉄道（同762mm）に最初のクラウス社（Krauss）製機関車2輛が導入されている。これらはいずれも軽便鉄道用の小型タンク機関車であり，この領域は後年，ドイツ製機関車にとって重要な市場となっていく。

幹線鉄道へのドイツ製機関車の導入は，1889年の九州鉄道（門司—八代，鳥栖—長崎，小倉—行橋間）に対するクラウス社やホーエンツォレルン社製のタンク機関車の納入にはじまる[22]。ドイツ製機関車が九州鉄道に採用された経緯については，ライバルであるイギリス側の史料を用いた湯沢威の研究がある[23]。また筆者も九州鉄道設立運動の過程におけるイリス商会（Illies & Co.）の代理人・伊集院兼常によるドイツ製品売り込みの動きについて検討している[24]。これらの研究と，イリス商会の社史を総合すると，その経緯は以下の通りとなる。

1886年11月，伊集院（イリス商会代理人）が，井上馨，山県有朋，松方正義，

吉井友実，伊藤博文といった政府要人の推挙状を持参して九州鉄道会社設立発起人を訪問した。その推薦状の内容について，井上馨の事例を取り上げると以下の通りである。

　　益々御多祥奉敬賀候。九州鉄道建築ニ付，外国品供求用達を独乙人イリス商社ナル者受負度との事ニ付，此度伊集院御地へ参リ申候。右商社之義ハ方今，条約改正事件ニ付独乙政府非常ニ尽力スル所アルヨリシテ，同商社之事業日本へ拡張之同助を与へ呉ル様，独乙公使より依頼被下候得バ，終ニ伊集院をシテ内々組合約束を結ハシメ候様ナル内事情御座候。亦決テ同商社事，利之己を利スルニ止ル様ナル陋劣ナル心事も無之，英国輸入品ヘ対し競争を以同国物産を日本へ押入ル、ノ目的ニ御座候。就テハ右鉄道供求品之義ニ付，種々伊集院より願出之義モ候ハバ，充分ナル御尽力を以用達を受候様御保護偏ニ奉願候。無論劣生も一己之私情ゟ出候儀にも無之候間，兎角都合克御世話方被下度候。同人出発ニ際し呈一書候。草々敬白。

　　　十月六日　　　　　　　　　　馨
　　　　一平老台[25]

ここで井上馨が指摘している論点は，①ドイツ系商社のイリス商会が九州鉄道の鉄道用品調達を請け負いたいと申し出ている，②ドイツ公使が外交ルートを通じてドイツ製鉄道資材の購入を働きかけてきた，③その理由はイギリスに対抗して自国製品を日本に売り込むためである，④日本政府としては条約改正との関係もあるので九州鉄道のドイツからの資材購入を強く薦めるという4つの点にある。これを受け入れる形で，九州鉄道会社の発起人たちは，イリス商会を通じてドイツから技術導入を行うことになった。

九州鉄道資材調達の一手引き受けに成功したイリス商会のC. イリス（Carl Illies）は，1887年12月，のちに九州鉄道の技術顧問となるH. ルムシュッテル（Hermann Rumuschöttel）と東京で会合し，鉄道資材の選定に取りかかっている[26]。ルムシュッテルは当時，プロイセン邦有鉄道の機械監督という要職にあった大物技術者である[27]。また彼の日本への到着は，九州鉄道会社の正式な会社設立（1888年8月）の半年以上も前であった。本国から大物技術者を呼び寄せ，いち早く資材選定に取りかかっている点に，対日輸出にかけるイリス商会の強い意気込みがうかがえる。

写真10　クラウス社製Bタンク機関車

(出典)　鉄道博物館所蔵。(注)　九州鉄道，国鉄形式10。

写真11　クラウス社製Cタンク機関車

(出典)　鉄道博物館所蔵。(注)　九州鉄道，国鉄形式1440。

　1888年8月，九州鉄道は設立と同時に，イリス商会を経由してドイツ，グーテホフヌング製鉄所（Gutehoffnungshütte）にレールをはじめとする鉄道資材一式を発注した。そしてグーテホフヌング製鉄所が，ホーエンツォレルン社と

クラウス社に機関車を発注したと思われる[28]。表2-10を用いて，この時点におけるクラウス社製タンク機関車（国鉄10形，写真10，同1440形，写真11）の値段（1輌920ポンド，同1315ポンド）を，同じクラス（重量）のイギリス製タンク機関車（同1100形，写真8，同600形）の値段（1輌1030ポンド，同1336ポンド）と比較してみると，いずれも若干，安くなっている。ドイツ製機関車は，この時点ですでにイギリス製に対して，価格競争力を有していたといえよう。そのため九州鉄道への売り込みの時点における政治的な圧力は，ドイツ製品を検討対象に含めるという要求に過ぎなかった。事実，九州鉄道はその価格と品質に満足していたようであり，ルムシュッテルが技術顧問を退任した1892年以降も1898年に至るまで，一貫して同型のクラウス社製機関車を購入していった。その結果，1897年時点で日本全国に存在したドイツ製機関車（軽便鉄道用を除く）の98％がクラウス社製になっている。

　そこで表2-11から，クラウス社による対日輸出の推移をみると，1888年から1914年にかけて，121輌の機関車を受注していることがわかる。この数値には，軽便鉄道用機関車が51輌含まれており，狭軌用でも小型のタンク機関車が多かった。主な納入先は九州鉄道（49輌），伊予鉄道（16輌），別子銅山（10輌）であり，九州鉄道と別子銅山はいずれもルムシュッテルが関係した鉄道であった。またドイツ側の仲介業者をみると，基本的にはカール・ローデ商会（Carl Rohde）とイリス商会というハンブルグの商社であり，イリス商会は前述した経緯もあり，九州鉄道からの注文が中心であった。一方，日本では刺賀商会（刺賀長介，東京）がマーケティングを担当し，佐野鉄道などの地方中小鉄道に小型タンク機関車を売り込んでいった。

第4節　機関車取引と外国商社

1　官営鉄道への機関車納入——マルコム・ブランカ商会の独占とその崩壊

　鉄道創業（1872〈明治5〉年）から1880年代にかけて，日本の機関車市場は，イギリスによる独占の状態であった。その理由が，イギリス人を中心とするお雇い外国人体制と，随意契約を基本とした資材調達方法にあったことは，前述

した通りである。とくにオリエンタル銀行が，官営鉄道に差配人を派遣し，鉄道建設に必要な資金，人材と資材の調達を請け負っていた最初の10年間は，ロンドンのマルコム・ブランカ（MB）商会が同行と契約を結び，一手に資材調達を行っていた[29]。

1882年7月，書記官 A.S. オルドリッチは，日本政府に対して，オリエンタル銀行との契約を解除して，MB 商会と直接，資材購入代理店契約を締結することを提案した。これによって，従来，オリエンタル銀行が得ていた1％の手数料が節約できることから，同年9月，鉄道局はこの提案を採択し，MB 商会との直接契約が成立する。イギリス商社を通した，イギリス・メーカーへの鉄道用品発注という構図自体は変わらないものの，手数料は従来の2.5％から，1.5％に低下することになった[30]。

こうした随意契約時代における機関車の発注方法を1885-90年のネイスミス・ウィルソン社の事例でみてみよう。まず，日本にいる汽車監督 F.H. トレヴィシック（Francis Henry Trevithick）[31] が機関車の仕様書を作成する。この仕様書では製造所の指名も行われていたようである。これを書記官・オルドリッチがロンドンの MB 商会に提示し，メーカーへの発注がなされる。その情報は，在英の元お雇い外国人で，当時，日本政府の第1次検査員として，製品検査にあたっていた T. シャーヴィントン（Thomas R. Shervinton）[32] にも送られた。そしてシャーヴィントンが，メーカーに出向き，工程監理と検査（inspection）を行って，製品が仕様書通りにできあがっているかどうかをチェックした[33]。その上で，ようやく製品が輸出されることになっていた。

ところが，1890年，鉄道庁物品売買規則が制定され，鉄道用品調達に競争入札制度が導入されると，お雇い外国人たちが随意に，在英の輸出商社に発注することはできなくなった。ただし，1890年代半ばまでは，資材調達に関して，依然としてオルドリッチや F.H. トレヴィシックの影響力が大きく，仕様書でのイギリス機関車メーカーの指名が続いた[34]。しかし，仲介業者については，競争入札導入以降，入札業務の発生によって日本国内での情報収集が重要となり，日本にさまざまな人的ネットワークをもつ商社の優位性が高まった。その結果，MB 商会の地位が相対的に低下し，元お雇い外国人で日本政府や三菱などに強いコネクションを持つ A. ブラウン（Albert R. Brown）が率いるブラウ

写真12　ニールソン社製2Bテンダー機関車
（出典）　鉄道博物館所蔵．（注）　鉄道作業局，国鉄形式6200．

ン商会[35]）やバーチ商会といった他のイギリス系商社が登場することになる。

　例えば，主としてMB商会が取り扱ってきたグラスゴーのNBL系各社の事例をみると，まずバーチ商会が1889年から90年にかけて，シャープ・スチュワート社製2Cタンク機関車2輌を納入したのを皮切りに（表2-4），1897年にはダブズ社製C1タンク機関車18輌（表2-3），1899年にはニールソン社製2Bテンダー機関車（国鉄6200形，写真12）20輌を，それぞれ官営鉄道に納入するなど（表2-5），活発な受注活動を展開した。次いでブラウン商会も，1899年から1900年にかけて，官営鉄道にニールソン社製2Bテンダー機関車12輌を納入している（表2-5）。このニールソン社製機関車の輸入で注目できる点は，同型式の機関車を，バーチ商会，ブラウン商会の2社が発注していることである。これは仕様書に指名メーカーとしてニールソン社が挙げられており，さらに官営鉄道が32輌の機関車をいくつかに分割して発注したからであった。このように，競争入札に際しては，指名メーカーに入れるか否かが重要な意味をもっていた。そこで各商社は，自社と取引のあるメーカーを指名リストに入れることに，心血を注いだのである（第3章参照）。そしてこの種のロビーイング活動は，政府にさまざまなネットワークをもつ日本商社の方が有利であった。それは，世紀転換期における日本商社台頭の背景になっていく。

第4節　機関車取引と外国商社　　73

2　民営鉄道への機関車納入——関西鉄道・大阪鉄道とジャーディン・マセソン商会

　1886年下期，全国各地で民営鉄道の設立計画がわき上がり，日本は鉄道ブームの時代に入った。1886年から1889年まで続いた第1次企業勃興の過程で，鉄道会社の設立認可が相次ぎ，1891年までに11社が開業する。その結果，1883年に開業していた日本鉄道（上野—青森間，大宮—高崎間）に加え，山陽鉄道（1888年設立，神戸—下関間），九州鉄道，北海道炭礦鉄道（1889年設立，室蘭—空知太間，手宮—幌内間），関西鉄道（1888年設立，草津—四日市—桑名間）といった幹線鉄道会社が設立され，のちの5大鉄道が出揃うことになった。これらの民営鉄道は，鉄道局に建設・運営を委託していた日本鉄道を除き，自ら技師を雇い入れ，資材を購入して鉄道建設を行う必要があった36)。そのため機関車購入をはじめとする資材調達は，新設会社にとって大きな経営課題となったのである。

　当該期に設立された民営鉄道は，ドイツから技術顧問を招聘した九州鉄道や，開拓使以来のつながりでアメリカから資材を調達した北海道炭礦鉄道といった例外的な事例を除けば，官営鉄道に倣ってイギリスから資材を輸入している。例えば創業期の山陽鉄道は，官営鉄道に依頼して，オルドリッチからMB商会へというルートで，イギリスに鉄道資材を発注していた37)。

　こうしたなかで，官営鉄道ルート以外の独自ルートで鉄道資材を調達したのが，大阪鉄道（1888年設立，大阪—奈良間）や関西鉄道であった。具体的には，T.B.グラバー（Thomas Blake Glover）らの斡旋で，ジャーディン・マセソン商会（以下，JM商会と略）に総代理人を依頼し，同商会の一手取扱いで資材を調達したのである。グラバーは，幕末に武器輸入などで勇名を馳せたイギリス商人であり，1870年のグラバー商会倒産後は，高島炭鉱の支配人を経て，三菱合資会社の顧問に就任していた38)。一方，JM商会は1832年，マカオで設立された貿易商社で，1841年香港に本店を移し，中国貿易で成功をおさめた，代表的なイギリス商社である。その日本への進出は1859年であり，開港したばかりの横浜に商館を構え，以後，対日貿易の中心的な担い手になっていく39)。なおグラバーは一時，JM商会の代理店を務めていたが，最終的には同商会に対する債務が累積し，倒産の1つの原因になった。その意味で，両者の関係は微妙

であるが，少なくとも1880年代末には関係が回復していたようである。

表2-12は，1888年から89年にかけてのJM商会横浜支店の'Journal'（仕訳帳）から，大阪鉄道，関西鉄道関係の記事を抜き出したものである。この表から，まず1888年12月27日に，大阪鉄道の代理人を獲得できたこととの関係で，笹野と増田屋に経費と手数料として計700ポンドを支払っていることがわかる。このうち増田屋は横浜の著名な引取商・増田屋嘉兵衛と思われ，彼ら日本人商人が，鉄道会社とJM商会との契約を仲介したことがうかがえる。次に1889年3月29日，大阪鉄道からの注文の品々を出荷したため，製品価格の1％の手数料収入がJM商会に入っている。ここで注目できる点は，同日付けで手数料の半額がグラバーに支払われている点である。以後，大阪鉄道との取引の時にはグラバーに，関西鉄道の場合は「T. Yano（矢野）」という人物に，それぞれ手数料の半額が支払われている。この手数料について，1889年9月13日付けのJM商会横浜支店のW.B.ウォルター（W.B. Walter）の書簡は次のように説明している。

> マセソン商会は大阪鉄道会社勘定で遂行したすべての注文に対して1％の利益を得る。そしてこの利益は，T.B.グラバーとの間で等分される。このビジネスは，もともとこの理解に基づいて（鉄道の最終意思によって一加筆—）私たちに与えられたものである[40]。

このように，JM商会と大阪鉄道との間にはグラバーが介在しており，JM商会とグラバーが手数料を折半する契約になっていた。なお商品仕切価格の1％という手数料は，官営鉄道におけるMB商会の手数料（1.5％）と比べても低率である。ただしこれはあくまで，大阪鉄道から取得する手数料であり，JM商会は同時にメーカー側からも手数料を受け取っていた可能性が高い。さらにJM商会は，関西鉄道についても，矢野と同様の契約を結んでおり，これは大阪鉄道＝グラバーに固有の契約形態ではなかった（表2-12）。

以上の点をふまえつつ，次に実際の大阪鉄道や関西鉄道への機関車納入の動向を，グラスゴーの機関車メーカー・ダブス社の事例で検討してみよう[41]。表2-3が示すように，ダブス社の受注簿には仲介業者の記載があり，JM商会の名前もたびたび登場する。その最初は，1888年の大阪鉄道へのタンク機関車3輛の納入であり，「官営鉄道の製造番号2353と同型」という発注の仕方で

第4節　機関車取引と外国商社　75

あった。官営鉄道はこの時期，もともとネイスミス・ウィルソン社で試作したＡ８形タンク機関車を量産するため，ダブズ社をはじめとする他のイギリス・メーカーにも発注していた。大阪鉄道は，量産中の官営鉄道Ａ８形と同型機種を発注することで，詳細な仕様書作成などの手間を省くことができたのである。同様に，関西鉄道は，1888年に官営鉄道Ｂ２形（写真５），1889年には同Ａ８形（写真６）をダブズ社に発注しており，いずれもＪＭ商会が仲介している。

このように，官営鉄道と同型機種を，同じメーカーに発注するという方法は，当時，官営鉄道に資材調達を依頼していた日本鉄道はもちろんのこと，山陽鉄道をはじめとした他の鉄道会社でもみられ，手数料はＭＢ商会を経由した取引と同じであった。したがって，ＪＭ商会経由の大阪鉄道や関西鉄道は，他の鉄道会社より0.5％安い手数料で鉄道資材を入手できたことになる。これが鉄道側が，ＪＭ商会との取引を望んだ理由であった。大阪鉄道や関西鉄道は，グラバーや矢野といった日本在住の商人を介してＪＭ商会と交渉し，こうしたスキームを構築したと考えられる。

一方，ＪＭ商会としては，顧客側がメーカーと型式を指定して随意契約で機関車を発注するため，リスクが少なく，安い手数料でも受注するメリットがあった。事実，表２-12が示すように，ＪＭ商会は1888年12月27日から1889年４月26日までの４ヶ月間で，1114ポンドの利益をあげている。随意契約時代の鉄道用品取引は，ＭＢ商会やＪＭ商会といった大手イギリス商社にとって，美味しい商売であったといえよう。

註
1) 林田治男『日本の鉄道草創期』（ミネルヴァ書房，2009年）38-39頁。
2) 「帝国政府ト英吉利人『レー』トノ間ニ締結セラレタル鉄道建設資金調達追加契約書」『大日本外交文書』第２巻第３冊608号，387-388頁。
3) 林田2009，160-161頁。
4) 金田茂裕『日本蒸気機関車史　官設鉄道編』（交友社，1972年）６頁。なお最初の10輛の内訳は，ヴァルカン・ファウンドリー１，シャープ・スチュワート４，エイボンサイド２，ダブズ２，ヨークシャー１である。
5) 金田1972，６頁。
6) 林田2009，233頁。
7) 1840年イギリス生まれ。1871年に来日し，鉄道掛書記兼会計長に就任し，鉄道資材の

購入計算などに従事した。1877年以降は鉄道差配人を兼ね，1897年まで在職している。鉄道史学会編『鉄道史人物事典』（日本経済評論社，2013年）123-124頁。
8) 林田2009, 277-278頁。
9) F.H.Trevithick, 1894, 'History and development of the railway system in Japan', *Transactions of the Asiatic Society of Japan*, Vol.22や領事報告を参照。
10) Gerard Lowther, 1895, 'Report on Railway of Japan' *Foreign Office 1896 Miscellaneous Series*, No.390, 20頁。
11) 臼井1972, 14頁。
12) 条件面では，仮に発送日が納期に間に合わなかった場合，機関車1輌につき，1週間100ポンドのペナルティが発生する契約になっていた（表2-5）。
13) 日本鉄道株式会社『明治三十四年々報』（1902年）99-101頁。
14) 「日本鉄道会社長の演説」『鉄道時報』179号，1903年2月21日，9頁。
15) 前掲「日本鉄道会社長の演説」8頁および日本鉄道株式会社『明治三十六年々報』（1907年）65頁。
16) 臼井1973, 269頁。
17) 臼井1972, 50-53頁。
18) 臼井1972, 50頁。
19) 1842年，アメリカ・フィラデルフィア生まれ。ペンシルバニア大学卒（鉄道史学会編2013, 179-181頁および日本国有鉄道北海道総局編『北海道鉄道百年史　上』1976年，748-749頁）。
20) David Shavit, 1990, *The United States in Asia: A Histrical Dictionary*, Westport: Greenwood Press, 113頁。
21) 「在米検査員クローフォールドヨリ検査手数料請求ノ件」『逓信省公文書　鉄道部器具物品六　明治三十年』。
22) さらに1892年には，エスリンゲン機械製造所が官営鉄道にアプト式機関車4輌を納入しており，碓氷峠越えに使用された。
23) 湯沢1989, 21-29頁。
24) 中村尚史『日本鉄道業の形成』（日本経済評論社，1998年）302頁。
25) 1886年11月16日鎌田景弼宛安場保和書簡「別紙大臣列之書簡写」『鉄道事件留　工商務係』（佐賀県立図書館所蔵）。
26) イリス編『イリス150年―黎明期の記憶』（株式会社イリス，2009年）106頁。
27) 鉄道史学会編2013, 451頁。
28) 臼井1973, 211頁。
29) Ian Nish, 2001, *Collected Writings of Ian Nish Part 2*, Richmond: Japan Library, 53頁。
30) 林田2009, 277-278頁。

31) 1850年イギリス生まれ。蒸気機関車の発明者であるR.トレヴィシック（Richard Trevithick）の孫。1876年に神戸工場汽罐方頭取として来日し、1878年汽車監察助役、1880年新橋駐在汽車監察方兼機関車頭取となる。1889年には奏任官待遇の汽車監督となった。1897年に帰国（鉄道史学会編2013, 299頁）。
32) 1873年、建築師として来日。1875年建築副役、1877年神戸在勤建築師長に就任。同年、工技生養成所の講師を務める。1881年にイギリスに帰国するが、以後、1897年までロンドンで官営鉄道の顧問役、第1次検査員を務める（鉄道史学会編2013, 233-234頁、および『逓信省公文書　鉄道部　器具物品六　明治三十年』）。
33) 「第一次検査員セルウィントン解職幷後任者選定ノ件」『逓信省公文書　鉄道部　器具物品六　明治三十年』および表2-9を参照。なおシャーヴィントンへの報酬は、年200ポンドの顧問役手当と、購入物品代価の1％の第1次検査手数料であった。
34) 'Modern Japan 17 The Railways', *The Engineer*, 1898年3月4日, 201頁。
35) A. ブラウンは船舶、造船関係のお雇い外国人として活躍し、日本郵船の総支配人を務めたのち、1889年にイギリスに帰国してブラウン商会を設立し、日本造船業のグラスゴーからの資材調達や技術導入に大きな役割を果たした。なお彼は1889年、日本政府からグラスゴー名誉総領事に任命されている（中岡哲郎『日本近代技術の形成』〈朝日新聞社、2006年〉396-398頁）。
36) 中村1998, 第3, 4章を参照。
37) 村上享一『大鉄道家　故工学博士　南清君の経歴』（鉄道時報局〈木下立安〉, 1904年）8頁。
38) 杉山伸也『明治維新とイギリス商人』（岩波新書、1993年）194-197頁。
39) 石井寛治『近代日本とイギリス資本』（東京大学出版会、1984年）7-11頁および石井摩耶子『近代中国とイギリス資本』（東京大学出版会、1998年）36-38頁。ケンブリッジ大学所蔵のJM商会文書の調査に際しては、石井寛治氏に懇切なご教示をいただいた。記して深く感謝の意を表したい。
40) 'Letter Book, Yokohama to Hong kong'（JM商会文書B27/4）。
41) Dubs & Co.'General Particulars of Engines, Tenders No.1'（Dubs文書3/1/1グラスゴー大学文書館所蔵）360, 391頁。

表2−1　鉄道関係主要お雇い外国人の職務と構成

職名	英名	職務内容	月給(円)	主要人名(任期、国籍)および備考
鉄道差配役	director	鉄道業務全般の統括	2,000	W.W. カーギル(1872.1-77.2、英)
建築師長	engineer in chief	技術全般の統括	700~1,250	E. モレル(1870.3-71.9、英)、C. シェパード(代理71.9-72.9、英)、R.V. ボイル(72.9-77.2、英)、T. シャーヴィントン(1877-81、英)、C.A.W. ポーナル(1882-96、英)
汽車監察方	locomotive superintendent	汽車運転、車輌管理責任者	330~450	新橋 F.C. クリスティ(1871.8-76.9、英)、B.F. ライト(1878.3-6、英)、F.H. トレヴィシック(1878.6-97.3)。神戸 W.M. ミミス(1874.4-78.8、英)、B.F. ライト(1878.8-88.2)、R.F. トレヴィシック(1888-1904、英)
運輸長	traffic manager	運輸営業を主管	500~600	新橋 W. ゴールウェー(1872-73、英)、A.S. オルドリッチ(1873-83.3、英)。神戸 W.F. ページ(1874.2-89、英)。ページは99年3月迄在職
書記官	secretary	事務一切および外国人の統括	320~550	A.S. オルドリッチ(1871.12-97.3、英)
倉庫方	store keeper	鉄道用品の出納管理	~250	神戸 W.G. ダラム(1874.2-79.9、英)
書記役	clerk	会計その他の事務を担当	250~400	バーネマン(1871.1-73.8、英)、J.H. ポール(1873.10-76.10、倉庫課 J.R. スミス(1871.5-77.7、英)、J.P. キーキー(1873.9-75.3、英)、W. モーリ(1874.4-77.4、英)、W. シャープ(1874.4-77.4、英)
絵図師	draughtsman	製図工	50~200	
汽車器械方	locomotive mechanic	運転手兼事務の場合あり	~200	ウィリー(1871.12-72.6、英)、T. ハート(1871.3-74.10、英)
時刻看守	time keeper		80	G.J. ベニー(1874.6-8、英)

(出典) 中村1998、29頁。原典は『日本国有鉄道百年史』第1巻および山田直匡『お雇い外国人 4 交通』(鹿島研究所出版会、1968年)。

表2-2 イギリス機関車メーカーの対日輸出（1871-1911年，累計）

社名	所在	1871-89年 輌数	1871-89年 シェア	1890-1911年 輌数	1890-1911年 シェア	合計 輌数	合計 シェア
Vulcan Foundry	Newton	13	7.6%	10	0.9%	23	1.8%
Sharp Stewart+	Glasgow	17	9.9%	28	2.6%	45	3.6%
Dubs+	Glasgow	62	36.0%	226	21.1%	288	23.1%
Avonside Engine	Bristol	2	1.2%	2	0.2%	4	0.3%
Yorkshire Engine	Sheffield	1	0.6%			1	0.1%
Nasmyth Wilson	Manchester	32	18.6%	151	14.1%	183	14.7%
Beyer Peacock	Manchester	26	15.1%	186	17.3%	212	17.0%
Kitson	Leeds	12	7.0%	15	1.4%	27	2.2%
R. Stephenson	Newcastle	4	2.3%			4	0.3%
Manning Wardle*	Leeds	3	1.7%			3	0.2%
Neilson+	Glasgow			94	8.8%	94	7.6%
North British Loco.	Glasgow			335	31.2%	335	26.9%
Hawthorn Leslie*	Newcastle			15	1.4%	15	1.2%
Kerr Stuart*	Stoke-on-Trent			5	0.5%	5	0.4%
Black Hawthorn*	Gatehead			2	0.2%	2	0.2%
Lowca*	Whiteheven			2	0.2%	2	0.2%
Bagnall*	Stafford			1	0.1%	1	0.1%
Hunslet*	Leeds			1	0.1%	1	0.1%
合　計		172	100.0%	1,073	100.0%	1,245	100.0%
NBL系合計 参考：Baldwin Loco.		79	45.9%	683	63.7%	762 627	61.2%

（出典）English1982, 13-14頁，R.Hills, 1968, 'Some Contributions to Locomotive Development by Beyer Peacock & Co.', *The Newcomen Society Transactions*, Vol.40, 99-109頁，Nasmyrh Papers., Vulcan Foundry Records, 臼井茂信『機関車の系譜図1』（交友社，1972年）。

（注）＋印の3社は1903年，合併してNorth Brittith Locomotive社となる。＊印は産業用小型機関車。

表2-3 Dubs社による日本向け機関車の生産 (1870-1902年)

製造年	納入先	タイプ	輌数	仲介業者	製造番号	備考
1870-71	官営鉄道	1Bタンク	2		436	A5形
1883-84	官営鉄道	2Bテンダー	4		1880	
1884	官営鉄道	2Bテンダー	8		2115	No. 1880と同型
1884-85	官営鉄道	Cタンク	4		2123	B2形
1885	官営鉄道	Cタンク	4		2163	No. 2123(B2形)と同型
1887	官営鉄道	Cタンク	12		2273	B2形
1887-88	官営鉄道	1B1タンク	6		2353	A8形
1888	官営鉄道	1B1タンク	6		2410	No. 2353(A8形)と同型
1888	大阪鉄道	1B1タンク	3	JM商会	2416	No. 2353(A8形)と同型
1888	関西鉄道	Cタンク	1	JM商会	2419	B2形
1889	関西鉄道	Cタンク	1	JM商会	2498	No. 2419と同型
1889	関西鉄道	1B1タンク	2	JM商会	2525	No. 2353(A8形)と同型
1889	官営鉄道	1B1タンク	6		2527	No. 2353(A8形)と同型
1889	大阪鉄道	1B1タンク	2	JM商会	2586	No. 2353(A8形)と同型
1889	関西鉄道	1B1タンク	1	JM商会	2588	No. 2353(A8形)と同型
1889-90	関西鉄道	1B1タンク	3	JM商会	2659	No. 2353(A8形)と同型
1889-90	官営鉄道	C1タンク	6		2684	B6形
1890	関西鉄道	2Bテンダー	2	JM商会	2701	
1890-91	官営鉄道	C1タンク	6		2771	No. 2684(B6形)と同型
1891-92	官営鉄道	1B1タンク	12		2868	No. 2353(A8形)と同型
1892	山陽鉄道	1B1タンク	2		3018	No. 2353(A8形)と同型
1894	日本鉄道	C1タンク	6		3081	B6形
1894	官営鉄道	1B1タンク	6		3103	A8形
1894	関西鉄道	1B1タンク	3	JM商会	3157	No. 3103(A8形)と同型
1894	官営鉄道	1B1タンク	6		3186	No. 3103(A8形)と同型
1895	日支貿易	1B1タンク	3		3263	A8形
1896	関西鉄道	C1タンク	5		3315	No. 2684(B6形)と同型
1896	関西鉄道	C1タンク	1		3323	No. 2684(B6形)と同型
1896	日本鉄道	C1タンク	6		3324	B6形
1896	西成鉄道	C1タンク	4		3409	B6形
1896	日支貿易	C1タンク	1		3420	B6形
1896	関西鉄道	1B1タンク	4	JM商会	3540	No. 3157(A8形)と同型
1896	関西鉄道	1Cテンダー	3		3598	
1897	関西鉄道	1Cテンダー	4		3615	No. 3598と同型
1897	官営鉄道	C1タンク	18	Birch商会	3623	B6形
1897	日本鉄道	2C1タンク	4		3653	
1897	日本鉄道	2Bテンダー	2		3657	
1898	官営鉄道	2Bテンダー	18	高田商会	3958	
1900	成田鉄道	1B1タンク	3		4009	A8形
1900	官営鉄道	2Bテンダー	6		4039	
1901	南和鉄道	Cタンク	2		4070	B2形
1901	官営鉄道	C1タンク	24	大倉組	4142	B6形
1901	官営鉄道	2Bテンダー	8		4166	
1901	日本鉄道	C1テンダー	25		4304	
1902	北海道鉄道	Cタンク	3		4416	B2形
1902	日本鉄道	C1テンダー	6		4426	
1902	官営鉄道	C1タンク	24	大倉組	4432	B6形
	1870-1902年累計		288			

(出典) Dubs& Co. 'General Particulars of Engines, Tenders' (Dubs 3/1/1-2, グラスゴー大学文書館所蔵). 臼井茂信『機関車の系譜図1』(交友社, 1972年).

表 2-4　Sharp Stewart 社の対日輸出

受注年	納入先	タイプ	輛数	受注日	納期	備考
1870	官営鉄道	1Bタンク	4	1870	1871	
1870	官営鉄道	B1テンダー	2	1870	1871	
1873	官営鉄道	1Bタンク	2	1873	1875	
1873	官営鉄道	1Bタンク	4	1873	1875	
1878	官営鉄道	Bタンク	3	1878	1878	釜石鉱山用，2フィート9インチ
1889	官営鉄道	2Cタンク	2	1889		J. Birch & Co. が発注
1894	九州鉄道	Cタンク	2	1894		
1896	官営鉄道	Cタンク	2	1896		在庫品を流用か
1897	日本鉄道	2Bテンダー	6	1897		
1897	官営鉄道	C1タンク	18	97/7/14	98/9/30	B6形
	合　　計		45			

（出典）　NBL 'Works Lists'（グラスゴー大学文書館所蔵）および Sharp Stewart & Co. 'Oder Book 1885-1907'（イギリス国立鉄道博物館所蔵）。

表2-5 Neilson社製機関車の対日輸出

受注年	納入先	タイプ	輌数	受注日	発送日	納期(日). 条件	仲介業者	備考
1889	山陽鉄道	2Bテンダー	14	1889/11/5	1890/8/5	280, Under Penalty		6輌は1890/8/12、のち4輌は90/9/30最後
1893	日本鉄道	1C複式・テンダー	2	1893/3/30	1893/10/31	214, Under Penalty	MB商会	
1893	日本鉄道	1Cテンダー	8	1893/3/30	1893/9/30	183, Under Penalty	MB商会	4輌は1893/10/31
1893	日本鉄道	2Bテンダー	2	1893/3/30	1893/7/31	122, Under Penalty	MB商会	
1894	日本鉄道	Cタンク	12	1894/9/24	1894/12/25	90, Under Penalty, £100 per week per engine for any delay in delivery beyond the contract dates		4輌は1895/1/8、4輌は95/1/22
1895	官営鉄道	2Bテンダー	6	1895/10/9	1896/1/26	109, Under Penalty		
1896	官営鉄道	2Bテンダー	18	1896/11/20	1897/5/31	180, Under Penalty		毎月、4輌ずつ納入。最後は1897/9/30
1899	官営鉄道	2Bテンダー	20	1899/1/10	1899/11/30	290, Under Penalty	Birch商会	10輌は1899/12/31
1899	官営鉄道	2Bテンダー	12	1899/10/2	1900/9/30	360, Under Penalty	Brown商会	6輌は1900/10/31
1889-99年累計			94					

(出典) Neilson Co. 'Engine Orders' (NBL/2/1/1〈イギリス国立鉄道博物館所蔵〉).

表 2-6 アメリカ，イギリス機関車メーカーの対日輸出
における納期比較

年	イギリス Neilson 社				アメリカ Baldwin 社			
	最短	最長	平均	出荷輌数	最短	最長	平均	出荷輌数
1887					97	97	97	2
1889	280	335	301	14	100	100	100	3
1890					108	316	150	12
1891					218	218	218	—
1892					97	97	97	3
1893	122	214	183	12	64	174	129	25
1894	90	118	105	12	38	158	66	30
1895	109	109	109	6	38	62	53	13
1896	180	302	240	18	30	70	55	31
1897					36	102	58	115
1898					61	83	68	7
1899	290	390	328	32	105	105	105	9
1900					185	302	234	8

(出典) 'Engin Orders, Baldwin Locomotive Works'（スミソニアン協会文書室所蔵）および Neilson Co. 'Engine Orders'（NBL /2/1/1, イギリス国立鉄道博物館所蔵）。

(注) 単位は日。納期は受注から発送までの日数。輸送日数はこれを含まない。

表 2-7　Beyer Peacock 社の対日輸出

年	全受注数 輛数	対日輸出数 輛数	比率	発注者	仲介者（判明分のみ）
1882	175	4		日本鉄道（鉄道局）2＋2t	MB 商会
1883	126				
1884	120				
1885	128				
1886	139				
1887	69				
1888	118				
1889	139	12	8.6%	官営鉄道12	
1890	156	10	6.4%	山陽鉄道10	
1891	145				
1892	89	2	2.2%	東京市2e	
1893	60	6	10.0%	官営鉄道6	
1894	58	24	41.4%	官営鉄道12t，日本鉄道12	
1895	76	2	2.6%	官営鉄道2rack	
1896	114	30	26.3%	日本鉄道30t	
1897	77	36	46.8%	日本鉄道36	
1898	99	34	34.3%	官営 rack4，日本18，東武10＋2t	
1899	109				
1900	113				
1901	86				
1902	105	8	7.6%	日本鉄道6，官営鉄道2rack	
1903	92	14	15.2%	日本鉄道12，北海道鉄道2	三井物産
1904	128	24	18.8%	日本鉄道24t	三井物産
1905	102				
1906	164				
1907	139	2	1.4%	東武鉄道2	
1908	140	4	2.9%	官営鉄道4rack	
1909	128				
1910	121				
1911	105				
1912	92				
1913	117				
1914	93	6	6.5%	東武鉄道6	
累　計	3,722	218	5.9%		
うち日本鉄道発注		142			

(出典)　Hills1968, 95-109頁．
(注)　受注数は，受注年が複数年にわたる場合，最初の年で数えた．
　　　発注者欄輛数後の t はテンダー式，rack はアプト式，e は電車，無印はタンク式を指す．

表2-8　Nasmyth Wilson社の機関車製造高と対日輸出（1885-1910年）

受注年	全製造数 輌　数	対日輸出数 輌　数	比　率	発　　注　　者
1885	27	1	3.7%	官営1(B3形試作1)
1886	14	7	50.0%	官営7(A8形試作4を含む)
1887	25	10	40.0%	官営10(A8形原型7を含む)
1888	21	14	66.7%	官営18, 山陽3(B3形原型)
1889	33	9	27.3%	官営3+t3
1890	17	15	88.2%	官営12+t3
1891	16			
1892	17			
1893	6	2	33.3%	総武2
1894	12	9	75.0%	総武2, 参宮3, 甲武2, 京都2
1895	12	4	33.3%	房総3, MB商会1
1896	29	29	100.0%	総武6, 讃岐4, 北越2, 成田4, 中越3, 甲武3, 七尾3, 参宮2, 河東2
1897	13	11	84.6%	豊川3, 関西2, 房総1, 中国5,
1898	38	32	84.2%	中国3, 大阪3, 近江3, 高野3, 関西3, 北越5, 土木局6, 関西6
1899	19			
1900	27	4	14.8%	北海道1, 南海3
1901	32	11	34.4%	北越2, 総武1, 参宮1, 関西2, 台湾総督府5
1902	28	10	35.7%	台湾総督府5, 関西4, 甲武1
1903	31	3	9.7%	京都2, 豊川1
1904	22	3	13.6%	総武3
1905	40			
1906	38			
1907	41	5	12.2%	東武5
1908	40	4	10.0%	東武4
1909	38			
1910	18			
累　計	654	183	28.0%	

(出典)　'Nasmyth Papers Loco Specifications 1867-1922'（サルフォード地方文書館所蔵）。
(注)　発注者欄の数値は鉄道車輌数，tはテンダー機関車，無印はタンク機関車。

表2-9　Nasmyth Wilson社製1B1タンク機関車（A8形）の対日輸出（1887-1908年）

受注年	納入先	輛数	値段(£)	仲介業者	Inspector	製造番号	備考
1886	官営鉄道	4	1,336	MB商会	Shervinton	300-303	試作
1887	官営鉄道	7	1,335	MB商会	Shervinton	326-332	原型，5輛は日本鉄道
1888	官営鉄道	3	1,335	MB商会	Shervinton	333-335	326と同型，日本鉄道
	官営鉄道	6	1,388	MB商会	Shervinton	342-347	326と同型，2輛は甲武鉄道
1889	官営鉄道	6	1,620	MB商会	Shervinton	383-388	326と同型
1890	官営鉄道	12	1,620	MB商会	Shervinton	390-401	326と同型，日本鉄道
1893	総武鉄道	2	1,379	Birch商会	Baker	446-447	326と同型
1894	総武鉄道	1	1,379	Birch商会	Baker	448	326と同型
	参宮鉄道	1	1,429	Birch商会	Baker	449	446と同型
	甲武鉄道	2	1,360	Birch商会	Shervinton	450-451	449と同型
	参宮鉄道	2	1,517	Birch商会	Baker	452-453	449と同型
	総武鉄道	1	1,377			457	446と同型
1895	房総鉄道	3	1,400			467-469	326と同型
1896	総武鉄道	6	1,375			472-477	326と同型
	成田鉄道	4	1,420			484-487	326と同型
	甲武鉄道	3	1,485			491-493	450と同型
	参宮鉄道	1	1,620			497	452と同型
1897	房総鉄道	1	1,578			507	326と同型
	中国鉄道	5	1,645			508-512	326と同型
1898	尾西鉄道	3	1,571			528-530	326と同型
1901	総武鉄道	1	1,953			615	484と同型
	参宮鉄道	1	1,768			618	497と同型
1902	甲武鉄道	1	1,905	高田商会		639	326と同型
1903	京都鉄道	1	1,595	三井物産		674	326と同型
	京都鉄道	1	1,595	三井物産		688	674と同型
1904	総武鉄道	3	1,678			694-696	615と同型
1907	東武鉄道	5	1,810			789-793	694と同型
1908	東武鉄道	4	1,820			847-850	789と同型

（出典）'Nasmyth Papers Loco Specifications 1867-1922' および 'Reference Book 2'。
　　　　木下立安『帝国鉄道要鑑』第1版1900年，第2版1903年，鉄道時報局。

表2-10 イギリス,ドイツ製タンク機関車の価格比較

		1888年	1889年
Krauss (ドイツ)	軸配置	B	C
	国鉄形式	10形	1440形
	金額(£)	920	1,315
	納入先	九州鉄道	九州鉄道
	重量(t)	25.5	34.6
Nasmyth Wilson (イギリス)	軸配置	C	1B1
	国鉄形式	1100形(B3形)	600形(A8形)
	金額(£)	1,030	1,336
	納入先	山陽鉄道	官営鉄道
	重量(t)	21.3	31.3

(出典) 'Nasmyth Papers Loco. Specifications', 'Reference Book 2'(サルフォード地方文書館所蔵)および'Krauss Auftragsbuch (Order Book)'(Krauss-Maffei 文書 Bayerisches Wirtschaftsarchiv 所蔵)より作成。

表2-11 Krauss社製機関車の対日輸出の動向

出荷年	輛数計	発注元(輛数) Besteller	需要先(輛数) Empfaenger	合計金額(M) Gesamtpreis in Mark	狭軌輛数 (除軽便)	狭軌累計 (除軽便)	狭軌ドイツ製 機関車(全国)	対全国比
1888	2	Achenbach & Co(Hamburg)L2	(伊予)L2	16,400				
1889	4	九州3, Ralling & Lowe(London)L1	九州3, 不明1	60,600	3	3		
1890	12	九州12	九州12	256,800	12	15		
1891	7	九州4, C.Rohde L2, Penney(London)L1	九州4, 松山(伊予)L2, 不明 L1	107,600	4	19		
1892	4	住友L4	別子銅山L4	40,800		19	28	67.9%
1893	4	九州2, C.Rohde(Hamburg & 横浜)2	九州2, 佐野2	23,700	4	23		
1894	6	C.Rohde2, 住友L2, 九州4	川越2, 別子銅山L2, 九州4	167,400	6	29		
1895	14	Rolling & LoweL2, C.Rohde3+L2, 九州7	甲武7, 岡毛1, 松山(伊予)L2, 道後L2	304,233	10	39		
1896	8	九州7, 住友L1	別子銅山L1	224,031	7	46		
1897	8	C.Rohde1, Illies(Hamburg & 横浜)7	九州7, 佐野1	202,300	8	54	55	98.2%
1898	6	C.Rohde1,L3, Illies2+L1	松山, 伊予L2, 別子銅山L2	97,600	2	56		
1900	1	C.Rohde1	松山(伊予)L1	9,400		56		
1901	9	C.Rohde1 + L8, IlliesL1	佐野1, 伊予L2, 別子L1, 陸軍省L4	175,890	1	57		
1902	1	C.Rohde1	松山(伊予)L1	8,930		57	70	81.4%
1904	4	C.Rohde(剌賀)4	甲武2, 房総2	117,560	4	61		
1905	10	A.Koppel(Berlin)L10	陸軍省L10(双合)	185,000		61		
1906	1	Maffei(München)1	高田商会(八幡製鉄所)1	13,900	1	62		
1907	9	C.Rohde7 + L2	甲武3, 青梅4, 伊予L2	268,280	7	69	160	43.1%
1911	1	C.Rohde1	佐野1	8,500	1	70	226	31.0%
1913	6	C.Rohde1 + L5	下津井L3, 小林鉱業L2, 竜ヶ崎1	65,700		70		
1914	1	C.Rohde1	塩原1	11,800		70		
合計	121			2,366,424				

九州鉄道計　49　(1895年の仮軌道分2輛を含む)
伊予鉄道計　16　(1895年の道後鉄道分2輛を含む)
別子鋼山計　10

(出典) 'Krauss Auftragsbuch (Order Book)' (Krauss-Maffei文書 Bayerisches Wirtschaftsarchiv所蔵).
(注) Lは762mmや600mmの軽便鉄道用機関車、無印は1067mmの狭軌鉄道用機関車。

表 2-12　大阪鉄道・関西鉄道との取引におけるジャーディン・マセソン商会の手数料収入

(単位：£)

年月日	収入	支出	宛先	備考
1888/12/27		700	Sasano & Matsudaya	expenses & commission by them in connection with obtaining Osaka Railway Agency.
1889/3/29	1,442		Osaka Railway	For return of 1% commission on the following shipments on account of the Osaka Railway Co. 'Denbighshire'@ £183.17, 'Agamemnon'@£35.07
1889/3/29		721	T. B. Glover	For 1/2 to commission on Matheson & Co. ins. a/c, Osaka Railway Co.
1889/4/3	999		Kansei Railway	For return of 1% commission in invoices cost of goods shipped ; Kansei Railway Co. 'Aldborough'@ £151.19
1889/4/3		450	T. Yano	For 1/2 to commission in shipment as above 'Aldborough'@ £75.198
1889/4/12	199		Osaka Railway	For return of 1% commission as follows; Osaka Railway Co. 'Monmouthshire' @ £30.06
1889/4/12		100	T. B. Glover	For 1/2 to commission in Matheson & Co. invoices for Goods. a/c, Osaka Railway Co. 'Monmouthshire'
1889/4/12	255		Kansei Railway	For return of 1/2 commission as follows; Kansei Railway Co. per 'Mount Lebanon'@ £38.16
1889/4/12		128	T. Yano	For 1/2 to commission in Matheson & Co. invoices for Goods. a/c, Kansei Railway Co. 'Mount Lebanon'
1889/4/23	220		Kansei Railway	For cost of telegrams from Yokohama as per memo.
1889/4/26	191		Osaka Railway & Kansei Railway	For Osaka Railway a/c & Kansei Railway a/c per 'Benvenue' £29.0.10
1889/4/26		95	T. Yano	For 1/2 to commission in Matheson & Co. invoices for Goods. a/c, Kansei Railway Co. 'Benvenue'
1889	292		Osaka Railway & Kansei Railway	For balance of cost of telegrams concerning Osaka & Kansei Railway Co.
合計	3,599	2,193		
利益	1,406			

(出典)'Journal' Yokohama, 1888-89 (JM 商会文書 A2/87, ケンブリッジ大学図書館所蔵)。

第3章　日本の技術形成と機関車取引
―― アメリカ製機関車をめぐる攻防 ――

第1節　技術形成と市場の流動化（1890-1903年）

1　鉄道ブームと独占の崩壊

　1886（明治19）年から約3年間続いた第1次鉄道ブームによって，鉄道創業以来の官営鉄道による鉄道技術の独占が崩壊し，鉄道資材調達ルートも多様化する。そして図3-1からわかるように，1890年度には早くも民営鉄道の営業距離が，官営鉄道を凌駕するに至った。同様に機関車増備の面でも，1888-90年の民間機関車増備数110輌に対して，官営鉄道は東海道線の開通にもかかわらず61輌にとどまった（図序-2）。以後，官営鉄道の建設が停滞する一方で，民営鉄道の拡張は続き，日本の鉄道業は民営鉄道中心の時代に移行することになった。

　さらに，日清戦争前後に発生した第2次鉄道ブームによって，この流れは決定的になった。1894年から1898年にかけて34社もの鉄道会社が開業し（図3-2），1897年から1899年にかけて民営鉄道の営業距離が急伸している（図3-1）。この時期に設立された鉄道会社は幹線鉄道の枝線となる中小鉄道が多かったが，その数の多さから鉄道資材調達は活発化し，1897-99年に民営鉄道だけで476輌の機関車が増備された。一方，官営鉄道はこの時期，線路延長が停滞しており，機関車増備数も160輌に過ぎなかった（図序-2）。

　一連の鉄道ブームの過程で，民営鉄道を中心にアメリカ製機関車の納入が急増することになる（表序-4）。その様子について，1894年7月16日付の在日英国領事報告は，「現在，輸入が伸びている鉄道機関車に関して，日本の鉄道会社はイギリスより，むしろアメリカに依頼する傾向を示している。つい最近の例だと，一社の民営鉄道が，いくつかのイギリス製機関車を官営鉄道に売却し，代わりに新しいアメリカ製機関車を購入した」と述べ，アメリカ製機関車

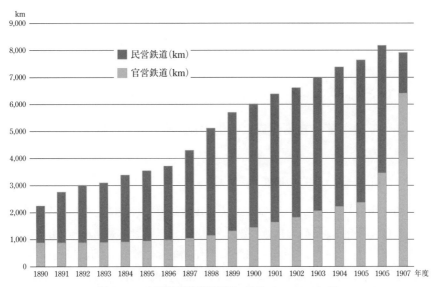

図3-1　官民別鉄道営業距離の推移（1890-1907年度）
（出典）『明治40年度 鉄道局年報』付録。

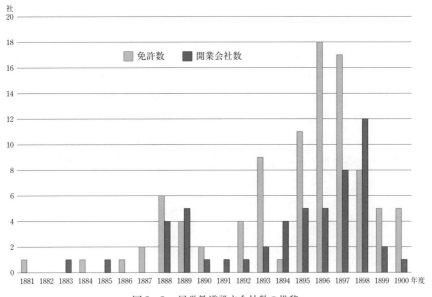

図3-2　民営鉄道設立会社数の推移
（出典）各年次『鉄道局年報』および『北海道鉄道庁年報』。

の対日進出を警戒している[1]。

　第2次鉄道ブームの最中である1895年と1897年の2度にわたり，在日イギリス領事 G. ローサーは 'Report on the Railways of Japan' と題する詳細な報告書を作成して本国に送った。そこでローサーは，日本における鉄道ブームの状況を詳細に記述し，イギリスの機関車メーカーがビジネスチャンスを逸しないよう忠告するとともに[2]，鉄道ブームの過程における日本市場について，以下のように述べている。

　　1896年の報告書390号で指摘した通り，日本の鉄道の機関車の多くはイギリス製である。最近のデータで比較すると，イギリス製224輌に対してアメリカ製は6輌となっている。アメリカ製のうちいくつかは，1890年に購入されたもので，イギリス製に比べて石炭消費が多く，あまり満足のいく結果を残していない。1894年に注文された数輌も，同様の結果である。この経験によると，日本人がイギリス製機関車の購入を好むことは間違いないであろう。しかし一方で，私たちはこの線路を独占している訳ではない[3]。

　ローサーは，日本市場におけるイギリス製機関車の圧倒的な地位と，燃費面でのアメリカ製機関車に対する比較優位を強調し，その将来についても楽観的な見通しを示している。しかし同時に，日本市場におけるイギリスの独占が崩壊していることを指摘し，機関車輸出競争への備えを促している。

2　官営鉄道における技術的自立と競争入札

(1)　技術的自立とイギリスの影響力減退

　ローサーが指摘した日本の機関車市場におけるイギリスの独占の崩壊は，新設の民営鉄道だけではなく，官営鉄道でも生じていた。ローサー自身が指摘するその要因は，お雇い外国人の影響力の後退にあった。彼は，1895年12月の時点で，「すべての日本の鉄道が外国人からのいかなる支援も無しで建設され，運営される時が程なくやってくる」と述べている[4]。

　図3-3から，実際のお雇い外国人数の推移をみると，イギリス人を中心とする鉄道関係お雇い外国人は，1874年をピークに減少を続けていることがわかる。とくに，逢坂山トンネルの完成によって，土木技術の分野における日本人

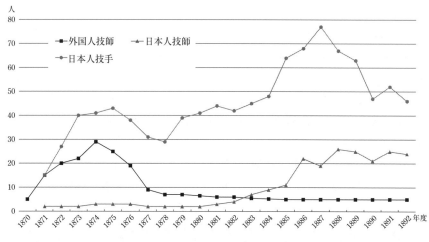

図 3-3 官営鉄道の技術者数（1870-92年）

（出典） 日本国有鉄道編『日本国有鉄道百年史』第1巻（1969年），野田正穂他編『日本の鉄道』（日本経済評論社，1986年）79頁，太政官編『明治十四年分 外国人調』（総務庁統計図書館所蔵）。

技術者の自立が進んだ1877年以降は，10人未満になった。そして1883年以降は日本人技師がしだいに増加し，外国人に代替していった。

さらに1896年以降は，お雇い外国人のなかでも資材発注の権限をもつ人々が次々と解雇されることになった。例えば橋梁設計で有名な建築師長 C.A.W. ポーナル（Charles A.W. Pownall）[5]は1896年2月に，鉄道差配人兼書記官として用品調達の全権を握っていたオルドリッチと，機関車発注の中心であった汽車監督（新橋駐在）F.H. トレヴィシックは1897年3月に，相次いで帰国している。そして1898年の汽車監督廃止以降は[6]，日本人技術者による機関車の独自発注が開始されることになった。

こうしたイギリス人技師から日本人技師への発注者の変更にともなう，鉄道資材発注先の変化について，ローサーは橋梁材の事例を取り上げて以下のように論じている。

> イギリスでは，代表的な鉄道会社は彼ら自身の技師によって作られた設計によって発注し，メーカーはその設計通りに製作する。これに対してアメリカでは，橋梁の場合，まず鉄道会社が要求する強度などを提示し，その後でメーカーが自らの設計に基づいて，競争的なプロジェクトに応募する

というシステムが存在している。1882年から日本で鉄道橋梁の設計を担ってきたイギリス人技師（ポーナル―筆者注―）が，この度，日本を去る。彼の離日によって，もし日本人技師がよくわからない構造の橋梁を設計する必要が生じた場合，多くがアメリカで教育を受けている彼らにとって最も簡便な方法は，アメリカから設計図と橋梁材を得て，アメリカのシステムに戻ることである。こうしてそのビジネスはアメリカ・メーカーのものになる[7]。

　ここでローサーは，当時の日本人技術者の多くがアメリカで教育を受けていたことから，アメリカのシステムに馴染んでおり，彼らの自立によってアメリカのメーカーへの発注が増えるであろうことを予測している。事実，表3-1から1895年7月時点における官営鉄道幹部（6名）の構成をみると，鉄道局長・松本荘一郎，工務課長・原口要，監理課長・平井晴二郎といったトップ技術陣がアメリカのレンセラー工科大学の出身者であり，資材発注の責任者である計理課長・図師民嘉もまたアメリカ留学経験者であった。

　一方，鉄道車輌調達の中心となる汽車部門にも大きな変化が生じていた。1896年7月，従来，工務課に統合されていた汽車部門が独立し，汽車課となった。そして同年11月，それまで汽車課長を兼任していた仙石貢運輸課長が退官したため，工部大学校機械科出身の宮崎航次神戸工場長が汽車課長に就任した。彼は神戸工場時代に，R.F.トレヴィシック（Richard Francis Trevithick）[8]のもとで研鑽を積んだ機械技術者である。宮崎は翌97年，逓信省鉄道局が鉄道業全体の監督官庁である鉄道局と，現業部門である鉄道作業局（＝官営鉄道）に分離された際，鉄道作業局技監兼汽車部長に就任し，名実ともに帰国したF.H.トレヴィシックの後継者となった。

　官営鉄道の機械技術者は，表3-2からわかるように，汽車課発足（1896年）の前後から増加をはじめ，1900年には技師14名（うち1名は鉄道局所属の逓信技師），技手64名の計78名に達している。表3-1を用いて，同年における機械技師の構成をみると，14名中，工部大学校―帝国大学工科大学出身者が12名，東京工業学校（のちの東京高等工業学校）出身者が1名，その他1名であった。ここから，2代目汽車部長・畑精吉郎（工部大学校機械科1885年卒）以下，技師の大半が工部大学校―帝国大学の出身者によって占められていることがわかる。

機械分野における技術的な自立過程では，1880年代における土木技術と違い，工部大学校出身者を中心とする技術者集団が主導的な役割を果たしたのである[9]。

　熟練がものをいうメカニックの世界では，高等教育機関で学理を学んだだけでは不十分であり，日本人技術者の養成に時間がかかった。例えば日本の造船業における技術的自立の過程を分析した中岡哲郎は，大型鉄製汽船の建造過程における基本設計と詳細設計＝明細図面（working plan）との違いに注目し，工部大学校─帝国大学の教育では，基本設計ができ，一般配置図や線図も書ける技術者の養成が目指されたが，詳細設計以後は実地経験に任されていたようだと述べている[10]。この点を考慮すれば，官営鉄道汽車部門では，お雇い外国人からの自立が達成された1900年前後に，基本設計＝仕様書作成ができるだけでなく，モデルがあれば詳細設計をも行える技術者が形成されていたことを示唆している。

　こうした技術形成の過程で重要な役割を果たしたのが，官営鉄道神戸工場に

写真13　官営鉄道神戸工場製複式1B1タンク機関車
（出典）鉄道博物館所蔵。（注）鉄道作業局，国鉄形式860。

おける機関車の試作であった。1893年，神戸工場は，R.F.トレヴィシックの設計・製作指揮によって，日本で最初の国産機関車を製造した（１Ｂ１複式タンク，国鉄860形，写真13）。以後，同工場は，1895-96年に２Ｂテンダー（同5680形）４輌，1896年に１Ｃテンダー（同7900形）５輌，1899-1902年にＣ１タンク（同2120形）計10輌，1900-08年に１Ｄテンダー（同9150形）計10輌，1904年に１Ｃ１タンク（同3150形）４輌と，さまざまな形式の機関車を製造し，機関車の設計・製作技術を蓄積していった[11]。この一連の国産機関車の設計・製作は，いずれもR.F.トレヴィシックの指揮の下で，森彦三（帝国大学機械1891年卒，96年神戸工場長心得），太田吉松ら日本人技術者によって行われている[12]。そして彼らこそが，詳細設計図面を作成する能力を身につけた，お雇い外国人に代替しうる人材であったといえよう。

このような技術蓄積を前提として，1901年，鉄道作業局（＝官営鉄道）に汽車部設計掛が設置され，以下のような職掌を遂行することになる[13]。

　　一　車輌其他諸器械等修理製作ノ設計ニ関スル事
　　二　工作業務及ヒ之ニ要スル材料ノ監査ニ関スル事
　　三　工場機関庫其他之ニ付帯スル建造物設計ノ審査ニ関スル事
　　四　本部ニ属スル図面ノ整理及保管ニ関スル事

第一条が示すように，汽車部設計掛は車両設計に従事する部署であり，あわせて工作業務や材料の監査も行った。機関車を製造する工場と違い，設計掛の主たる仕事は機関車等の基本設計と，入札に必要な仕様書の作成にあったと思われる。そのため，その構成メンバーは，青山与一（帝国大学機械1897年卒，掛長）や吉野又四郎（同1896年卒，新橋工場長心得），福島縫次郎（同1899年卒）といった大卒の若手技術者を中心としていた（表３－１）。

また同じく1901年度には，官民鉄道の監督を行う鉄道局にも設計課車輌掛が設置された。その職掌は以下の通りである[14]。

　　一　車輌及鉄道用具ノ設計及規定ニ関スル事項
　　二　車輌ノ貸渡及譲渡ニ関スル事項
　　三　其ノ他車輌ニ関スル事項

ここから鉄道局が，鉄道作業局における車輌や鉄道用品の設計能力の蓄積を前提として，官営鉄道のみならず，民営鉄道にも適用できる標準的な鉄道車輌

設計規定の制定を目指していたことがわかる。そのため，設計課には，畑汽車部長や斯波権太郎（帝国大学機械1891年卒，新橋工場長）といった鉄道作業局＝官営鉄道の中心的な技術者だけでなく，鈴木幾弥太（同1890年卒，前阪堺鉄道汽車課長），島安次郎（同1894年卒，前関西鉄道汽車課長）といった民間で経験を積んだ技術者が集められた（表3－1）[15]。

以上のように，世紀転換期の日本では，工部大学校―帝国大学出身者を中心とする日本人技術者集団の形成によって，鉄道車輛技術におけるお雇い外国人依存からの脱却が図られた。日本人技術者が車輛設計技術を身につけ，機関車製作や材料の監査を行うことができるようになった結果，資材発注の主導権は，イギリス人から日本人に移った。そしてこのことが，鉄道資材市場におけるイギリスの独占を突き崩す，重要な一歩となったのである。

(2) 競争入札の開始

1890年代の日本で，鉄道資材市場が流動化したもう1つの要因は，官民双方における競争入札の導入にあった。創業以来，随意契約を基本としてきた官営鉄道において，資材調達に競争入札が導入される契機となったのは，1889年2月の会計法公布であった。これ以降，政府の行う購買事業は原則として一般競争入札となったことから，官営鉄道においても入札制度を導入する必要が生じた。そのため，1890年10月には鉄道庁が，「鉄道庁物品売買規則」を制定し，公開入札を行う際に必要な手続きを定めた[16]。以後，官営鉄道では国内外の資材購入にあたって，原則として一般競争入札が行われるようになる。例えば，1897年8月における機関車30輛入札については，以下のように報じられている[17]。

> 去月二十五日鉄道局に於て執行したる機関車三十台の競争入札者は三井物産，大倉組，東亜商会，高田商会の四店なりしが，内二十台は最低札なる高田商会に落札し，他の十台は米国スケネダテー(ママ)機関製造所の製品を試用せんと云ふ鉄道局の意向なりしかば，同製造所に関係ある三井物産会社のみ独り之に応じ，十台分の価格十万八千六百六十五弗の札を入れしに，予定価格を超過したる為めに落札せざりしと云ふ。

ここで注目すべき点は，この時の官営鉄道が，基本的にはアメリカ製機関車

を指名した入札をおこなっている点にある。発注者である官営鉄道は，仕様書の書き方によってこうした「指名」が可能になった。ちなみに高田商会は，表3-3が示すように，20輛を1輛8642ドルで落札し，アメリカ・ブルックス社に発注している。そして残る10輛は目論見通りスケネクタディ社に発注された[18]。

このように，当時の競争入札制度は，仕様書の書き方によって，ある程度メーカーを指名することができた一方で，実際の入札者である商社を指名することができない点に問題があった。そのため，不良業者の応札を排除することができず，契約不履行や契約の一部解除が頻発することになった。ここでは，1896年から97年にかけて問題となった「神西利政機関車売込契約後製造所へ不注文」一件の事例に即して，一般競争入札の問題点を考えてみたい。

1896年10月15日，官営鉄道はタンク機関車18輛を調達するため競争入札を行った。この入札では，仕様書の段階で，あらかじめイギリス・メーカー数社が指定されており，そのいずれかから機関車を調達することを条件に入札が行われた。その結果，神西利政という人物が落札し，10月20日，製造所はベイヤー・ピーコック社，現地代理人はW.ダッフ（William Duff & Son, London）で納品するという届を提出した。そのため鉄道作業局は，10月21日に神西と機関車18輛の売買契約を結び，10月23日付けの電報でこの情報をイギリスにおける第1次検査員であるT.シャーヴィントンに伝えた。そこでシャーヴィントンは，この契約の内容がどのようになっているかを尋ねるため，ダッフの事務所を訪問した。ところが，ダッフのもとには神西から何の連絡もなく，そもそもダッフは神西という名前も知らないことが判明する。通常，応札価格を決定するためには，あらかじめ仕様書をメーカーに提示し，見積書を作成してもらう必要がある。そのためシャーヴィントンは，製造所であるベイヤー・ピーコック社にこの件を尋ねたが，同社もまた神西と接触がないということであった。そこで，彼は11月6日，書記官のオルドリッチに書簡を出し，事の次第を知らせた[19]。この書簡を受け取った鉄道作業局の購買掛長は，12月25日，以下のような具申を行っている。

（前略）約束本人神西利政ヨリハ未タ約束ノ品製造方注文不致候ト被存，不都合ノ次第ニ付，直接本人ニ就キ事実取調可申筋可有之候得共，同人義

第1節　技術形成と市場の流動化　　99

ハ入札当時ヨリ今日ニ至ル有様ニ徴スルニ本契約ヲ完全ニ履行シ可得哉否ハ甚タ覚束ナキ次第有之，今更注文有無等取調候モ別段詮ナキノミナラズ，却テ彼是紛擾ヲ招可申虞モ有之候得ハ此儘放任致置キ追テ契約期限満了ノ上納品不致様義モ有之候ハ，其際，相当処分致候様致度，別紙参照書類相添此段及具申候也[20]。

　ここで担当官が提案した善後策は，あえて神西に注文の確認をせず，「外国品売買契約書」第十二条の「期限内ニ完全ニ物品ヲ納付セザルトキハ甲ハ延滞償金ヲ徴収シテ契約解除期間ヲ指定シ其期限内ニ之ヲ納付セシムルカ，又ハ契約保証金ノ全部若クハ一部ヲ没収シテ直チニ契約ヲ解除スルノ権利ヲ有スルモノトス」という条項を用いて[21]，契約を解除しようというものであった。そして事実，機関車の最初の9輛の納品期限である1897年3月21日に，神西の代理人に対して「機関車買入契約解除」と契約保証金の一部没収を通告した[22]。

　入札者に一定の資格を設けず，競争入札を行った場合，この事例のような不祥事を防ぐ手立てはなかった。しかも，入札前にメーカーはおろか，現地のエージェントとさえも連絡を取っていない不良業者との取引を解除するために，官営鉄道は半年以上も無為な時間を過ごさざるを得なかったのである。こうした問題を回避するため，1900年6月に勅令280号が出され，指名入札制度が導入される[23]。その結果，機関車のような輸入鉄道用品については，その貿易実務を担うことができる，限られた指名商社間での競争入札が行われることになった[24]。

3　民営鉄道の技術形成と資材調達

(1)　民営鉄道の技術形成

　先述したように，1890年から1903年にかけての日本鉄道業は，大小さまざまな鉄道企業が叢生し，線路延長の面でも民営鉄道が官営鉄道を大きく上まわる，民鉄中心の時代であった。そのため当該期の鉄道機械技術者は，政府部門だけでなく，民間部門にも多く分布していた。表3-4を用いて，1900年時点の大手鉄道会社における機械技術者（技師クラス，電気も含む）の構成をみると，日本鉄道10名，九州鉄道12名と，官営鉄道（14名）に匹敵する学卒技術者を擁していたことがわかる。ただし，工学士（東京大学，工部大学校，帝国大学の出身

者）の数は両社とも7名であり，官営鉄道の12名に比べると少ない。その一方で，両社は高工（東京職工学校—東京工業学校—東京高等工業学校）卒業生を，積極的に技師に登用していた。1900年時点には官営鉄道で高工卒技師が1名しかいなかったのに対して，日本鉄道で3名，九州鉄道では4名が技師クラスに就任している。このうち日本鉄道は，東京高工機械科卒業生の採用に，とくに熱心であり，1900年時点で46名を擁していた。これを同時点における官営鉄道の26名，九州鉄道の24名と比べると，その積極姿勢が明瞭になる[25]。

　機関車の組み立てや保守修理を通したリバース・エンジニアリングによって車輌製造技術を習得した日本鉄道の技術者たちは，1890年代末には独自に仕様書を書き，材料や製品を検査する能力を身につけていた。これを技術的基盤として，1897年，ボールドウィン社に対して当時としては珍しい軸配置1D1をもつミカド・タイプのテンダー機関車（国鉄9700形）の発注が行われることになった[26]。さらに1901年，同社大宮工場は，2Bテンダー機関車（国鉄5270形）の自社生産に挑戦する。ダブズ社製機関車（同5230形）をモデルとした完全な模倣生産とはいえ，1900年代初頭の日本鉄道は，すでに機関車の製造能力さえ身につけていたのである[27]。

　一方，山陽鉄道，北海道炭礦鉄道，関西鉄道の3社は，それぞれ工学士が5名，3名，2名となっており，日本鉄道，九州鉄道両社に比べると少ない。ただし，3社はいずれも当時における先端的な鉄道車輌技術を有していた。北海道炭礦鉄道手宮工場は1895年，日本で2番目の国産機関車（1Cテンダー，「大勝号」）を製造した経験をもち，山陽鉄道や関西鉄道はそれぞれ岩崎彦松（工部大学校機械科，1883年卒），島安次郎（前述）という，著名な機械技術者を擁していたのである。例えば山陽鉄道の岩崎汽車課長は，九州鉄道をはじめとする鉄道数社の顧問技師を兼任し，西日本における日本人機械技術者の草分け的な存在であった。また1896年，岩崎率いる山陽鉄道兵庫工場は，ヴァルカン・ファウンドリー社製機関車をモデルとする1B1タンク機関車（国鉄850形）を製造し，官営鉄道神戸工場，北海道炭礦鉄道手宮工場に続き，日本で3番目の機関車製造工場になった。以後，兵庫工場は，1901年と1903年にニールソン社製をモデルとする2B1テンダー（同5480形）2輌，1903-05年にスケネクタディ社製をモデルとする2Bテンダー（同6100形）計8輌を製造するなど，さ

第1節　技術形成と市場の流動化　　101

まざまな欧米機関車の模倣生産を行うことで，車輌製造技術を蓄積する。そして1905年には，ボールドウィン社製をモデルとしつつも，独自色の強いヴォークレイン複式1Cテンダー（同8500形）を製造するに至った[28]。

以上のように，1890年代の大手民営鉄道各社は，いずれも複数の学卒技術者を擁しており，自ら仕様書を作成し，材料や製品を検査する能力を有していた。そして世紀転換期には，模倣生産とはいえ，機関車の詳細設計を行い，実際に製作できる技術力さえ身につけていた。1900年代初頭までお雇い外国人の影響力が残った官営鉄道と比べると，民営鉄道における日本人技術者の自立は早かったといえよう。

(2) 山陽鉄道の調達システム

官僚機構の一部であり，政府全体の用品調達システムの直接的な影響を受ける官営鉄道と違い，民営鉄道は政府の制度に縛られることなく，随意契約で資材を調達することも可能であった。そのため，各社とも個性的な調達システムを構築した。例えば幹線鉄道の一角を占める山陽鉄道は，以下のように，1890年の時点でいち早く指名競争入札制度を導入している。

> 当時（1890年頃―筆者注，以下同じ―）鉄道会社に於ける外国品の註文は其設計書編製及註文手続の不案内なるため従来の習慣によりて総て鉄道局に依頼し，同局雇外人の手を経て之を英国に註文するの結果は，実際に於て一の専売的購入法の如き観ありて，サモ廉価のものを輸入するの障壁たるが如き評ありしを以て，君（南清）は時の社長中上川彦次郎氏に図り一定の仕様書及契約案を調製し，之を指名競争の入札法となし，以て多年の習慣を打破せし結果は啻に廉価のものを輸入し得るの端を啓きしのみならず，我邦に於ける有数の輸入商をして各其腕競べを為すの機会を得せしめ，斯かる商人は欧米に於ける己が支店よりして直接彼地の製造元に選択註文を為し，我邦商人の信用を高むる（後略）[29]

この引用からもわかるように，鉄道局技師から山陽鉄道技師長になった南清は，1890年の技師長就任直後，いち早く官営鉄道方式（イギリス偏重）からの独立と，指名競争入札の導入を行った。さらに南は山陽鉄道と兼務のままで，1891年に筑豊興業鉄道顧問に，また1892年に播但鉄道技師長に就任した。その

ため南の鉄道用品調達の方法が，西日本一帯の鉄道会社に拡がることになった。

山陽鉄道の指名競争入札は，1900年2月の「物品購入規則」[30]によって制度化された。その内容は，以下の通りである。

　　第一条　物品ノ購入ハ其物品ノ製造元，販売元又ハ専業者ニ就キ直接取引ヲ為スコトニ注意シ可及的仲立売込商人ノ手ヲ避クヘシ。

　　第二条　物品ノ購入ハ左ノ方法ニ依ルヘシ。

　　　　一　指名入札購入
　　　　二　随意購入

　　第三条　指名入札ヲ以テ物品ヲ購入セントスル時ハ適当ナル商人五名以上ヲ指名シ品名，数量，期限，納品場所，仕様書，図面等必要ナル条項ヲ備ヘ取締役ノ認可ヲ経テ，遅クモ開札五日前ニ各指名者ニ通知スヘシ。

　　第四条　随意購入スル物品ハ必ス三名以上ノ商人ヨリ見積書ヲ徴スヘシ。但専売特許又ハ一手販売ニ係ハルモノ，若クハ一，二商人ヲ除クノ外持合セナキ物品ノ購入ハ此限リニアラス。

　　第五条　製造元，販売元又ハ専業者ヨリ購入スル物品ニシテ品質優等価格低廉ナルモノハ予メ期間ヲ定メ取締役ノ許可ヲ経テ第三条ヲ適用セス購入スルコトヲ得

これらの条項から，同社が指名競争入札に固執していたわけではなく，随意契約も併用していることがわかる。具体的には第一条で，中間商人排除のため，製造家（ないしその代理店）との直接取引を推奨しており，第五条では製造家との直接取引の場合，指名競争入札を経ずに購入できるとしていた。事実，ボールドウィン社の本格的な本州進出の画期となった1895年の山陽鉄道からの注文には，proposition（提案）の欄に，'K.Minami'からの注文である旨が明記されている[31]。つまり南清は，指名競争入札と随意契約をうまく使い分けることで，最適な調達を心がけていたのである。

(3)　日本鉄道における指名競争入札

日本で最初の民営鉄道である日本鉄道は，1881年の創立以降，1892年に至るまで官営鉄道に建設・運営を委託しており，1890年代までは官営鉄道の資材調

達システムをそのまま踏襲していた。しかし前述したように，世紀転換期には自社内に技術者集団が形成され，独自に仕様書を作成し，鉄道用品を検査する能力を身につけるに至った。そこで，1899年9月，「物品購買仮規則」を制定し[32]，独自の用品調達システムの構築に乗り出した。この規則で特徴的なのは，以下の条項である。

　　第十一条　物品購買ノ方法ハ競争入札及随意契約ノ二トス。
　　第十二条　競争入札ハ普通入札及指名入札ノ二トス。普通入札ハ広ク当業
　　　　　　者ヲシテ競争セシムル場合ニ於テ之ヲ行ヒ，指名入札ハ品質其他
　　　　　　ニ限アリテ入札人ヲ限定スルノ必要アル場合ニ於テ之ヲ行フ。
　　（2条略）
　　第十五条　各入札悉ク予定価格ヲ超過シタルトキハ直ニ再度ノ入札ヲ為サ
　　　　　　シムヘシ。若シ再度ノ入札ニシテ尚予定価格ヲ超過シタル場合ニ
　　　　　　於テハ予定価格以内ニ於テ随意契約ヲ為スカ，又ハ全ク該入札ヲ
　　　　　　取消スヘシ。

　この制度は，競争入札をベースとしながらも随意契約の道を残しており，官営鉄道より，むしろ山陽鉄道に近い。そこで次に，実際の入札の模様を1902-03年におけるタンク機関車32輛購入の事例でみてみよう[33]。

　1902年11月6日，日本鉄道は機関車32輛の入札手続書を発表した。その仕様書には，指名製造業者としてベイヤー・ピーコック，ダブズ，ニールソン，シャープ・スチュウート（以上イギリス），ヘンシェル，ハノマーク，シュワルツコップ（以上，ドイツ）の各社が記載され，指名入札者として三井物産，高田商会，磯野商会，ジャーディン・マセソン商会，フレザー商会（Frazar & Co.），バーチ商会が名を連ねていた。2ヶ月間の猶予期間をおいて，1903年1月10日に入札が実施された。その際，日本鉄道側はまず，「此入札に対する決定方法は必ずしも最低価額を採らず最高価額と雖も或は落札することあるべし。要は製造会社に依つて価額を審査し取捨する積りなり。（中略）此方の趣意は製造所に依つて価を違へてある。甲の製造所なら是だけに買ふ，乙の製造所なら幾らと極めてある。通知書には特に製造所の名を記入すべしと云ふことを示してある」と，メーカー指定であることを説明し，入札に入った。ところが，いずれの商社も予定価額を超過してしまい，入札は不調に終わった。そこで日

本鉄道は，入札自体を無効として随意契約に切り替え，三井物産＝ベイヤー・ピーコック社に24輛を，入札に参加していなかったラスペ商会＝ヘンシェル，ハノマーク各社に8輛を発注することにした。

そもそも，この入札は，当時話題になっていたドイツ製機関車の試用が一つの目的であったといわれている（後述）。そのため日本鉄道は，一応，正規の手続きに則った指名競争入札を行った上で，それが不調に終われば即時に随意契約に切り替えて，意中のメーカーに発注した。民営鉄道である日本鉄道や山陽鉄道では，こうした柔軟な対応があり得たのである。ただし，こうした方法をとる場合，機種選定の中心となる汽車課長や技師長に大きな権限が集中することになり[34]，時として納入業者との癒着が取り沙汰されることになった[35]。

以上のような，1890年代後半の日本における鉄道資材調達メカニズムの変化をふまえつつ，以下，新規参入者として日本市場の流動化を推し進めた，アメリカ製機関車の対日輸出の実態を検討してみたい。

第2節　アメリカの挑戦

1　ボールドウィン社の日本進出

1890年代後半におけるアメリカ製機関車の対日進出の主役は，アメリカ・フィラデルフィアの機関車メーカー・ボールドウィン社であった。前述したようにボールドウィン社は，広大なアメリカ国内市場を基盤として，1860年代から70年代にかけて急成長を遂げた。その一方で，1870年代末に海外市場へのアプローチを開始し，1880年代前半には輸出を本格化することになった。表3-5が示すように，1884（明治17）年時点におけるボールドウィン社は，総生産高の40％を輸出していたが，その主たる仕向地はブラジルやアルゼンチンといった南アメリカであった。その後，1880年代後半には国内市場の盛況によって一旦，輸出が減少する。しかし，1890年代半ばに国内市場が不況になると再び海外輸出が急増し，1894年以降は輸出率が40％から50％で推移するようになった。その際，ボールドウィン社は，手数料販売の代理店をハバナ，リオデジャネイロ，メルボルン，横浜に置き，さらに自社の営業所をロンドンに設置

して国際的な販売網を整備した[36]。この時、横浜における代理店となったのが、後述するフレザー商会（Frazar & Co.）である。そして1897年には、表3－5からわかるように、対日輸出がボールドウィン社の総生産高の23％に達した。日本は、ボールドウィン社にとって、最大の輸出先となったのである。

　ボールドウィン社は、1887年、アメリカの技術によって鉄道建設がはじまった北海道に最初の橋頭堡を築いた。表3－6が示すように、同社は1887年3月8日、北海道硫黄鉱山向けのCタンク機関車2輛を受注した。その金額は、1輛6250ドルであり、仲介業者はフレザー商会、手数料（commission）は車輛代金の5％であった。その際、代金の3分の1は現金でフレザー商会が先に支払い、3分の1は出荷時に、3分の1は日本（横浜）への到着時にそれぞれ電信払いとする売買契約を結んでいる。その後、1888年には幌内鉄道に1Cテンダー機関車2輛を納入し、1890年には北海道炭礦鉄道から1B1タンク機関車2輛と1Cテンダー機関車計10輛を受注した。後者の場合、仲介は高田商会であり、報酬はcommission（手数料）という形式ではなく、車輛代金の5％のshipping discount（割引）として支払われた[37]。また代金支払も、出荷後10日以内に現金で一括支払い（横浜正金銀行の支払保証付）となっており、製品の日本到着後に支払っている1890年時点のフレザー商会（官営鉄道や筑豊興業鉄道の事例）とは条件が異なっていた（表3－6備考欄）。このことは、すでに1890年前後には、フレザー商会がボールドウィン社からの信頼を獲得し、日本代理店的な存在になっていた可能性を示唆している。

　ボールドウィン社が次に進出したのは、北海道と同様に炭鉱業が盛んな九州であった。1889年7月18日、同社はフレザー商会経由で、筑豊興業鉄道からB1タンク機関車とBタンク機関車計2輛を受注する。ボールドウィン社は、この注文に対してわずか3ヶ月あまりの短納期で機関車を出荷し、高い評価を得た。そのため筑豊興業鉄道は、以後、同年10月に2輛、1892年7月に3輛（うち1輛はヴォークレイン複式1Cテンダー、国鉄8050形、写真14）と継続的に機関車を発注し、ボールドウィン社にとって上得意になっていく。なお仲介は、いずれもフレザー商会であり、手数料は車両代金の5％、代金の支払いは3分の1が現金で先払い、3分の2は日本（神戸）到着時に電信払いとなっている。以後、これがボールドウィン社とフレザー商会との取引では標準的な方式と

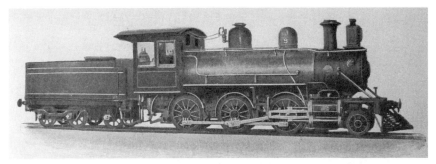

写真14　ボールドウィン社製ヴォークレイン複式1Cテンダー機関車

（出典）Burnham, Williams & Co. ed., 1897, *Baldwin Locomotive Works Narrow Gauge Locomotives, Japanese Edition, Frazar & Co. of Japan Agents, Yokohama*, Philadelphia: J.B.Lippincott Co.（注）筑豊鉄道，国鉄形式8050。

なった。

　1890年には，九州に続いていよいよ本州に進出する。1889年12月，ボールドウィン社は，やはりフレザー商会経由で，官営鉄道から1Cテンダー機関車2輛を受注し，1890年3月に出荷した。官営鉄道にとって，これはアメリカ製機関車の試験的な導入であった。さらに前述したように山陽鉄道の南清が積極的にボールドウィン社製機関車の使用を推奨した。そのため，同社は筑豊興業鉄道や播但鉄道，豊州鉄道といった南が関係する鉄道会社から，1892年から1894年の3年間で計48輛の機関車を受注することになった（表3-7）。そして1890年代後半になると，官営鉄道や日本鉄道といった，従来，主としてイギリス製機関車を使用してきた鉄道で，ボールドウィン社製機関車が大量に採用されることになる。とくに1897年には官営鉄道が38輛，日本鉄道が44輛を発注しており，両社は当時のボールドウィン社全体からみても重要な顧客であった。

　こうしたボールドウィン社製機関車の対日進出にとって大きな意味をもったのは，1894-95年のF.H.トレヴィシックによるイギリス，アメリカ機関車の比較走行実験であった[38]。第1章で述べたように，1894年から1895年にかけて，アメリカ製（ボールドウィン）と，イギリス製（ベイヤー・ピーコック，ネイスミス・ウィルソン）の同じクラスの機関車の燃費や牽引力，速度などを比べた結果，燃費についてはイギリス製が，牽引力と速度はアメリカ製が優れているという評価が確立した（表1-7～9を参照）。以後，日本の各鉄道はこうした

イギリス，アメリカ機関車の特性をふまえつつ，用途に合わせて機関車の調達を行うことになったのである。

2　フレザー商会とボールドウィン社

一方，ボールドウィン社の対日輸出の大半を取り扱ったフレザー商会は，アメリカ人のクリッパー船主G.フレザー（George Frazar）が，1834年に広東で設立したアメリカ系の貿易商社であった[39]。同社は1878年，パートナーのJ.リンズレー（John Lindsley）を横浜に送り込み，支店を開設すると同時に，アメリカから日本への機械輸入をはじめた（横浜200番館）。その後，G.フレザーの引退とともに，息子のE.フレザー（Everett Frazar）が店主となって横浜に拠点を移し，リンズレーがニューヨーク支店長に転じた。1898年時点におけるフレザー商会の主要取引先（代理店）は以下の通りである[40]。

　　New York & National Board of Marine Underwriters
　　Atlantic Mutual Insurance Co.（New York）
　　Baldwin Locomotive Works（US）
　　Westinghouse Electric & Manufacturing Co.（US）
　　Newport Engine & Ship Building Co.（US）
　　Niles Tool Works（US）

ここから，同社がアメリカからの機械・電機の輸入を主たる業務とし，ボールドウィン社だけでなく，ウェスティングハウス社のような有力電機メーカーの代理店も務めていたことがわかる。さらに，表3-8から，同年におけるフレザー商会の店員構成をみると，横浜本店以外に，神戸とニューヨークに支店を持ち，店主・パートナーを含む18人の従業員を擁していたことがわかる。その上，横浜本店にはボールドウィン社から派遣されたセールス・エンジニアであるW.H.クロフォード（William H. Crawford）が常駐し，鉄道車両の売り込みにあたっていた。この代理店駐在のセールス・エンジニアは，のちに詳述するように，アメリカ機関車メーカーのマーケティング活動において極めて重要な役割を果たしていた。

1900年，フレザー商会はパートナーシップを解消し，資本金80万円の株式会社に改組した。そして翌1901年，店主E.フレザーの死去にともない，その息

子 E.W. フレザー（Everett W. Frazar）が商店を継承した。彼は1902年には，リンズレーから持ち分を買収し，全権を掌握する。その上で，1904年にはセール商会（C. V. Sale）と合併してセール・フレザー商会になった。

1919年時点におけるセール・フレザー商会は，東京に本店を置き，横浜，大阪，神戸，ロンドン，ニューヨーク，シドニー，上海，北京，天津，大連などに拠点（支店・出張所・代理店）をもつ貿易商社となっていた。1920年頃における同社の営業形態について，三井物産は以下のように述べている。

> 目下，各種機械，金属性雑貨，缶詰，蓄音機，タイプライター，自働車（ママ），飛行機材料及船舶等ノ輸入ヲ取扱フ外，金融部ニ於テ各種公債ノ売買ヲ扱ヒ漸次発展シツツアリ。尚大正九年三月財界動揺以来，得意先ヲ選挙シ，注文品ニ対シテハ一般ニ手付金ヲ徴シテ着実ニ営業セリ。之ヨリ先キ業務発展ノ為メ更ニ函館ニ出張所ヲ設ケ，北京，天津等ニ代理店ヲ設ケタリ。同社一ヵ年取扱高ハ約二千万円ニシテ同業者中ニテモ一流ニシテ一般信用モ厚キ方ナリ。因ニ同社ハ大正八年四月資本金ヲ壱百万円ニ，更ニ九年一月弐百万円ニ増資シ全額払込ミタリ[41]。

このようにセール・フレザー商会は，機械貿易を中心的な業務としつつ，戦間期には金融取引にも進出し，「同業者中ニテモ一流ニシテ一般信用モ厚キ」商社へと成長していった。

以上のようなフレザー商会の成長過程で，ボールドウィン社との継続的な取引は，極めて重要な意味を持った。表3-9からボールドウィン社における輸出機関車の仲介業者別構成の推移をみると，1890年から1900年までの11年間でフレザー商会が扱った機関車の数は，234輛にのぼっている。これは，主としてシベリア鉄道に機関車を供給したゴードン商会（Simon J. Gordon）370輛や，南アメリカをテリトリーとするノートン・メガウ商会（Norton Megaw）324輛に続き，第3位に位置している。しかも上位2社の取扱高には，時期による大きな波があるのに対して，フレザー商会はコンスタントに取引を重ねていることがわかる。その上，1897年には前述した官営鉄道と日本鉄道の大量発注によって，その取扱比率が一時的にボールドウィン社の輸出全体の56％を超えることになった。

こうした継続的な取引によって，ボールドウィン社側にとっても，フレザー

商会は東アジア地域における拠点的な存在となり，1890年代後半にはセールス・エンジニアを派遣するまでに至ったのである。このフレザー商会とボールドウィン社との特別な関係について，1901年時点で大倉組は「既ニ『フレザー商会』久シク『ボールドウィン社』ノ代理ト相成候」と述べている[42]。少なくともこの時点において，フレザー商会はボールドウィン社の対東アジア進出にとって，必要不可欠の存在になっていた。

3　アメリカ機関車メーカーのマーケティング活動
　　　　　　　　　　――ボールドウィン社を中心に

代理店的存在であるフレザー商会に自社の技術者を派遣し，顧客の技術的な要望に応えつつ，製品を売り込むという，ボールドウィン社のマーケティング戦略は，同社に限らず，アメリカ・メーカーの特徴であると見なされていた。この点について，1896年2月22日付けの在日英国領事館報告は，過去5年間で100輛ものアメリカの機関車が官私鉄双方に導入されている点を指摘した上で，その理由について数年前からアメリカの主導的な機関車メーカーが東京の商社と協力して熱心に輸出に取り組んでいる点を強調している[43]。

アメリカ・メーカーによる，代理店的な商社と連携した積極的なマーケティング活動については，日本国内でも話題になっていた。例えば1897年における関西鉄道の競争入札に際して，『工業雑誌』は，次のように報道している。

> 米国の機関車製造業者は今や各自其代理者を本邦に置き，官私の鉄道会社に就て将来の好得意を獲ん為め互ひに入札価格を競はんとするの傾きあり。去月（1897年9月）二十日関西鉄道会社にて執行したる同社の新機関車六台の入札は最低価額一台米金八千五百四十弗の割合にて神戸の日支貿易商会に落札となりしが，之を先々月二十五日執行したる鉄道局の競争入札落札者高田商会の引受価額に比すれば一台に付百弗余の低価にして，而も其注文は一層面倒なるものなりしといふ[44]。

こうしたアメリカ機関車メーカーの日本における直接的なマーケティング活動については，従来，S.エリクソン（Steven J. Ericson）が明らかにしたW.C.タイラー（Willard C. Tyler）によるスケネクタディ社製機関車の東アジア市場での販促活動が知られている[45]。タイラーは，スケネクタディ―ALCO社のト

ラベリング・エージェントとして，1898年から1902年にかけて日本に滞在し，それまでイギリス製機関車の勢力圏であった官営鉄道や日本鉄道へのアメリカ製機関車の売り込みに注力した。その日記のなかには，アメリカ製機関車売り込みの先駆者として，ボールドウィン社のセールス・エンジニアである W.H クロフォードの名前が登場している46)。この点をふまえつつ，以下，ボールドウィン社を事例として，日本におけるアメリカ・メーカーのマーケティング活動の具体的な内容をみてみよう。

　1897年，ボールドウィン社は，フレザー商会向けに，狭軌機関車用のハード・カバー付きのカタログを作成した47)。この冊子でボールドウィン社は，標準型式の説明をはじめとする機関車の売り込みに必要な情報や発注方法，発注に使う電報暗号などを，販売店向けに丁寧に解説した。なかでも，当時における同社の最新製品であるヴォークレイン（Vauclain）複式機関車の解説に多くのページ数をさいている点が注目できる。こうした新製品売り込みのためにも，専門知識を有するセールス・エンジニアの存在が不可欠になったと思われる。

　ボールドウィン社からフレザー商会に派遣された最初のセールス・エンジニアは，前述した W.H. クロフォードであった48)。クロフォードは，1897年に200輌の機関車を日本の官民の鉄道に売り込み，日本鉄道向けのミカド・タイプ（1D1テンダー）機関車の建造を監督し，山陽鉄道の機関車のイギリス製からボールドウィン社製への転換を助けるなど，アメリカ製機関車の対日輸出促進に大きな役割を果たした49)。そしてその後任として，1904年，日本に派遣されたのが，S. ヴォークレイン・ジュニア（Samuel M. Vauclain Jr.）であった。

　ヴォークレイン・ジュニアは，1880年，フィラデルフィアで生まれた。父親はヴォークレイン複式機関車の設計者であり，1904年当時，ボールドウィン社の社長を務めていたS.M. ヴォークレイン（Samuel M. Vauclain）である。ヴォークレイン・ジュニアは，将来を嘱望された若手技師であり，24歳の時，日本とオーストラリアをめぐるセールス・エンジニアとして来日した。しかし，彼は1905年半ばには病を得て帰国し，1913年には死去している50)。南メソジスト大学のボールドウィン社関係文書には，1904年におけるヴォークレイン・ジュニアの日記と手帳が残されており51)，日本，オーストラリアでの彼の動向が判明する。そこで以下，表3-10を用いて1904年におけるヴォークレイン・ジュニアの軌跡

をたどり，ボールドウィン社のマーケティング活動の内容を明らかにしたい。

ヴォークレイン・ジュニアは，1904年2月3日にフィラデルフィアを出発し，ハワイ経由で，4月20日，横浜に到着した。彼は来日後，直ちにフレザー商会での勤務をはじめるが，6月1日から8日にかけて，はじめての地方出張である北海道出張に出かけた。この時，ヴォークレイン・ジュニアは日本鉄道を経由して，青森から北海道に渡り，札幌，室蘭，岩見沢，旭川をめぐって，北海道炭礦鉄道や北海道庁鉄道部の機関車担当者（locomotive superintendent）と面談を重ねた。この出張の狙いは，北海道庁鉄道部によるモーガル・タイプ（1Cテンダー）機関車2輛と同部品の入札に関する情報収集にあり，事実，6月20日にはフレザー商会の人々（E.バーンビィ，E.W.フレザー，犬崎，泉，表3-8参照）とともに，東京で行われた入札に参加している。

さらにヴォークレイン・ジュニアは，6月25日，九州の八幡製鉄所への出張に出発した。しかし6月27日，神戸のフレザー商会支店で，ボールドウィン社からの電信を受け，急遽，横浜に戻った。この時の用務は不明だが，彼はその後，6月30日から7月2日にかけて，再び神戸に出張したのち，オーストラリアに渡っていることから，その関係の用務であったことが推察される。ヴォークレイン・ジュニアは6月27日の日記に「ボールドウィンの機関車（自分）はあらゆるハード・ワーク（all the hard work）を行っている」という感想を書き付けており，多忙を極めていた様子が覗える。7月12日，ヴォークレイン・ジュニアは3ヶ月間にわたるオーストラリア出張に出発する。彼はこの間，オーストラリア各地でマーケティング活動を展開し，さらに香港，広東，フィリピンにも立ち寄って市場調査を行った。

1904年10月2日，横浜に帰着したヴォークレイン・ジュニアは，早くも10月15日には東京に出張し，汽車製造会社の平岡熙や東京電気鉄道を訪問し，同月19日には千葉に出張し，習志野馬車鉄道を訪問するなど，精力的に関東地方での顧客廻りを行った。さらに10月23日から29日にかけては門司，大阪，京都に出張し，九州鉄道，山陽鉄道，汽車製造，大阪市電，京都大学などを歴訪した。とくに九州鉄道や山陽鉄道では社長（九州鉄道社長・仙石貢）や主任技師（九州鉄道製作係長兼小倉工場長・鈴木鑒次郎，山陽鉄道汽車課長・岩崎彦松ら）と面談し，部品や機関車の注文内容について相談している。例えば山陽鉄道では，10

月28日に，複式機関車におけるマレー式とヴォークレイン式との性能比較の報告書について議論している[52]。

11月に入ってからも，15日から18日にかけて連日，東京に出張し，陸軍中野鉄道大隊，甲武鉄道，鉄道局，東京電気鉄道を訪問，23日から30日には再び福岡，神戸，大阪，京都に出張して九州鉄道，博多湾鉄道，関西鉄道を歴訪するなど，相変わらず精力的な活動が続いた。この間，11月25日には九州鉄道で，仙石社長，鈴木小倉工場長と面談し，貨車500輛製造の情報を確認するとともに，主任技師から石炭車の設計図面をもらっている[53]。さらに12月7日から12日にかけては，再び日本鉄道を経由して北海道に出張し，小樽の北海道炭礦鉄道手宮工場や岩見沢を訪問した。

以上のように，ヴォークレイン・ジュニアは，1904年4月から12月までの9ヶ月間に，オーストラリアを含む国内外に126日も出張している。その訪問先は，鉄道局，北海道庁鉄道部，日本鉄道，北海道炭礦鉄道，九州鉄道，山陽鉄道，関西鉄道，甲武鉄道，博多湾鉄道といった主要鉄道会社と，官営八幡製鉄所，陸軍，電鉄会社，汽車製造会社，大学などであり，仕事内容は入札への立ち合い，注文内容に関する相談や意見交換，顧客情報の収集，契約内容の確認など多岐にわたる。なかでも注目できるのは，彼らが機関車そのものより，むしろ交換部品を多く受注している点である。機関車メーカーは，一旦，鉄道会社に機関車を納品すると，その保守のため部品の追加注文を継続的に受けることができた。したがって，商社やメーカーの担当者は定期的に顧客廻りを行い，「御用聞き」をしていたのである。一方，ヴォークレイン・ジュニアは，どの鉄道に行っても汽車課長や技師長と面会することができ，九州鉄道などでは社長・仙石貢と親しく情報交換を行うことができた。鉄道会社側からみると，メーカーから派遣されているセールス・エンジニアが持っている技術情報は極めて貴重であったと思われ，なおかつ彼は世界的にも著名な技術者であり，ボールドウィン社の社長を務めるS.M.ヴォークレインの長男である。そのため現場担当者だけでなく，トップ・マネジメントが直接，応対する価値があったといえよう。

ただし，年間の半分に相当する日数を出張に費やすマーケティング活動が，相当の「ハード・ワーク」であったことは，間違いない。そしてそれは，ヴォークレイン・ジュニアが体調を崩す原因の1つになったと考えられる。

第3節　日本商社の参入

1　高田商会と三井物産

(1) 先駆者としての高田商会

　世紀転換期になると，日本商社が，前述したイギリス，アメリカ商社に伍して，鉄道用品輸入の重要な担い手に成長してくる。その先陣を切ったのは，外国商館出身の貿易商・高田慎蔵が率いる高田商会であった。高田商会は，1881（明治14）年，高田慎蔵と，ドイツ人 H. アーレンス（H. Ahrens），イギリス人 J. スコット（James Scott）による共同出資の貿易会社として，東京・銀座で設立された（資本金1500円）。開業当初の高田商会は，ロンドンに支店を置き，ドイツのクルップ社（Krupp）やイギリス・シェフィールドの製鉄所などの代理店を引き受け，陸海軍を主たる顧客として機械輸入貿易に従事していた。さらに1891年にはニューヨーク支店を設置し，J. スコットの弟・ロバートを支配人として，鉱山機械を中心とする機械輸入を開始する[54]。高田商会が機関車の取扱いを開始したのは，ちょうどその頃であった。

　高田商会は，まずアメリカで，1890年から91年にかけて，ボールドウィン社製機関車12輛を北海道炭礦鉄道に納入する（前述）[55]。以後，1893年に北海道炭礦鉄道（3輛），1894年に奈良鉄道（5輛）と，主としてボールドウィン社製機関車の輸入に従事した。次にイギリスでは，1894年に大阪鉄道にヴァルカン・ファウンドリー社製1B1タンク機関車3輛を納入したのち，1898年には官営鉄道にダブズ社製2Bテンダー機関車18輛を（表2-3），また1902年にもネイスミス・ウィルソン社製B1タンク機関車1輛を甲武鉄道に納入して存在感を示した（表2-9）。

　このように高田商会は，一般競争入札時代の1890年代から1900年代初頭にかけて，積極的に機関車を輸入して官民鉄道に納入していた。当時，鉄道資材輸入の分野では，イギリス系のバーチ商会やジャーディン・マセソン商会，アメリカ系のフレザー商会といった外国商社が主導権を握っており，日本商社に対する信用は必ずしも高くなかった。こうしたなかで，高田商会は日本商社とし

て最初にイギリスやアメリカのメーカーとの取引をはじめ，機関車輸入を行った先駆者であった。ただし，同社はその後，1899年にアメリカのウェスティングハウス社と代理店契約を結ぶなど[56]，電機関係の輸入に注力しはじめ[57]，電気鉄道用品を除き，しだいに鉄道資材の取扱いはみられなくなる。

(2) 三井物産の鉄道用品取引[58]

高田商会に続いて，機関車輸入に乗り出したのは，戦前期日本を代表する総合商社・三井物産である[59]。三井物産における鉄道用品取扱の嚆矢は，1888年のフランス・ドーヴィル社（Deoauville）製レールの輸入であった[60]。しかし，日清戦争以前における鉄道用品の取扱いは僅かであり，機関車輸入も行っていなかった。

1895年9月，三井物産は本店に鉄道用品及機械掛を設置し，翌96年3月にこれを器械課と改称する。さらに1897年3月には器械掛と鉄道掛を分立させ，鉄道用品の取扱いを本格化しはじめた。

まず，1895年から1896年にかけて，イギリスでヴァルカン・ファウンドリー社製タンク機関車計7輌を調達し，大阪鉄道に納入する[61]。大阪鉄道は，従来，ジャーディン・マセソン商会と特別な取引があり，基本的には同商会を経由してイギリスから鉄道資材を調達していた（第2章）。しかし1890年代半ばになると，前述した高田商会や三井物産のような日本商社を利用するようになったのである。さらに三井物産は，ネイスミス・ウィルソン社やベイヤー・ピーコック社との取引も開始し，1903-04年にはネイスミス・ウィルソン社製2輌（京都鉄道），ベイヤー・ピーコック社製36輌（日本鉄道）を取り扱うなど，活発な活動を続けていった（表2-7，表2-9を参照）。

一方，当該期における三井物産の鉄道用品取引にとって，決定的な意味をもったのは，1896年のニューヨーク支店設置であった。これを契機に，同社はアメリカ製機関車の取扱いを本格化する。この点について，1897年下期の同社事業報告書は以下のように述べている。

本品（鉄道用品）ハ従来多ク英国製ヲ需要セシモ米国製ノ方廉価ナルヲ以テ我社ハレール橋桁ハカーネギー社，橋桁ハペンコインド社，機関車ハスケネクタデー社ニ取引ヲ重ヌル事ヲ努メ今ヤ此等ノ製造所ハ殆ンド我社ノ

写真15　ALCO製2Bテンダー機関車

（出典）ALCO, 1902, *First Annual Report to the Stockholders*, New York: ALCO.（注）鉄道作業局，国鉄形式6400。

常取引先トナリ，大ナル便利ヲ得ルニ至レリ。今後米国注文ノ増加ト共ニ斯業ニ特別ノ技能アル者ヲ紐育支店ニ増置シ益拡張ヲ図ラント欲ス[62]。

　1896年から97年にかけて，日本は第2次鉄道ブームに沸いており，鉄道資材の需要が急増していた。この機をとらえて，三井物産は戦略的にイギリスからアメリカへの調達先の転換を進め，しかも発注を特定のメーカーに集中することで，「常取引先」を作り出そうとしたのである。そして事実，機関車の場合，スケネクタディ社—ALCOが「常取引先」となっていく（写真15）。

　さらに表3-11を用いて，1897年上期から1899年上期にかけての鉄道用品輸入の対全輸入高に対する比率をみると，10～16％となっており，鉄道用品取引が三井物産の輸入業務にとって，重要な位置を占めるようになっていたことがわかる。その傾向は，ニューヨーク支店でとくに強く，取扱商品別の利益金額で鉄道用品が25～53％という，最も大きな比重を占めていた[63]。

　ただし，表3-12から，当該期におけるロンドン支店とニューヨーク支店の鉄道用品取扱高をみると，1898年下期を除き，ロンドンの積出高が，ニューヨークのそれに比べて大きいことがわかる。官営鉄道を中心に，イギリスの影響力が残存していた1890年代後半には，入札の際にイギリス・メーカーが指定される場合も多かった。そのため1900年代に入ると，三井物産はスケネクタディ社—ALCOのようなアメリカ・メーカーと組んで，アメリカ製品のマーケティング活動を繰り広げていくことになる[64]。

2　大倉組のニューヨーク進出と機関車取引

(1)　大倉組の鉄道用品取引

　世紀転換期における機関車対日輸出の特徴が，アメリカ機関車メーカーと日本商社の台頭にあるとすれば，その両者の結びつきの解明が必要である。そこで次に，高田商会，三井物産と並び，明治期における機械取引で勇名を馳せた大倉組の事例を用いて，この問題を考えてみたい。
　大倉組（合名会社期，1893-1911年）は，大倉喜八郎が1873（明治6）年にはじめた用達業・大倉組商会を源流とする中規模商社である。1893年に資本金100万円で設立された合名会社大倉組（頭取大倉喜八郎）は，海外貿易を主業とし，用達業や鉱業といった業務を兼営していた。発足時における大倉組の海外支店はロンドン支店のみであり，サンフランシスコ，ニューヨーク，パリ，ベルリン，メルボルン，シドニー，コロンボ，カルカッタ，ボンベイ，上海，天津，香港に代理店を置いていた。また国内には東京本店と6地方支店，皮革製造所，16出張所，鉄砲店が置かれている[65]。なお当時のロンドン支店長は，のちに取締役（兼出資者）となる門野重九郎であり，ロンドンから欧米各都市に所在する代理店を統括していた。
　一方，大倉組の機関車取引は，1901-02年における官営鉄道へのダブズ社製C1タンク機関車48輌の納入からはじまった[66]。ほぼ同じ時期，大倉組は台湾総督府にもネイスミス・ウィルソン社製1B1タンク機関車6輌を納入しており[67]，まずはイギリスで鉄道用品取扱を本格化したことがわかる。そして1901年，アメリカでの機械・鉄道用品取引を目指して，ニューヨーク支店を設置することになる。
　ところで，本節で用いる史料は，アメリカ国立公文書館に所蔵されている日系企業接収文書（RG131）中の大倉組ニューヨーク支店文書である。大倉組ニューヨーク支店は1901年，ニューヨークのブロードウェイで開業し，ロンドン支店と連携しながら，主として機械取引に従事した。同支店の初代支店長である山田馬次郎は，1894年に東京高等商業学校を卒業して大倉組に入社し[68]，ロンドン支店で機械取引に従事したのち[69]，1901年4月，支店開設の命を受けて，単身ニューヨークに乗り込んだ。彼はロンドン時代から発信書簡の控帳（letter

book）を残しており，ニューヨークに赴任した当初は，'Domestic Letters 1900-1901' というタイトルの透写紙冊子に東京本社外国部宛をはじめとするさまざまな商用書簡の控を残していた。その後，本店宛書簡控として 'Tokio Letters' というタイトルの透写紙冊子が用いられるようになり，No.1（1901-02年）から No.8（1904-05年）までの8冊が残されている。この書簡類を分析することで，従来の研究では解明されてこなかった，明治期における大倉組在米支店の具体的な活動内容が明らかになる[70]。

(2) 大倉組のニューヨーク進出と北海道庁鉄道部入札

1901年4月12日，大倉組ロンドン支店の山田馬次郎が，支店開設の命を受けてニューヨークに到着した[71]。山田は，ニューヨークに到着した直後から活発な情報収集を開始し，6月9日にはブロードウェイにオフィスを構え，本格的な営業活動をはじめた[72]。開業当初の大倉組ニューヨーク支店は，支店長1，タイピスト1，メッセンジャー・ボーイ1という構成であり，以後10ヶ月間，山田は1人で事務所を切り盛りしていくことになる[73]。大倉組ニューヨーク支店にとって，最初の大仕事となったのは，北海道庁鉄道部への機関車・同部品の納入であった。以下，その経緯を詳しくみていこう。

1901年6月10日，北海道庁鉄道部は路線延長にともなう設備増強のため，以下のような鉄道用品購入入札の告知を行った。

一，機関車六輌　二廉
一，機関車秤量器十個
一，貨車用車輪九百五十個，車軸四百七十五本及弾機五百七十個
一，「ジャネーカプラー」二百十二個，同用「ナックル」五十個
　　　　　以上，旭川納
　　　以上，入札保証金各自見積代価百分ノ五以上，入札者ハ二年以来其業ニ従事スル証明書並ニ明治三十三年内務省令第三十二号，同三十三号ノ資格証明書ヲ有スル者ニ限ル。
右購買ス。入札望ノ者ハ本月十五日ヨリ同二十四日マテ十日間，内務省内，北海道鉄道部出張員詰所ニ前記証明書ヲ差出シ，入札規則，契約書式，仕様書及図面等熟覧ノ上，本年八月十日午前十一時限，同詰所ニ入札書差出

スヘシ。即時開札ス。
此契約ハ北海道庁鉄道部長国沢能長担当ス。
　　　　明治三十四年六月十日　　　　　北海道鉄道部[74]

　この入札（tender）のための見積（quote）の打診は，1ヶ月以上を経過した7月13日から15日の間に，ニューヨーク支店に届いたと考えられる[75]。知らせをうけた山田は，7月15日から17日にかけて，在米の主要機関車メーカー，鉄道車輛用品メーカーに一斉に見積請求を行った。

　ちょうどその頃，アメリカでは機関車製造業における大合同が進行中であり，1901年7月には，スケネクタディ社を中心とする8社の機関車メーカーが合同し，アメリカン・ロコモーティブ社（ALCO）が成立した。その結果，在米の有力機関車メーカーは ALCO，ボールドウィン，ロジャースの3社に絞られることになった。この点について，山田は，7月20日にロンドン支店の門野へ，また同月23日に東京本社へ，それぞれ以下のような情報を送っている。

　　此件ニ付テハ先般彙報申上置候処，今回，愈々成立十日程前事務所モ
　Broad Street of New York City ニ確定，社名ハ American Locomotive
　Co. ト称ヘ居候。即チ左記八製造所ノ合全ニ候
　　　Schenectady Loco Works, Brooks, Pittsburgh, Richmond, Cooke,
　　　Rhode Island, Dickson, Manchester
　依テ目下ノ処，当米国ニハ左ノ三会社アルノミト相成候
　　　American Loco Co., Baldwin Loco Co., Rogers Loco Co.
　Rogers 社ハ先般社長ナル Rogers 病死仕其后廃業スルトノ事ニテ一時ハ休業仕居候。併シ昨今新シキ proprietor 出来工場再興ノ様承リ候。
　　今回成立ノ American Loco. Co. ハ前ノ Schenectady Loco. Works ノ重役主トナリ大ナル株式会社ヲ作リ前記八ヶ所ノ製造所ヲ買入レ候事ニ相成候。依テ前ノ Schenectady Loco. Works ノ vice president and general manager ナル Pitkin ト申人，今回ノ American Loco. Co. ノ vice president ニテ全社中ニテ実ニ有力者ニ御座候。又，American Loco. Co. ノ Sales Department ノ主任ノ人モ亦前 Schenectady ノ人ニ御座候。併テ三井物産会社ハ此迄日本ニテ注文引受ノ汽罐車ハ尽ク Schenectady ニ注文

致シ，全製造所ノ関係非常ニ密ニ相成候。別ニ重立チタル代理契約ハ無之候得共，「カーネギ」ニ対スルト全様ノ関係ニ相成候。依テ三井物産ハ今回ノ American Loco. Co. ニ対シテハ代理全様ニテ，仮令 American Loco. Co. ヨリ三井ノ外ノ会社ニ代価ヲ渡シ候テモ夫レハ真正ノ代価ニ無之旨申居候。併テ今回北海道入札ノ汽罐車六台ノ儀ニ付早速三製造所ニ照会仕，其他「ピッツバーク」ノ如キ「ヂクソン」ノ如キ個々別々ニハ当不申候。「ピッツバーク」並ニ「ヂクソン」ノ如キハ最早製造所ハ American Loco. Co. ヘ売渡シ候ニ付一切ノ事続テ American Loco. Co. ヘ照会致シ呉レトノ事ニ御座候76)。

　この史料でまず注目できる点は，ALCO の副社長や販売部門長がいずれもスケネクタディ社の出身者で占められており，従前より同社と取引を重ね，関係が深かった三井物産が，新会社の東アジア地域代理店のような扱いを受けることになりそうだという情報である。そのため山田は，仮に ALCO が三井以外の会社に今回入札の機関車6輌についての見積価格を提示したとしても，「夫レハ真正ノ代価」ではないと推察している。実際に彼は，同社に数回おもむき，種々交渉したものの結局，見積価格を得ることはできなかった77)。

　一方，従来，アメリカ機関車製造業の雄であったボールドウィン社は，スケネクタディ社が三井物産と密接な関係を構築していたのと同様に，フレザー商会と強い取引関係を結んでいた（前述）78)。しかも今回の入札に関しては，フレザー商会がいち早く見積を請求したあとであり，山田はボールドウィン社からも見積価格を取ることができなかった79)。

　最後に残された有力機関車メーカーはロジャース社であるが，同社は前社長の逝去によってしばらく休業しており，「昨今新シキ proprietor 出来工場再興ノ様承リ候」という状態であった。山田は，一応，同社へも見積請求を行ったものの，「全社ノ現況ハ前述ノ通リニ付今回ハ quote 致来リ不申ト存候」と思われた80)。

　このようにアメリカ機関車製造業の寡占化が進むと，寡占メーカーと長期的な取引関係を構築している先発商社（三井物産やフレザー商会）の優位性が高まり，大倉組のような後発商社の活動の余地は限られることになった。そのため山田は当初，「乍残念今回ノ六台ハ入札出来不申ト存候」81)と，悲観的な見方

写真16　ロジャース社製1Cテンダー機関車
（出典）　鉄道博物館所蔵。（注）　北海道庁鉄道部，国鉄形式7350。

をしていたのである。

　ところが，1901年7月25日，大倉組ニューヨーク支店に，ロジャース社から「今回北海道鉄道新入用ノ汽罐車六台ニ付是非見積書出可申」という知らせが届いた。そこで山田は，同社に次の月曜日までに見積価格を知らせてくれるよう依頼し，同時に東京本社に「今回ノ汽罐車六台ニ付テハ Rogers ヨリノ代価ニヨリ見積可仕モノト御承知置キ被下度候」と報告した[82]。

　さらに8月4日には山田がパターソンのロジャース社を訪ね，社長と面談を行って「一ヶ年ニテ汽罐車均一ヲ以二百台ノ由」という情報を得るとともに，工場再開の様子を視察する[83]。そして8月6日には，ロジャース社からモーガル・タイプ（車軸配置1C，国鉄7350形，写真16）のテンダー機関車6輌の見積書が到着，他の鉄道用品の見積価格とともに，即時，東京本社に発電した[84]。この見積表に記載された機関車の1輌当たりの見積価格は，9833ドルであり，ロジャースが提示した機関車の単価は1輌9250ドルであったことから[85]，差額583ドル（本体価格の6％）が大倉組の取り分（手数料）であったと思われる。当時，鉄道用品の手数料は5％前後であったことから，この見積は妥当な水準であった[86]。

　1901年8月10日，北海道庁鉄道部で入札が実施され，大倉組は機関車，車輪，車軸，弾機を落札した。この情報は下記の通り，即日，電信でニューヨーク支

第3節　日本商社の参入　　121

店にもたらされ，商品の即時発注が指示された[87]。東京本社から落札の知らせを受けた山田は，直ちに大倉組の重役でロンドン支店長の門野重九郎に対して，「今日，東京，入札，北海道 Wheels Locos 取れた。塩谷ケーブルのことも有り，すぐこの地（ニューヨーク—筆者注—）おいで都合できぬか」と発電した[88]。総額7万ドルという，ニューヨーク支店初の大仕事に取り組むことになった山田は，決裁権限をもつ門野を現地に呼び寄せることで，ニューヨーク—ロンドン間の情報交換に要する時間と手間を節約し，発注業務の円滑化を図ろうとしたのである。実際に門野は，8月24日にニューヨークへ到着，以後，鉄道用品の発注が一段落する9月17日まで同地に滞在した[89]。交通・通信事情が未発達であった当該期においては，決裁権限をもつ重役クラスの人が直接現地に出向き，その場で判断するほうが，いちいち本店の了解を取りつけながら取引を行うよりも効率的であった。

(3) ニューヨークにおける機関車取引の実態

　鉄道用品の競争入札では，発注者側が提示した納期と仕様書に基づき，商社がメーカーから見積書を取り，手数料を上乗せして受注価格を決定，応札する。そして落札した場合，見積書を作成したメーカーに正式の発注を行うことになっていた。ところが厳密にいえば，落札の時点では発注先は確定しておらず，必ずしも見積書を作成したメーカーに発注する必要はなかった。そこで大倉組ニューヨーク支店は，北海道庁鉄道部から機関車等を落札した後，あらためて各メーカーに相見積もりを要請した。1901年8月13日，山田ニューヨーク支店長はこの点について東京本社外国部宛書簡で以下のように述べている[90]。

> 併テ今回ノ注文品ハ如何様又何社ニ注文仕候方，直接並ニ後来ノ便益ニ相成申ベクヤ，種々相考へ，昨日「フヒラデルフヒア」ニ参リ候序テ以テ「ボルドウィン」社ニ参リ候。然ルニ先回面会仕候重役 Converse ト申人不在中ニテ Johnson ト申人ニ面会仕候。「ジョンウス」氏ノ話ニヨレバ，「コンヴァース」氏ノ話ト異ナリ，已ニ「フレザー」商会久シク「ボルドウィン」社ノ代理ト相成候付，今後ノ「インクワヤリー」ニ対シテモ実際上「フレザー」以外ニ代価差出候事出来難シトノ事ニ御座候。又，今朝，「アメリカン・ロコモチーブ・コムパニー」ニ参リ今後ノ全社ノ方針モ尋

申候処,未ダ一定ノ方針無之由ニ御座候。何分,三井ハ此レ迄百以上ノ汽罐車ヲ「スケネクタデー」ニ注文シ故ヲ以テ三井ノ方ニ敬意ヲ表シ居ル次第ニテ,別ニ深キ理由モ無之,大倉組ノ照会ニ対シテモ代価渡ス旨,申居候得共,実際,今后愈々競争入札ノ場合ニナリテハ,今回ノ如ク遂ニ断リ可申哉大ニ疑シク,又出来得ルナラバ今回ノ六台ニ対シ全社ヨリノ代価モ聞取「ロジャース」社ノ代価ト比較仕度キト存候得共,此レモ思ヒノ如ク参リ不申,又此回ノ注文ヲ他ニ渡シテハ大ニ「ロジャース」社ノ感情ヲ害シ可申,依テ全社ト今后ノ取引上大ニ困難ト可相成候。又「アメリカン・ロコモチーブ・コムパニー」ニノ三井ニ大ニ全情ヲ表シ居ル以上ハ工場ハ他ニ比シテ小ナガラ「ロジャース」社ト後来秘密ノ関係ヲ付ケ置キ可申必要有之哉モ不被計,結局,今回ノ注文ハ「ロジャース」社ヘ致ス事至当ト存候。明朝,全社ヘ参リ相談可申積リニ御座候。

この史料からわかるように,山田は今後の継続的取引の相手を探るため,2大メーカーであるボールドウィン社とALCOを訪ね,相見積を要請した。しかし両社とも,フレザー商会や三井物産との継続取引を重視する姿勢をみせ,相見積は難航する。その過程で山田は,今回の見積書を作成したロジャース社との特約的な取引関係構築の重要性を,あらためて強く認識することになった。

一方,落札価格(機関車1輌9833ドル)がすでに決定している以上,製品価格が少しでも安くなれば,その分,大倉組の手数料が大きくなる。ところがボールドウィン社,ALCOとの相見積交渉がうまくいかなかったため,値引交渉のための「相場」がわからなかった。そこで山田は,元開拓使の顧問技師であり,アメリカから日本への鉄道資材の輸出に際して検査員(inspecter)を多く務めた経験をもつJ.U.クロフォードから,スケネクタディ社が九州鉄道に機関車を納入した際の前例を聞き出し,ロジャース社に対して5％の値引きを要請することにした(後述)。しかし値引交渉は成功せず,結局は当初の見積価格でロジャース社に発注することになった。この間の経緯について,山田は次のように述べている[91]。

北海道汽罐車六台　此注文ニ付テハ製造所「ロジャース」社ヘ注文致ス前,「ボルドウィン」并ニ「アメリカン・ロコモチーブ」社ノ代価ヲ聞取リ,

「ロジャース」ノ代価ト比較仕,「ロジャース」ヲシテ充分値引致サセ申積リニテ種々奮達仕候得共, 何レモ其意ヲ得ズ,「クローフヲード」氏ノ如キハ過般「スケネクタヂー」社製九州鉄道行全種汽罐車ノ験査料ハ原価ヲ一台ニ付九千弗位ノ予算ニテ計算仕,「ロジャース」社ノ代価高キ様ノ咄モ漏レ聞キ候付, 不取敢「ロジャース」社へ五分ノ値引ヲ申込種々掛合中, 貴御掛ヨリノ二十日ノ電信ニ接シ申候。夫レト仝時ニ「ボルドウィン」社ヨリモ今回ノ注文ハ愈々大倉組ニ落札ノ旨確報ニ接候付最早今回ノ分ニ付テハ「フレザー」トノ競争モナキ次第ニ付望ミナレバ代価相渡シ可申旨申来候。併シ御掛ヨリノ御電信中ニ"Baldwin we can negotiate with Frazar"ト申語モ御座候付, 別ニ「ボルドウィン」ナレバ当方ヨリ更ニ仝社ニ掛合ノ必要ナシト存其儘ニ致シ置キ, 早速, American Locomotive Co. ニ参リ種々談合ノ上, 仝社ノ代価モ聞取候処, 仝社ノ掛引カ非常ナル高価ヲ申居, 即チ一台一万〇二百弗（f.o.b.）ト申居候。又同時ニ「ロジャース」ノ方ヘモ念ノ為メニ幾許カ値引出来可申哉否哉電信ニテ照会仕候処, can not any reduction ト申来リ候。就テハ別紙写シノ通リ, 昨日, 電信差上候通リニ御座候。

なおこの史料からわかるように, ロジャース社との値引交渉を行っている途中で, ボールドウィン社から相見積に応じるという連絡が入り, ALCO からは実際に相見積が取れた。両社ともフレザー商会や三井物産とは, 代理店契約を結んでいるわけではないので, 一旦, 落札先が決まってしまえば大倉組と取引することもあり得たのである。しかし結局は, ロジャース社の価格が最も安かったことから, 大倉組は8月末に, 見積書通りの条件でテンダー機関車6輌を同社に発注することになった[92]。

ところが北海道庁鉄道部向け機関車の正式発注に際しては, 納期という大きな問題が残っていた。そもそも入札時に提示された納期は, 旭川渡で1902年2月（4台）と4月（2台）であり[93], 輸送期間を考えるとニューヨーク渡では1901年10月と12月となっていた。そのため発注（8月）から納品までに2〜4ヶ月しかなく, 注文生産を基本とする機関車製造においては短納期の部類であった。機関車の納期については, 前述したようにイギリス・メーカーであるニールソン社が最短でも3ヶ月, 通常は1年近くを要していたのに対して, ア

メリカ・メーカーであるボールドウィン社は最短1ヶ月，平均でも3ヶ月と圧倒的な優位性をもっていた（表2-6）。したがって，2〜4ヶ月という短納期への対応は，イギリス・メーカーには難しく，この入札が最初からアメリカ・メーカーを念頭においたものであったことを推察させる。ところがアメリカにおいても，国内需要の逼迫のため，1899年から機関車の納期が延びはじめ，ボールドウィン社における1900年の平均納期は234日となっていた（表2-6）。さらにアメリカ国内における鉄道建設ブームの影響で，「何分昨今ノ如ク米国内地向注文品ノ多キ時ニ於テハ日本向ノ小キ，且ツ輸出向代価ノ安キ注文ハ，余リ好ミ不申」[94]というように，機関車の対日輸出自体も停滞していたのである[95]。事実，1897年に115輛を記録したボールドウィン社製機関車の対日輸出は，1898年以降，10輛以下へと急減した（表3-5）[96]。

このような状況の下で，大倉組の東京本社も最初から納期に間に合わないことを予想し，もし納期が遅れる場合は，メーカーから北海道庁鉄道部に対して「延期理由書」を提出することを求めていた[97]。そこで山田は，ロジャース社と打ち合わせて，1902年1月のニューヨーク積み出し（1902年5月旭川納品）を想定しつつ[98]，延期理由を探すことになった。その結果，山田が見いだした「理由」は，1901年8月にUSスティールで発生したストライキである[99]。このストライキは，実際には小規模なものであったが，それがgeneral strikeであるという証明書を彼が懇意にしている在ニューヨーク日本領事からもらうことで，もっともらしい延着理由となった[100]。山田はこの理由の当否について東京本社や，欧米巡視の途中でニューヨークに立ち寄った内山頼吉（大倉組鉄砲店）と相談し，同年12月，ロジャース社の署名入りの「延期理由書」を，東京本社経由で北海道庁鉄道部に送付した。この理由書が認められて，機関車6台のうち最初の4台は4ヶ月，あとの2台は2ヶ月の納期延長が可能になった[101]。なお同様の手順で，山田は落札した他の鉄道用品についても，1ヶ月の延着を申請している。

ところが，納期を延期したにもかかわらず，機関車部品の調達難のため，機関車の納品がさらに遅れ気味となった。鉄道用品は納期に遅れると，延滞償金が課される場合もある。直後の事例になるが，北海道庁鉄道部の「外国品供給契約書案」（1902年9月）は，この点について以下のように定めている。

第十二条　延滞償金ハ契約期間満了ノ翌日ヨリ持込ノ日ニ至ル迄ノ日数ニ対シ一日毎ニ其物品代価（何千分ノ何）ノ割合ヲ以テ計算スルモノトス102)

そもそも手数料率が低い鉄道用品取扱では，違約金の付加は大きな損失に直結する103)。そのため東京本店も，また欧米事業を統括している門野ロンドン支店長も104)，機関車の納期には多大な注意を払っていた。そこで山田はロジャース社の工場に出向いて，直接，督促を行い，直ちに状況を本社に報告している。

此儀ニ付テ昨日モ「パタソン」市ニ参リ受渡ノ儀ニ付熟話仕候処，「ロジャース」社ニ於テモ非常ニ取急ギ有能者一人 steel casting ノ製造所ニ監督ノ為メ遣シ有之，目下，近々全所ヨリ「ロジャース」社ヘ着来中ニ有之，本月十五日迄ニハ是非，悉皆調ヒ可申積リニ御座候由。又「ロジャース」ノ方ニテハ「フレーム」等ハ最早出来仕居候。「ボイラー」も最早竣工ノ極間際ニ相成居候。全所ノ話ニヨレハ本月中ニハ必ス悉ク製造可仕様被申居候。尚引続御通信可申上候105)。

この史料から，納期である1902年1月15日に間に合わせるべく，メーカーも，商社も必死の努力を行っている様子がうかがえる。

1902年1月27日，ロジャース社から機関車4輌が出荷され，2月1日にニューヨーク・オリエンタル汽船（New York & Oriental Steam Ship Co.，以下，NY&O）の汽船サツマ（*Satsuma*）に積み込まれた106)。ただし，同時に積み出すはずであった残り2輌は，結局，この船に間に合わず，つぎの便である汽船シモサ（*Shimosa*）107)への積み込みになった。山田の書簡によると，ロジャース社製機関車4輌を載せたサツマは，2月2日にニューヨークを出航，スエズ運河を経由して，4月中には横浜に到着する予定であり，残りの2輌を搭載する予定のシモサも2月15日には出帆し，同じルートで5月中旬に横浜に着く予定であった108)。そのため山田は，いずれも納期（6月15日旭川納）に間に合うと考えていたのである。ところが後発の汽船シモサのイギリスからの到着が，悪天候の影響などで大幅に遅れ，同船のニューヨーク出港は出航予定日から20日遅れの3月6日になってしまった109)。その結果，山田は再度，北海道庁鉄道部に対する延着理由書を書く羽目に陥った。なお新鋭船であるシモサ

は，従来，4ヶ月前後を要していたニューヨーク―横浜間を[110]，3ヶ月で航行し，6月6日には横浜に到着している[111]。こうした定期船の大幅なスピードアップが，一刻を争う商社の活動にとって有益であったことはいうまでもない。

　総合商社である三井物産が，自社船と傭船を組み合わせて巧みな船舶運用を行っていたのに対して[112]，規模が小さく，船舶運用のノウハウももたない大倉組では，このような配送遅延のリスクを背負いながらも，定期船に依存せざるを得なかった。しかし一方で，スエズ運河経由でニューヨークと東アジアを結ぶ定期船の存在によって，重量貨物である機械輸出を中心とする大倉組ニューヨーク支店の活動が可能になった点も見逃せない。パナマ運河の開通（1914年）以前である当該期において，送達を急がない，運賃の嵩む重量貨物のアメリカ東海岸から東アジアへの輸送は，大陸横断鉄道経由の太平洋航路ではなく，スエズ運河経由の大西洋航路が使われていた[113]。そして同航路では，1901年のNY&O[114]，1902年のアメリカン・アジアンテック汽船（American Asiatic Steamship Co.）と[115]，汽船会社の新設が相次ぎ，続々と新鋭船が投入されたため，急速な高速化が進んでいた。さらに当該期にはその運行頻度も増加している。1902年7月から1903年6月までの1年間に，ニューヨークから日本にむけて出港した汽船数は18隻（4万8954トン），日本からの入港は23隻（6万2121トン）である[116]。航海期間が長いため，出港数と入港数が異なるが，平均すれば月1.7回程度の頻度であった。この点は，大倉組ニューヨーク支店が円滑に活動するための社会的基盤の1つとして，注目しておく必要がある。

　一方，代金の支払いも残された課題であった。当該期のアメリカにおける鉄道用品代価は，製品の船積みの際にメーカーへ支払うことになっていた。開設直後の大倉組ニューヨーク支店では，これらの支払いに必要な資金を，基本的には注文品ごとに「レター・クレヂット」（信用状）取引を組み合わせた荷為替取組によって横浜正金銀行から調達している[117]。ちなみに北海道庁鉄道部向け機関車6輌（6万89ドル）用としては，事前に4ヶ月サイトのクレジットが設定されていた[118]。これに対して1902年3月以降は，「米貨一万弗ヲ限リ何回ニテモ shipment ニ対シ当国ヨリノ手形幷ニ船積書類引換ヘニ代金支払ノ御信用書」が設定された[119]。それによって，ニューヨーク支店は1万ドルの枠

内であれば，東京本店からの信用状送付という手間を省いて荷為替を取り組むことができるようになった。

　また何らかの理由によって正式の荷為替取組が遅れてしまった場合，設定されたクレジットの枠内で，正金銀行からつなぎ融資を受けることも可能であった。ロジャース社製機関車の北海道庁鉄道部への納入に際しては，工場からニューヨークまでの製品輸送運賃の見積に齟齬があり，誰が運賃差額を負担するのかをめぐってメーカーや汽船会社と交渉が続いていたため，荷為替取組が遅れてしまった。ところがメーカーとは，「船受取証引変ヘニ代価仕払ノ事」(ママ)になっており，製品を受け取っている以上，速やかに支払いを済ませなければ，大倉組の信用を落としてしまう。そこで山田は，機関車4輌分の代金を正金銀行から年利6％で12日間借り，ロジャース社への支払いを行った[120]。

　以上のような横浜正金銀行との取引にあたって山田は，同行ニューヨーク支店支配人と密接な連絡を取りつつ，取引条件や金利に関するさまざまな情報を収集し，それを東京本店やロンドン支店に伝達することで，少しでも有利な条件を引き出そうと努めていた[121]。ただし大倉組ニューヨーク支店と横浜正金銀行との取引は，基本的には荷為替取組に関係するものに限られており，つなぎ融資を除けば，直接的な融資にまで踏み込んでいた形跡はみられない。当該期の大倉組では，支店運営に必要な資金を，ニューヨークで調達するのではなく，ロンドンから送金していたのである[122]。

(4) 顧問技師の役割

　以上，大倉組による北海道庁鉄道部への鉄道用品納入の経緯を，機関車を中心に検討してきた。1901年4月にたった1人で大倉組ニューヨーク支店を立ち上げた山田馬次郎が，同年7月には早くも総額7万ドルを超える大口の鉄道用品を受注し，1902年2月までに，製品を順次船積みすることに成功した。数ヶ月前にニューヨークに来たばかりの山田が，どうしてこのような大口で短納期の注文を，恙なく捌くことができたのだろうか。この問題を，人的資源の側面から考えると，山田自身の高い能力や，門野，内山といった大倉組幹部の適切な支援といった内部要因に加えて，顧問技師であるJ.U.クロフォードの重要性という外部要因が浮かび上がってくる。

クロフォードは前述したように1878年，開拓使に顧問技師として招かれ，1881年に至るまで北海道における鉄道建設に尽力した。この間，1880年から81年にかけて，当時，開拓使御用掛であった松本荘一郎（のち鉄道作業局長官）をともない，青森—東京間および東京—高崎間の鉄道線路踏査と建設費見積を行い，日本鉄道会社設立の基礎を築いている[123]。クロフォードは1881年，アメリカ帰国中に開拓使との契約期間が満了するが，以後もアメリカから日本への鉄道用品輸出の際の第1次検査員（inspector）として，引き続き日本鉄道業の発展に尽くすことになった。

　大倉組ニューヨーク支店とクロフォードとの関係は，1901年8月12日，山田が北海道庁鉄道部向け機関車の仕様についての助言を得るため，フィラデルフィアのクロフォードの自宅を訪ねたところからはじまった[124]。この時山田は，北海道庁鉄道部の仕様書とロジャース社が提示した見積明細書との差異（① fire box のサイズ，② track wheel center の材質）に悩んでいた。この点についてのクロフォードの助言は，①については指定されている面積をもとに計算し直せば済む問題であり大きな問題ではなく，②についてはスケネクタディ社製の九州鉄道向け機関車などの前例があるので，ロジャース社が主張する素材（cast steel）を用いても大丈夫だというものであった。この意見をふまえて，山田は1901年8月末にロジャース社への正式発注を行うことになった。

　日本の鉄道事情に詳しく，技術的知識があり，対日輸出向けアメリカ製機関車等の検査経験が豊富なクロフォードは，ニューヨークに来たばかりの山田にとって頼れる存在であった。そこで彼は，クロフォードに顧問技師を依頼することにした[125]。

　クロフォードの大倉組の顧問技師（consulting engineer）としての役割は，以下の4点に要約することができる。
　①購入品の検査と証明書の発行
　②さまざまな検査の経験から鉄道用品の価格・技術情報の提供
　③仕様書と見積書の差異に関する技術的な観点からの裁定
　④日本の鉄道関係者との人脈を活かした商品情報の提供
　このうち①については，検査員としての機能であり，その手数料は製品価格の1％となっていた。

②は山田に不足する鉄道用品の製品情報の供給源としての役割であった。例えば前述したように，ロジャース社との値引交渉に際してクロフォードは，自らが検査員をつとめた九州鉄道向けスケネクタディ社製機関車の原価を山田に伝えている[126]。山田にとってそれは，製品価格の「相場」を知るために，重要な役割を果たした。

③については，次のような事例がある。

> 5 Screw Jacks for I.G.R　左御注文御座候難有存候。早速製造所へ注文仕候。此レハ過般代価御通知申上候節，申上置キ候通リ，多少明細書ニ変更ヲ要シ可申，尤モ此事ハ先般当組ノ「コンサルチング・エンヂニアー」「クローフヲード」氏ヨリ鉄道局ニ照会シ，全局ヨリ製造所申出書ノモノニテ宜敷段申来リ居候由[127]。

この史料から，もし製作の段階で鉄道用品の仕様書に変更が必要になった場合，顧問技師であるクロフォードが直接，発注元である鉄道局と掛け合い，変更を認めさせていることがわかる。こうした技術的な観点からの仕様書変更要求とその貫徹は，技術者ではない山田には不可能であった。

さらに④については，とくにクロフォードの元同僚である松本荘一郎との関係が注目できる。この点について，山田は以下のように報じている。

> 過日「フヰラデルフヒア」市「クローフヲード」氏へ面会ノ節，昨年鉄道局長松本氏渡米ノ節，「フヰラデルフヒア」市ニ被参候際，松本氏ノ話ニハ数年前当国「ロジャース」社汽罐車鉄道局へ納リ候事有之。右「ロジャース」社ノ汽罐車ハ甚ダ全局ニ満足ヲ与ヘシ。併シ「ボルドウィン」社ヨリ納メモノハ其結果甚ダ宜敷無之様ノ談話有之候旨「クローフヲード」氏被話居候。尤モ「ロジャース」社ハ製作ノ宜敷事ハ一般ノ話ニ有之。就テハ此回ノ分ニ関セズ，兎ニ角全社ヨリ鉄道局ニ宛テ今後全社ヲ指名製造所ニ加入ノ願書出シ可申様，相願可申カト存居候。尚其節ハ御地ニ於テ御尽力相願候[128]。

当時，官営鉄道のトップ（鉄道作業局長官）であった松本荘一郎は，1900年にクロフォードのもとを訪ね，ロジャース社製機関車についての評価を語った。山田はその内容を，クロフォードから聞き出し，鉄道局内部におけるロジャース社製品への評判の高さを確認できた。

なおクロフォードは，1901年10月，鉄道用品の発注元である北海道庁鉄道部の顧問技師にも就任する[129]。それは，大倉組ニューヨーク支店の活動にとって，情報を得る上でも，また検査料負担の上でも，「至極宜敷都合」であった。このように顧問技師を有効に活用することで，ニューヨークに来たばかりの山田にも，鉄道用品取引が可能になったのである。

(5) 機関車取引を支えたもの

以上，大倉組ニューヨーク支店による機関車取引の事例を用いて，①日本商社在米支店の活動内容，②明治期における鉄道用品輸入の具体的なプロセスという2つの問題を検討してきた。その結果，以下の点が明らかになった。

①については，大倉組ニューヨーク支店の初代支店長・山田馬次郎が，単騎でニューヨークに橋頭堡を築いていく過程を，彼が残した書簡を通じて検討した。山田の行動をつぶさに観察すると，彼がロンドン支店の門野重九郎，鉄砲店の内山頼吉をはじめとする大倉組内部のネットワークと，日本領事館，横浜正金銀行，日本郵船などに勤務するニューヨークの在留邦人，雑誌編集者や顧問技師クロフォードのような現地の専門家，出張でニューヨークに立ち寄った日本人実業家や技術者といった外部のネットワークの双方を駆使して的確な情報を集め，機敏にビジネス・チャンスを獲得していったことがわかる。本節で検討した北海道庁鉄道部への機関車納入は，それまで休業していたロジャース社の再開の時期に合致したという幸運にも恵まれた。しかし，支店開設直後であったにもかかわらず，大倉組がそのチャンスを獲得できた背景に，山田を中心とする重層的な人的ネットワークの存在があったことは間違いない。

さらに開業直後の大倉組ニューヨーク支店の活動を考える上で，通信，運輸，金融といった社会的インフラストラクチャーのあり方に，あらためて注目する必要がある。大倉がニューヨーク支店を開設した1901年前後の時期は，東アジアと北米を結ぶ交通・情報ネットワークが急速に整備されはじめた時期にあたっている。1896年公布の航海奨励法をうけて，同年，日本郵船がグレート・ノーザン鉄道（Great Northern Railway）と海陸接続契約を締結してシアトル線を開設した。また東洋汽船は1898年にサザン・パシフック鉄道（Southern Pacific Rrilroad）と連絡して香港からサンフランシスコへの航路を開設した。こ

うした太平洋航路の充実によって，ニューヨーク所在の日本商社は本国と頻繁に郵便の遣り取りを行うことが可能になった。さらに貨物輸送では，1901年から1902年にかけて，スエズ運河経由でニューヨークと東アジアを結ぶ汽船会社の新設が相次ぎ，高速の新鋭船による定期航路が拓かれた。その結果，ニューヨーク―横浜間の所要月数は従来の4ヶ月から3ヶ月に短縮され，運行頻度も月1.7回程度になった。一方，貿易業務に不可欠の荷為替については，横浜正金銀行が担当し，つなぎ融資まで含めて，日本商社の面倒をみてくれた。加えて1902年には，ニューヨークの日本領事館が総領事館に格上げになり，現地での邦人保護や日系企業に対する情報提供などのサポートが充実した。こうした外部のインフラを活用することで，大倉組は最小限の人員と資金で支店を開設することが可能になった。北米と東アジアとの貿易関係インフラの急速な整備という時機を的確にとらえた点にも，大倉組のニューヨーク進出成功の秘訣があったといえよう。

　②については，鉄道用品取引に関係するさまざまな論点を見いだすことができた。まず競争入札については，メーカーからの見積書の獲得が重要な意味をもつことが判明した。アメリカではメーカーが地域ごとに商社と販売代理店契約を結ぶことが多く，仮に代理店契約がない場合でも，長期的な取引関係を構築している商社に優先的に見積価格を提示するという慣行があった。そのため特定メーカーと多くの取引実績をもつ先発商社が有利であり，大倉組がニューヨークに進出した1901年時点では，すでに三井物産とスケネクタディ社―ALCO，フレザー商会とボールドウィン社といった固定的な取引関係ができ上がっていた。北海道庁鉄道部の入札に際して，山田は両社からなかなか見積書を取ることができず，こうした商慣行の重要性を痛感する。そのため特定の代理店をもたない唯一のアメリカ主要機関車メーカーであるロジャース社との特約関係の構築に邁進することになった。

　次に納期の問題が注目できる。鉄道用品の納期は，生産国における需要動向によって大きく左右され，とくに鉄道ブーム期には納期が長くなり，輸出量自体も極端に減少した。ところが日本における官私鉄道の発注は，こうした海外における需給動向とは無関係に，しかも前例に準拠して行われるため，価格や納期のミスマッチが起こる可能性があった。本節で取り上げた北海道庁鉄道部

の事例では，納期の面でこうした問題が発生し，落札者である大倉組は対応に苦慮することになる。

　最後に顧問技師の重要性を指摘しておきたい。大倉組ニューヨーク支店が，開業直後から大口の鉄道用品取引に従事できた理由の1つとして，元開拓使顧問技師のクロフォードに顧問技師を依頼し，彼と相談しながら取引を進めた点があげられる。クロフォードは，単に製品検査にとどまらず，技術情報やアメリカ鉄道用品メーカーの情報，さらには日本の鉄道企業の情報をも供与し，山田の経験不足を大いに補った。彼の存在抜きに，北海道庁鉄道部への鉄道用品納入の成功は語れない。お雇い外国人が帰国後に日本の商社や鉄道の顧問技師や検査員として活躍する事例は，前述した元鉄道局建築師シャーヴィントン（在任期間1877-81年）と官営鉄道の関係のように，イギリスでも観察することができる[130]。日本商社の海外活動は，お雇い外国人経験者によっても支えられていたのである。

第4節　供給独占と代理店契約の成立

1　アメリカ機関車製造業の寡占化

　1901（明治34）年のALCO成立によって，前述したように，アメリカにおける主要な大型機関車製造業者はボールドウィンとALCO，ロジャースの3社に集約されることになった[131]。また表1-3から，1900年代におけるアメリカ機関車製造業の状況を確認しておくと，ALCOとボールドウィンのシェアが伯仲しており，両社で全米の8割を超えていることがわかる。こうした供給構造の寡占化が，機関車取引にどのような影響を与えたのかという問題について，以下，大倉組や三井物産の動向をふまえつつ，考えてみたい。

　当時の三井物産ニューヨーク支店長・岩原謙三は，三井物産とスケネクタディ社との関係やALCO成立後のビジネス展開について，次のように述べている[132]。

　　（前略）米国機関車ヲ日本ニ売込ミタルハ「ボールドウィン・ロコモチーブ・コンパニー」ノ製品ヲ初メトシ，其他ニハロコモチーブナシト考ヘタ

ル位ナリ。然ルニボールドウィンノ代理店ハフレザーニテ，其当時彼等ハ三井カ如何ニ有力ナルカヲ知ラス為メニ先方ヨリ近寄リ来ラサリシノミナラス，当方モ亦既ニフレザー代理店タル以上ハ我々カ申込ムモ到底駄目ナルヘシト考ヘ更ニ引合ヲ為サス，別ニ「スケネクタデー・ロコモチーブ・ウォークス」ヲ選ミ之ト取引ヲ為シ非常ニ親密ナル間柄トナリタリ。蓋シスケネクタデーハ「紐育セントラル・レールウェー」ノ機関車ヲ一手ニ引受ケ其外「シカゴ・エンド・ノルスウエスタン」ノ機関車モ多数製作シ技術精巧最モ進歩セルモノナリ。<u>我社ハ之ト結託シ其製品ヲ巧ミニ日本ニ売込ミタル為メ日本ノ米国製機関車ノ八九割ハスケネクタデーノ製品ナルカ如キ現象ヲ呈セリ。</u>然ルニ昨年米国ノ各ロコモチーブ会社カ互ニ競争シ困難ノ地位ニ陥リタル為メ，遂ニ左記八会社カ合同シテ「アメリカン・ロコモチーブ・コンパニー」ヲ組織スルニ至レリ。

  Schenectady.　Brooks.　Pittsburgh.　Richmond.　Rhode Island.　Cooke.　Dickson.　Manchester.

右ノ合同以外ニ立テル製造家ハ「ボールドウィン」と旧「ロッジヤース」ノミナリ。併シ右ノ合同ニハ敵スヘクモアラス。偖我社ハ「スケネクタデー」トハ代理店ノ契約ナカリシモ，事実上ハ代理店同様ナリシカ，此度合同ノ結果他ノ製造会社トモ結託ヲ要スルコトヽナリタリ。然ルニ他ノ製造会社ハ従来代理店又ハ引合店ヲ有シタルヲ以テ茲ニ一ノ困難ヲ生シタリ。蓋シ右ノ合同ノ為メニハ我社ヲ初メ「アメリカン・トレーヂング」，「チャイナ・ジャッパン」，「シャーデン・マシソン」等幾分ノ迷惑ヲ感シタル仲間ナリ。斯クテ「アメリカン・ロコモチーブ・コンパニー」ハ是非共日本ニ代理店ヲ置カサルヘカラス。依テ過般来，日本ヘ「トラベリング・エゼント」トシテ来リ居リタル「タイラー」氏ヲシテ日本ノ模様ヲ取調ヘ報告セシムルコトヽセリ。即チ誰カ一人「アメリカン・ロコモチーブ・コンパニー」ノ利益ヲ「プロテクト」スル者ヲ作ラサルヘカラストノ考ナリ。

 ここで岩原は，下線部分のように三井物産がスケネクダディ社の機関車を日本に売り込んできた実績を強調した上で，ALCO成立の際に被合併会社の代理店間で，どこが新会社の代理店となるかが問題となったことを指摘している。しかし，代理店選定のために現地に派遣されたトラベリング・エージェントが，

スケネクタディ社の関係者であるW.タイラーであったことから，三井の立場は有利になった。このような状況の下で，三井物産では代理店契約の是非が議論されることになる。

2　代理店契約のメリットとデメリット

まず代理店契約の必要性について，岩原ニューヨーク支店長は，以下のように述べている[133]。

> 岩原（紐育支店長）　私ハ福井説ノ如ク外国品ヲ日本ニテ売捌クニ付テハ代理店ヲ取リ置ク方可ナリトノ考ヲ持スル者ナリ。今日迄ハ大抵ノモノハ代理店ヲ取ラスニ可成広ク製造家ニ行渡リ自由ノ取扱ヲ為スノ主義ニテ我々モ其心得ニテ働キタルモ，約六ヶ月間製造家ト取引セル結果，<u>競争入札等ノ場合ニ代理店ヲ取リ居ルト否トハ非常ニ利害異ナルコトヲ発見セリ。例ヘハ鉄道局カ或ル注文ヲ発スル場合ニ製造家ヲ指名シ競争入札ニ付ス。若シ其場合ニ該製造家ノ代理店ヲ引受ケ居レハ製造家ト申合ハセノ上自由ノ値段ヲ出シ得ルモ，代理店ヲ引受ケ居ラサルトキハ一軒ノ製造家ヘ数人カ引合ヲ為シ，運賃為替等ノ差ニテ注文ヲ取ル取ラヌカ定マルコトトナル。</u>即チ代理店ヲ引受ケ居レハ五分ノ口銭ヲ得テ容易ク注文ヲ取リ得ルニモ拘ラス，代理店ヲ引受ケ居ラサレハ口銭ヲ一歩ニスルモ注文ヲ取ル事困難ナルコトアリ。

下線部分からわかるように，競争入札の際，指名メーカーの代理店であれば，商社はメーカーと話し合いながら自由に入札価格を決めることができる。そのため互いの利益を確保しつつ，「容易ク注文ヲ取」ることが可能になる。しかし，代理店でなければ，メーカーから提示される見積価格は一定になるため，落札するためには商社の仲介手数料を引き下げるしかない。これは前述した大倉組の事例でも課題になった点であり，慣例的に手数料が低い鉄道用品取引では深刻な問題であった。実際に，メーカー指名の競争入札であったターンテーブルの事例では，次のようなことが起こっている[134]。

> 藤原（台北支店長）　我社ハ「アメリカン・ブリッジ・コンパニー」ノ代理店ニシテ米貿ハ他ノ代理店ナリトスレハ，入札等ノ場合ニ値段ヲ問合ハストキ同一ノ値段ヲ報知スルカ将タ異ナルカ。

岩原（紐育支店長）　異ナリ。「アメリカン・ブリッジ・コンパニー」ハ非常ニ我々ニ密接ナル間柄ニテ他ヨリ如何ナル問合アルモ必ス我々ニ照会ス。現ニ政府カ「ターンテーブル」ヲ七台注文セルトキ, 他ヘハ七分五厘高クシテ値段ヲ出シタリ。又南海鉄道ニテ三万円斗リノ橋梁材ノ注文アリタルトキ指名者ハ物産ト「テレジン」ノ二軒ナリシカ, 其時製造家ハ「アメリカン・ブリッジ」ナリシニ依リ五分丈高値ヲテレジンニ出シタリ。依テ其積リニテ入札セハ可ナリト大阪支店ヘ注意シ置キタル処只今大阪ヨリ入手ノ書状ニ依レハ当方ヘ落札スルナラントノコトナリ。

一方, 代理店契約の問題点としては, 他国製品の取扱いの可否があげられている[135]）。

飯田（理事）　独逸ノロコモチーブハ値段低廉ナル故, 若シ之カ輸入セラル、コト、ナレハ, 米英ノ代理店ヲ引受ケテ働クモ独逸品ノ為メニ打敗ラル、ヤモ計ルヘカラス。故ニアメリカンロコモチーブノ如キ大会社ノ代理店ハ兎ニ角ナルモ, 其他ハ可成フリーニ他ノ米国品ハ取扱ハサルモ英独品ハ取扱ヒ差支ナシト云フカ如キ事ニ致シタシ。

　　　　（中略）

岩原（紐育支店長）　飯田君ノ説ノ如ク出来得ル限リハ米国ニテ「エゼント」ヲ取ルモ英国ノ品ハ取扱ヒテ差支ナキ様致度考ナリ。之ト反対ノ例ハ英国マスグレーブ社ノ代理店ヲ引受ケ居ルカ為メ米国「マッキントッシシーモーア」ノエンジンヲ鐘紡ヘ売込ミ得サリシコトアリ。

ここで指摘されている問題点は, 契約内容によっては代理店を引き受けているメーカー以外の製品が扱えなくなり, ビジネス・チャンスを逸するのではないかという点である。そこで三井物産では, 仮に ALCO の代理店を獲得した場合でも, イギリス製機関車やドイツ製機関車は取り扱えるような契約にすることを目標に, 代理店契約の獲得が目指されることになる。

3　日本商社による代理店契約の獲得

(1)　三井物産と ALCO

ALCO の東アジア地域代理店の獲得競争において, 三井物産の最大のライバルとなったのは, 被合併会社の一つ, ブルックス社（Brooks）の代理店・ア

メリカン・トレーディング・カンパニー（American Trading Co.）であった[136]。

(前略，ALCOは) 七八会社ノ合同ニシテ夫々在来ノ代理店ヲ有スルカ為メ其関係ヲ切ルコト困難ナリ。然レトモ断シテ関係ヲ絶チ一人ニ代理店ヲ命スルコトニナリ居ルモノ、如ク夫レニハ我社ハ大ニフェボレブルホジションニ在ルモ唯一ノ敵ハ米貿ナリ。蓋シ米貿ハ最初二十五万弗ノ会社ナリシモ先頃「フリントイーデー」ト合同シテ「フリント・イーデー・アメリカン・トレーヂング・コンパニー」ト改称シ一大会社トナリタルノミナラズ，南米ノ商売ヲ経営セル為メ「アメリカン・ロコモチーブ・コンパニー」モ鳥渡其手ヲ切ルノ勇ナク依テ<u>南米丈ハ米貿ニ代理店ヲ託シ，日本ハ当社ニ託セントノ考アルモノヽ如シ</u>。余ノ日本ニ帰ル前ニ此事ヲ取極メ土産ニセシ考ニテ社長ニ交渉シタル時，夫迄打明ケ談シ呉レタリ。故ニ未タ契約ハ為サヽルモ遠カラス此「エゼント」ヵ取レル時期アルヘシト信ス[137]。

　この史料が示すように，アメリカン・トレーディングは単に規模が大きいだけでなく，アメリカ機関車メーカーにとって重要な市場である南アメリカ地域に商権を持っている有力企業であった。そのため，ALCOとしては，下線部分のように同社を南アメリカでの代理店にした上で，日本の代理店は三井物産に任せるという方向性を打ち出したのである。

　ALCOと三井物産の代理店契約交渉は，結局，1904年まで続き，同年8月，ようやく契約締結にこぎ着ける。その契約内容の概要は，次の通りであった[138]。

①代理店契約の適用範囲は日本（台湾を含む）と朝鮮
②もし上記の国々で他の業者に同じ機関車の見積を出す場合，三井物産に出した価格より5％高い価格を出す。
③入札の際，ALCOと産業用小型機関車を製造しているポーター社以外のアメリカ国内の機関車メーカーには声をかけない。

　この契約の最大の特徴は，対象地域が日本と朝鮮に限定されている点にある（①）。1904年当時，日本は日露戦争の最中であり，中国東北部がその主戦場となっていた。そのため三井物産が，強い商権をもっているにもかかわらず，中国は対象地域から外されたものと思われる。しかし，日露戦後に南満州鉄道の設立などを通して，中国東北部が日本の勢力圏に入ると，この対象地域は中国

にも拡張され，1916年，三井物産はALCOの東アジア地域の総代理店となった[139]。また前述した三井物産側の懸念を解消するため，排他契約の対象を他のアメリカ・メーカーのみとし，事実上，三井物産によるイギリス，ドイツ製機関車の取引を認めていた（③）。

こうして，当該期におけるアメリカ2大機関車メーカーの製品は，ALCO＝三井物産，ボールドウィン社＝フレザー商会と，それぞれ代理店を通して日本に輸出されることになったのである。

(2) 大倉組とロジャース社

1901年6月，北海道庁鉄道部による機関車等の競争入札が行われ，前述したように機関車6台をロジャース社の見積で大倉組が落札した。その詳細な入札結果表は，1901年8月16日付けの大倉組東京本店からの書簡で，ニューヨークに届いた。支店長・山田馬次郎は，その結果を，次のように分析している。

> 入札結果表ニヨリ候得バ「フレザー」ハ「ボルトウィン」ノ代価ニヨリ，三井ハ「アメリカン・ロコモチーブ」ノ代価ニヨリ，当社ト「チャイナ，ジャパン」ハ「ロジャース」ノ代価ニヨリ入札仕候事ト存候。「ロジャース」社ヨリ代価ヲ相渡シ候ハ当社ト「チャイナ，ジャパン，ツレーヂング」社ノ段，「ロジャース」社ニテ被申居候。高田，「アメリカン，ツレーヂング」社ノ如キハ，「アメリカン・ロコモチーブ」社並ニ「ボルドウィン」社ヨリ断ハレ，又「ロジャース」社ノ近頃再ビ製造ニ着手仕候事不承知ノ為メ「ロジャース」社ヘ照会致サヾリシ事ト存候。此等ノ事実ヨリ推研仕候得バ今後「ロジャース」社ト特種ノ関係ヲ付ケ置ク事，当社ノ利益ト存ゼラレ候[140]。

入札価格の分析を通して，山田はフレーザー商会＝ボールドウィン社，三井物産＝ALCO，大倉組と日支貿易商会はロジャース社の見積価格という関係性を割り出し，高田商会とアメリカン・トレーディングはロジャース社の再興を知らなかったため応札できなかったと推定している。そして，メーカー側の寡占化と代理店制度の普及をふまえて，大倉組としては今後，ロジャース社との「特種ノ関係」構築が必要と結論付けている。

ロジャース社との代理店契約に向けて，山田はまずロジャース社との緊密な

関係づくりに乗り出した。

　今般御照会ニ相成候京釜鉄道汽罐車ハ始メハ試ミニ American Locomotive Co. 並ニ Baldwin Locomotive Works ヘモ同様照会仕候得共，何レモ断リ参リ申候。右ノ次第ニ付，今後，是非，「ロジャース」社ト関係（特種ノ）ヲ付ケ申置可申必要有之，当方ヨリハ全社ノ新社長ニモ面会並ニ書面モ差出相近キ申居，目下ノ処，全社ニ於テモ当方ノ方ヘ全意ヲ表シ呉レ申候。此際今一回，何カ注文モ致候得バ全社トノ関係モ堅マリ可申候。全社ノ新社長ノ如キモ非常ニ宜敷人物ニ有之，又全社モ当市ニ今回支店ヲ設ケ，treasurer ハ支店ノ方ヲ受持申居候。全氏ノ如キモ実ニ話ノ分リ姿貴人ノ様ニ被存候。承リ候得バ四台ノ京釜鉄道汽罐車ハ遂ニ三井ヲ経テ American Locomotive Co. ニ注文相成リ候間，残念ニ御座候得共致方無之，何モ入札結果拝見ノ上，委細「ロジャース」社ヘ説明可仕候[141]。

　ここで山田は，ロジャース社と「特種ノ関係」をつけるために，同社経営陣との意思疎通を円滑化し，さらに入札結果を開示することで情報の共有化をはかろうとした。

　またロジャース社を官営鉄道の指名製造所リストに入れるため，1902年2月にニューヨークを訪れた鉄道局運転課長・宇都宮貫一を現地で接待し，ロジャース社の工場にも視察に連れて行った。その模様について，山田は東京本社に次のように書き送っている。

　〇鉄道局運転課長宇都宮貫一氏
　同氏ハ去十一日英国ヨリ当市着倫敦門野氏ヨリモ全氏来米ノ予報有之候付，着米ノ節ハ波止場ニテ相迎ヘ，出来得ル限リ全氏ノ為メ市中ノ案内総テ周旋仕居候。当方ノ目的ハ只ダ「ロジャース」社ヲ鉄道局汽罐車指名製造所中ニ加名ノ事ニ付可成全氏ノ助力ヲモ得度存居候。就テハ全氏ヲ勧誘一両日中ニ「ロジャース」社工場ヲ縦覧ニ参リ可申積リニ御座候。鉄道局ニ於テハ本年度ニ於テ八百七十万円ノ外国注文契約取結ビノ事モ已ニ議会ヲ経候事ニ有之，宇都宮氏ノ話ニヨレバ本年末ニハ大凡四十台ノ汽罐車ヲ買入レノ入札可有之由ニ御座候。尚全氏ノ話ニヨレバ此レ迄鉄道局ニ於テ「ロジャース」社ヨリ十四台汽罐車買入申居，此レ等ハ皆満足ヲ与ヘ居，昨年末入札ニ相成候三十台ノ汽罐車ニ付テモ全氏日本出立ノ節（昨年六

月）ハ米国ニ於テハ「スケネクタヂー」社,「ロジャース」社並ニ「ブルークス」ノ三社ヲ指名製造所中ニ加入可申事ニ相成居候由ニ有之候。右ノ次第ニ付, 何卒御地ニ於テ「ロジャース」社ヲ指名製造所中ニ加入ノ儀, 充分御尽力相願置候。已ニ昨年北海道六台ノ入札ノ情況並ニ京釜鉄道入札ノ結果ヨリ見レバ「ロジャース」社ノ方,「スケネクタヂー」社ヨリ両回共安価ニ有之。従テ「スケネクタヂー」社ニ対シテハ充分競争打克可申望有之。「ボルドウィン」社ハ此レハ飛離レ安価ニ御座候得共, 勿論製造法ハ粗略ニテ製造ニ於テハ「スケネクタヂー」並ニ「ロジャース」社ト全一ノ論ニ無之候。従テ鉄道局ニ於テハ「ボルドウィン」社ハ指名製造所中ニハ加ヘ申間敷候。宇都宮氏ハ当市ニ十日間程滞在ノ上, 所々ノ旅行ニ出掛ラレ可申, 目下ノ所, 来月二十一日, 桑港出帆ノ東洋汽船会社汽船ニテ帰朝可仕肚積リニ御座候。鉄道局大屋氏モ多分全船帰朝ノ事ト存候

（中略）

〇鉄道局宇都宮技師

仝氏仝道明日又ハ明後日「ロジャース」社工場ニ参リ可申積リニ御座候。仝氏ノ話ニヨレハ本年末ニハ四十台汽罐車買入可相成由ニ御座候。去十二月入札相成候汽罐車三十台ノ入札結果表, 早速御送リ被下度候。又明細書等も参考ニ相成可申モノハ早速御郵送被下度候。昨年末入札ノ三十台ニ対スル明細書丈ケハ倫敦ヨリ貰受申候[142]。

　この書簡からわかるように, 山田は出張中の宇都宮からアメリカ製機関車についてのさまざまな評判や情報を聞き出して本国に知らせると同時に, 本社にロジャース社が官営鉄道指名製造所に入れるように運動することを求めている。

　さらにロジャース社の日本でのマーケティング活動が不十分であることに鑑み, 以下のように, 日本の民営鉄道各社への売り込みの積極化を, 本社に要請した。

此レ迄モ御通信申上候通リ, 此社ノ製造ハ決テ「スケネクタヂー」社ニ劣リ不申候。日本鉄道並ニ北海道炭礦鉄道ノ如キ此迄ハ大概「ボルドウィン」社ヨリ買入居候処,「ボルドウィン」社ノ汽罐車ハ製造粗造ノ為メ日本鉄道ノ如キハ多分, 今後ノ分ハ「ボルドウィン」社ヨリハ買入申間敷候, 又北海道炭礦ノ如キ已ニ昨年ヨリ「スケネクタヂー」社ニ注文仕居候。就

テハ何卒此等鉄道会社ヘ御勧メ被下「ロジャース」社ヘモ照会ニ相成可申様御尽力相願候。就テハ爰許全社ヨリ台湾鉄道，鉄道局，北海道鉄道株式会社，北海道炭礦鉄道，山陽鉄道，日本鉄道，北海道鉄道布設部宛書面封入仕候間，何卒宜敷御取計ヲ相願候。尚「ロジャース」社ニ関スル新聞紙並雑誌ノ記事引抜モ封入仕候間，此写シ乍御面倒書面ニ一々相添御差出相願度，又先便御送リ申上候雑誌数部ハ郵送申上ベク候間，此亦可然夫々ヘ御配分被下度候。何分，「ロジャース」社ハ此迄，富豪家「ロジャース」氏一個人ノ所有ニテ全氏ハ単ニ此種ノ製造ヲ受ルト営業仕居，而テ余リ広告等商業的ノ事ニハ意ヲ止メ不申而テ日本等ニ於テハ此社ノ名前モ余リ知レ渡リ不申候。併シ今後ハ新組織ト相成，工場モ拡張盛ニ商業的ニ営業ノ事ニ御座候[143]。

下線部分からわかるように，山田はロジャース社に日本の主要鉄道へのダイレクトメールを書かせ，さらに同社の評判を示すための新聞，雑誌の切り抜きまで添えて，本社に売り込み活動を依頼している。これは，いずれもロジャース社との取引実績を積むためであった。

(3) 大倉組の代理店契約とその消滅

こうした熱心なマーケティング活動が認められ，ロジャース社側は大倉組との代理店契約に乗り気になってきた。そこで山田は，次のように，代理店契約締結の許可を東京本社に打診した。

全社（ロジャース）々長去二十一日当方ヘ罷越一両日前，American Trading Co.ヨリ近日，北海道ニ於テ汽罐車購買可相成ニ付此分ニ対シ特種ノ相談仕度様申来リ候得共，不取敢「ロジャース」社ニ於テハ断リ置キ申候由。就テハ日本ニ於テ充分尽力致シ呉ルベキ儀ナレバ，愈々代理ノ事モ取極メ可申トノ事ニ有之。従テ早速，別紙電信写ノ通リ御照会申上候次第ニ御座候。然ル処，今朝御返電，愈々代理相極メ下シト指図有之，直チニ其儀「ロジャース」社ヘ通知仕候[144]。

1902年3月24日，下線部分からわかるように，大倉組本社はロジャース社との代理店契約の締結を許可する。そして1902年5月2日，大倉組はロジャース社と代理店契約を締結することになった[145]。

第4節　供給独占と代理店契約の成立　　*141*

以後，大倉組ニューヨーク支店は，ロジャース社と緊密な連絡を取りながら，官営鉄道等の機関車・同部品の入札に積極的に参加していく。代理店となったことで，大倉組にはロジャース社側からも入札情報などがもたらされるようになった。例えば同年6月10日，山田は東京本社宛書簡で，「Rogers Locomotive Works 全社ヨリ別紙来状写ノ通リ『チャイナ・ジャパン・ツレーヂング』社ヨリ汽罐車二台ノ照会有之候旨申来居候。御掛ヨリハ未ダ何等ノ御通信無之候」146) と述べている。大倉組ニューヨーク支店は，ロジャース社経由で，本社経由より早く日本での入札情報が入手できることもあったのである。

　このように，大倉組のアメリカ製機関車取扱は，ロジャース社との代理店契約によって本格化した。ところが1905年，ロジャース社は突然，ALCO と合併してしまう。そのため，折角獲得した大倉組の代理店契約は解消され，アメリカでの機関車取引の橋頭堡が崩れてしまった。ALCO 成立時のアメリカン・トレーディング社やジャーディン・マセソン商会と同様に，大倉組もまた，アメリカにおける企業合同の動きに翻弄されることになったのである。

　以後，大倉組はアメリカ製機関車の取扱いを諦め，イギリスのノース・ブリテッシュ・ロコモーティブ社（NBL）や，ドイツのボルジッヒ社といった，ヨーロッパの有力機関車メーカーとの取引に専念することになる。

註

1) 'Report on the foreign trade of Japan for the year 1893', *Diplomatic and Consular Reports*, 1894年7月16日付．9頁．
2) Gerard Lowther, 1895, 'Report on the Railways of Japan' *Foreign Office 1896 Miscellaneous Series*（Consular Reports on Subjects of General and Commercial Interest），No.390, London: Her Majesty's Stationary Office.
3) Gerard Lowther, 1897, 'Report on the Railways of Japan' *Foreign Office 1897 Miscellaneous Series*（Consular Reports on Subjects of General and Commercial Interest），No.427, London: Her Majesty's Stationary Office.
4) Lowther 1895, 20頁。ただし，ローサーは，その時になっても「資材だけは海外から購入されるであろう」という見通しを述べている。
5) 1882年，神戸駐在の建築師長として来日。自ら橋梁設計を担当した。1889年には東京に転じる。1896年，イギリスに帰国（鉄道史学会編2013，370頁）。
6) 森彦三の回想によると，1896年10月森が神戸工場長に就任した頃には，最後まで残っ

た汽車監督R.F.トレヴィシックがすでに顧問技師になっており，「隠居的位置」であったという。日本国有鉄道編『鉄道技術発達史Ⅵ　第4編　車輛と機械(2)』(1958年〈クレス出版復刻版，1990年〉)，1212-1213頁。

7) Lowther 1895, 20頁。

8) F.H.トレヴィシックの実兄。1845年イギリス生まれ。1888年に神戸駐在汽車監督として来日し，1904年まで神戸工場に在勤，機関車の製造と保守にあたった。1893年には後述するように国産第1号の機関車を設計・製造し，日本人技術者の養成につとめた。鉄道史学会編2013，299-300頁。

9) これは，1880年代における鉄道建設技術の自立過程で，初期留学生や工技生養成所修了者が主導的な役割を果たし，工部大学校土木学科出身者はその周辺に位置した点と好対照をなしている(中村尚史「鉄道技術者集団の形成と工部大学校」鈴木淳編『工部省とその時代』〈山川出版社，2002年〉95-116頁)。

10) 中岡哲郎『日本近代技術の形成』(朝日新聞社，2006年)402頁。

11) 臼井茂信『機関車の系譜図3』(交友社，1976年)298-307頁。

12) 同上。

13) 逓信省編『明治三十五年　逓信省職員録』(1902年)41頁。

14) 逓信省編1902，9-10頁。

15) このうち島安次郎は，1894年帝国大学工科大学機械工学科を卒業後，直ちに関西鉄道に入社，汽車課長として客車の等級帯色，車内照明の導入や機関車の速度上昇などに新機軸を打ち出し，注目を集めた。1901年に逓信技師となり，新設された鉄道局設計課に赴任して以降，主として車輌設計に従事し，1908年には鉄道院運輸部工作課長に就任，第5章で述べるように国有鉄道の中心的な機械技術者になっていった(鉄道史学会編2013，228-229頁)。

16) これにあわせて，機関車や橋梁材を輸入する際に不可欠となる「外国品売買契約書」の書式も定められた。その内容は以下の17条からなっている(1896年6月17日付「外国品売買契約書」『逓信省公文書　鉄道部　器具物品六　明治三十年』所収)。

　　第1条　契約保証金
　　第2条　納期・納品場所
　　第3条　仕様
　　第4～9条　検査(第1次検査は製造国で，第2次検査は納付地で受ける)
　　第10～11条　契約不履行時の契約解除
　　第12条　納期に遅れた場合の延滞金および契約解除
　　第13～16条　納品時の手続き
　　第17条　支払い方法(横浜正金銀行の為替相場によって円貨で支払う)

17) 「機関車の入札」『工業雑誌』131号，1897年9月，34頁。

18) 「米国へ注文の汽鑵車」『工業雑誌』135号，1897年11月，35頁。

19) 1896年11月6日付オルドリッチ宛シャーヴィントン書簡『逓信省公文書　鉄道部　器具物品六　明治三十年』所収。
20) 1896年12月25日付鉄道局購買掛長具申『逓信省公文書　鉄道部　器具物品六　明治三十年』所収。
21) 1896年6月17日付外国品売買契約書『逓信省公文書　鉄道部　器具物品六　明治三十年』所収。なおこの契約書は橋梁材購入で用いられたものであるが，印刷した書式となっており，機関車購入の際にも同じ書式を用いていたと思われる。
22) 1897年3月21日付鉄道局購買掛長具申『逓信省公文書　鉄道部　器具物品六　明治三十年』所収。
23) 武田晴人『談合の経済学』（集英社，1994年）148頁。
24) 後述する1901年の北海道庁鉄道部の機関車調達は，まさにこの時期の入札の事例である。
25) 内田星美「明治後期民間企業の技術者分布」『経営史学』第14巻第2号，1979年，同「初期高工卒技術者の活動分野・集計結果」『東京経済大学会誌』180号，1978年を参照。
26) 日本国有鉄道編『日本国有鉄道百年史』第4巻（日本国有鉄道，1972年）106頁および原田勝正『日本鉄道史』（刀水書房，2001年）84頁。
27) 臼井1976，314頁。なお日本鉄道大宮工場は，その後，1904年に独自設計によるCタンク機関車（国鉄1040形）6輛を製造している。
28) 臼井1976，310-312頁。
29) 村上享一『大鉄道家　故工学博士　南清君の経歴』（鉄道時報局〈木下立安〉，1904年）8-10頁。
30) 山陽鉄道株式会社庶務課編『規則類鈔』1907年7月1日現行（『明治期鉄道史資料第2期第2集27　鉄道企業例規集（Ⅱ）』所収）223-225頁。
31) 'Baldwin Locomotive Works Oders for Engines', 1890-97年（スミソニアン協会文書室所蔵）。
32) 日本鉄道株式会社庶務課編『日本鉄道株式会社例規彙纂』1903年10月現行（『明治期鉄道史資料第2期第2集27　鉄道企業例規集（Ⅱ）』所収）823-826頁。
33) 「日本鉄道会社長の演説」『鉄道時報』179号，1903年2月21日，8頁。
34) Steven J. Ericson, 1998, 'Importing Locomotives in Meiji Japan, International Business and Technology Transfer in the Railroad Industry', *Osiris: A Research Journal Devoted to the History of Science and Its Cultual Influences*, Second Series Vol.13, 146-147頁。
35) 日本鉄道の場合，汽車課長・田中正平がベイヤー・ピーコック社製機関車に固執する点が問題視され，社長が株主総会で弁明する事態になっている（前掲「日本鉄道会社長の演説」）。
36) Brown 1995，44-46頁。

37) アメリカの工作機械メーカー・グレイ社 (G.A.Gray) の Oder Books を分析した P. スクラントン (Philip Scranton) は,メーカーからディーラーに与えられる discount (割引) を,彼らに販売手数料 (sales commission) を支給するためのものとしている (Philip Scranton, 1997, *Endless Novelty: Specialty Production and American Industrialization, 1865-1925*, Princeton: Princeton University Press, 200頁,廣田義人・森杲・沢井実・植田浩史訳『エンドレス・ノヴェルティ』〈有斐閣,2004年〉230-231頁)。しかし,ボールドウィン社の事例では,discount (割引) を与える場合と,commission (手数料) を与える場合とは,ディーラーによって区別されている。このうち後者を与えられるディーラーを通した受注が,'Odered through agency' として名寄せで集計されていることから,本書では commission を,一般的なディーラーに支払われる割引と区別し,代理店に支払われる手数料と解釈した。以上,'Baldwin Locomotive Works Orders for Engines: 1890-1892' (スミソニアン協会文書室所蔵 Baldwin Locomotive Works Collection #157) および表3-9を参照。

38) 中村尚史「世紀転換期における機関車製造業の国際競争」(湯沢威・鈴木恒夫・橘川武郎・佐々木聡編『国際競争力の経営史』有斐閣,2009年),45-47頁。

39) 三井物産本店機械部調査掛『調査彙報秘号 反対商ノ近状 第二』(1920年カ) 43-46頁,森田忠吉『横浜成功名誉鑑』(横浜商況新報社,1910年) 831-832頁,W. Feldwick ed. 1919, *Present-day Impression of Japan*, Yokohama: The Globe Encyclopedis Co. 215頁。

40) 横浜姓名録発行所編『横浜姓名録 全』(横浜姓名録発行所,1898年) 72頁。

41) 三井物産本店機械部調査掛『調査彙報秘号 反対商ノ近状 第二』45-46頁。

42) 1901年8月13日東京本社外国部宛山田書簡,'Tokio Letter No.1' (1901-2), RG131 / A1 / Entry124 / 856 Okura (アメリカ国立公文書館所蔵) 21-24頁。以下,RG131は全てアメリカ国立公文書館 (NARA) 所蔵。

43) 'Diplomatic and Consular Reports on Trade and Finance' Foreign Office 1896 Annual Series No.1695, 44頁。

44) 「機関車供給の競争」『工業雑誌』133号,1897年11月,23頁。

45) Ericson 1998, 144-149頁。

46) 元開拓使顧問技師である J.U. クロフォード (Joseph Ury Crawford) は1901年時点でアメリカ・フィラデルフィアに在住しており,このクロフォードとは別人である (Steven J. Ericson, 2005, 'Taming the Iron Horse: Western Locomotive Makers and Technology Transfer in Japan, 1870-1914', in G. L. Bernstein, A. Goedon, and K. W. Nakai eds. *Public Spheres, Private Lives in Modern Japan, 1600-1950*, Cambridge Mass.: Harvard University Press, 203頁)。

47) Burnham, Williams & Co.1897, '*Baldwin Locomotive Works Narrow Gauge Locomotives, Japanese Edition, Frazar & Co. of Japan Agents, Yokohama*', Philadelphia:

J.B.Lippincott Co.（TJ625, B41, 1897ja, 南メソジスト大学図書館所蔵）。
48) 横浜姓名録発行所編1898, 72頁。W.H.クロフォードは1898年現在，ボールドウィンの技師として，横浜のフレザー商会に駐在し，同社製機関車の日本への売り込みに従事している。
49) Ericson 2005, pp.202-203.
50) Samuel M. Vauclain and Earl Chapin May, 1930, *Steaming Up! The Autobiography of Samuel M. Vauclain*, New York: Brewer & Warren Inc., 194-200頁および'Vauclain family papers and genealogical research material', Collection 3666, The Historical Society of Pennsylvanial より。
51) Samuel Matthew Vauclain Jr., 'Japan Diary 1904' および 'Japan and Australia Diary 1904'（A2011/0020, 南メソジスト大学図書館所蔵）。
52) Vauclain Jr. 'Japan Diary 1904' Oct.28.
53) Vauclain Jr. 'Japan Diary 1904' Nov. 25.
54) 以上，中川清「明治・大正期における兵器商社高田商会」『白鷗法学』第1号，1994年，203-208頁，中川清「明治・大正期の代表的機械商社高田商会（上）」『白鷗大学論集』第9巻第2号，1995年，68-73頁および奈倉文二『日本軍事関連産業史』（日本経済評論社，2013年）74-78頁。なおアーレンスは1885年，J. スコットは1888年に死去し，彼らの持ち分を高田が買い取った結果，高田商会は個人経営となった。
55) Baldwin Locomotive Works, 'Register of Engins made by Burnham William & Co.'（スミソニアン協会文書館所蔵）。
56) 中川1994, 210頁および笠井雅直「高田商会とウェスチングハウス社」『商学論集』第59巻第4号，1991年，187-199頁。
57) 笠井1991, 191頁。
58) 上山和雄『北米における総合商社の活動』（日本経済評論社，2005年），麻島昭一『戦前期三井物産の機械取引』（日本経済評論社，2001年）を参照。
59) 三井物産の来歴については膨大な研究史が存在するが，ここでは比較的最近の木山実『近代日本と三井物産』（ミネルヴァ書房，2009年）をあげておく。
60) 麻島2001, 15頁。
61) Vulcan Foundry Ltd. 'Specification Book 6'（National Museums Liverpool 所蔵）。
62) 三井物産『明治三十年度下半季　事業報告書』32丁（三井文庫所蔵）。
63) 上山2005, 36頁。
64) 前述したタイラーのマーケティング活動のパートナーが，まさに三井物産であった（Ericson 1998, 144-149頁）。
65) 渡部聖『大倉財閥の回顧』（私家版，2002年）109-113頁。
66) Dubs& Co. 'General Particulars of Engines, Tenders'（NBL 3/1/1-2, グラスゴー大学文書館所蔵）。

67) 'Nasmyth Papers Loco Specifications 1867-1922'（サルフォード地方文書館所蔵）。この取引も1901-02年である。

68) 1870（明治3）年，和歌山県に生まれる。1894年東京高等商業学校を卒業，合名会社大倉組に入社した。ロンドン支店勤務を経てニューヨーク支店長（1901年），株式会社大倉組取締役営業部長（1917年12月現在），大倉商事取締役，大倉組理事等を歴任した。『紳士録　昭和16年版』ヤ行111頁および渡部聖『大倉財閥の回顧』（私家版，2002年）。

69) 山田は少なくとも1900年度中はロンドン支店勤務で，機械取引に従事していた。'No. 1 Domestic Letters 1900-1901', RG131 / A1 / Entry-123 / C838 Okura, 17頁。

70) 大倉組に関する先行研究としては，大倉財閥研究会編『大倉財閥の研究』（近藤出版社，1982年），中村青志「大正・昭和初期の大倉財閥」『経営史学』第15巻第3号，1980年があるものの，いずれも在米支店の活動にはふれていない。これに対して近年，渡部聖が，渡部2002と「裸にされた総合商社」『エネルギー史研究』第26号（2011年）で，大倉組—大倉商事の在米支店の事業活動の一端を明らかにしている。

71) 1901年4月20日付鉄砲店・内山頼吉宛山田書簡（'No. 1 Domestic Letters', 32頁）。

72) 1901年6月10日付東京本社外国部宛山田書簡（'No. 1 Domestic Letters', 193-194頁）。

73) 1902年2月5日付東京本社外国部宛山田書簡（'Tokio Letter No. 2' 〈1902〉, RG131 / A1 / Entry-124 / C856 Okura, 103-104頁）。

74) 『官報』第5379号（1901年6月10日），183頁。

75) 'Domestic Letters' に綴じられている1901年7月12日付の東京本社外国部宛書簡には，この入札の記事が全く含まれて居らず，その次は7月15日付のダイヤモンド・ステイト・カースプリング社（Diamond State Car Spring Co.）へのスプリングの見積請求の書簡になっている。そのため入札の情報は，13日から14日もしくは15日の間に，電信もしくは郵便で，もたらされたと推察できる。なおこうした大口の入札情報は，通常，まず電信で概要が届けられ，1ヶ月後に郵便で詳細な情報が届くことが多い。しかしこの件に関しては，情報の到着以前に東京から電信で直接引き合いがあった形跡がみられないことから，ロンドン経由でニューヨークに回ってきた可能性が高い。実際に1901年6月26日に実施された鉄道局入札（5 Jacks）の情報はロンドン支店から来ている（1901年7月23日付東京本社外国部宛山田書簡, 'No. 1 Domestic Letters', 413-415頁）。

76) 1901年7月23日付東京本社外国部宛山田書簡（'No. 1 Domestic Letters', 421-425頁）。

77) この点について山田は次のように報告している。

今回ノ六台ニ付，全社ヨリモ是非代価取リ度処，数回全社ヘ参リ交渉仕候。今回ノ六台ニ付テハ随分込入リ居，三井ハSchenectadyノ代理タル事ヲ申立，American Trading Co. ハBrooksノ代理タル事ヲ申立（此レハ元ヨリ特約有之候由ニ候），Cookeノ代理人モ亦右ノ通リニ有之候由，而テPittsburgh Loco. Works ハ目下引受ノ注文品非常ニ多ク来年六月渡注文品ニ非サレバ新注文引受出来不申候。就テハ

>American Loco. Works ノ製造所ニテ今回ノ六台ニ対シ見積シ得ル製造所ハ Schenectady, Brooks, Cooke 右ノ三ヶ所ニ相成候。然ルニ右ノ三ヶ所ニ対シテハ夫々代理ヲ主張仕社種々相談ノ結果，今回ノ六台ニ付テハ右三製造所ノ代理人アリタルモノニ限リ代価相渡シ可申儀相成当社ヘハ遂ニ quote 出来ズトノ事ニ相成候。（前掲7月23日付東京本社外国部宛山田書簡）

78) フレザー商会については，Feldwick ed, 1919. 215-216頁を参照。
79) 1901年7月23日付東京本社外国部宛山田書簡（'No. 1 Domestic Letters', 421-425頁）。
80) 同上。
81) 同上。
82) 1901年7月25日ロジャース社宛発電控（'No. 1 Domestic Letters', 436頁）および7月28日付東京本社外国部宛山田書簡（'No. 1 Domestic Letters', 442-445頁）。
83) 1901年8月4日付門野重九郎宛山田書簡（'No. 1 Domestic Letters', 458-460頁）。
84) 'Tokio Letter No. 1', p.16。
85) 1901年10月1日付東京本店外国部宛山田書簡（'Tokio Letter No. 1', 170-174頁）。
86) 1898年時点におけるフレザー商会によるボールドウィン社製機関車の取扱手数料は5％であった（*Engin Orders, 1898-1900*, Baldwin Locomotive Works, スミソニアン協会文書室所蔵）。
87) 'Tokio Letter No. 1', 17-18頁。その電文は以下の通りである。

>Copy of telegram (Inward)   Received 10th Aug. 1901
>>Please the order
>>Wheels, Axles, Springs for Hokkaido Government Railway
>>120 Bearing springs for same Railway
>>6 Mogal Locomotives for same Railway
>>>$ 70,000
>>(tax etc.) 950   U.S. G.. $ 70, 950-

>Makers must guarantee arrival January with the exception of 2 Locomotives arrivals in March. If you can not avoid delay, you must arrange with manufacturers to preview 延期理由書, we have met.

88) 1901年8月10日付門野宛電信（'Tokio Letter No. 1', 13頁）。なお原史料はローマ字。
89) 1901年8月30日付東京本社外国部宛山田書簡（'Tokio Letter No. 1', 62-66頁）および1901年9月20日付東京本社外国部宛山田書簡（'Tokio Letter No. 1', 151-154頁）。
90) 'Tokio Letter No. 1', 21-24頁。
91) 'Tokio Letter No. 1', 42-43頁。なお1899年10月，リッチモンド社がミズーリ・カンサス・テキサス鉄道（Missouri, Kansas & Texas Railway）に納入したモーガル・タイプ（1C）テンダー機関車（シリンダーサイズ1-19×26, 10輌）は，1輌8975ドルであっ

た。Richmond Locomotive & Machine Works 'Sales Book; 1896-1901'（シラキュース大学図書館所蔵 American Locomotive Company Records)、111頁。

92) 6 Locomotives for Hokkaido
此レハ御電信ニ従ヒ遂ニ「ロジャース」社ニ注文取極メ申候。当地ノ受渡ハ来年一月ノ約束ニ有之、尤モ御申越ノ延期理由書ハ全社ニ於テ充分尽力致シ呉レ可申約束ニ御座候。「ロジャース」社ハ従前ハ重ニ「ロジャース」氏ノ所有ニ有之候得共、全氏ノ死去後、重ニ当市ノ大ナル Bankers ノ手ニ移リ本日第一回ノ株主総会有之可申筈ニ候。全社ニ於テハ已ニ工場拡張ノ計画相立申居、不取敢第一ニ二十万弗ヲ費シ一ヶ年ノ汽罐車製造高三百台迄ノ capacity ニ可仕由ニ候。全社ノ此レ迄ノ製造方ハ甚ダ宜キ由ニ御座候ニ付今回ノ六台モ製造法ニ於テ不都合ノ点無之候ト存候（1901年8月30日付東京本社外国部宛山田書簡、'Tokio Letter No.1'、62-66頁)。

93) 'No.1 Domestic Letters'、374頁。

94) 1901年12月6日付東京本社外国部宛山田書簡（'Tokio Letter No.1'、385-391頁)。

95) 当時の機関車対日輸出が、イギリスやアメリカといった生産国における鉄道ブームの影響を強く受ける点については、当該期の機関車国際競争の概観を行った中村2009を参照。

96) 日本では1896年から1899年にかけて第2次鉄道ブームと呼ばれる鉄道会社設立ブームが生じていた（図3-2参照)。輸入機関車数も全体としては1896年1621輌、97年4236輌、98年4266輌、99年1968輌であり、98年がピークとなっている。以上、沢井1998、26頁を参照。

97) 前掲ニューヨーク支店宛東京本社電信（1901年8月10日受信)。

98) 「北海道汽罐車六台　右六台ニ対スル値段申上候モノニ有之、何分指定ノ納メ期日短ク『ロジャース』社ノ申出来年一月積出ト申スハ随分早キ方ニ有之、他ノ製造所ニテハ大低一月二月積出ノ内ニ御座候」（1901年8月13日付東京本店外国部宛山田書簡、'Tokio Letter No.1'、21-24頁)。

99) 1901年9月7日付東京本社外国部宛山田書簡（'Tokio Letter No.1'、117-121頁)。

100) 延期理由書ニ対スル領事ノ証明
此件ニ付テハ目下当地ノ代理領事ハ小生ノ最モ親友ニ有之。都合能ク参リ居候。過日已ニ御送リ申上候車軸車輪等ニ対シタルト全様ノ証明ニテ宜敷事ト存候（1901年11月26日付東京本社外国部宛山田書簡、'Tokio Letter No.1'、348-352頁)。

101) 去十月三十日当方ヨリノ電信
右ニテ十月四日付御書面御指図ノ通リ北海道注文汽罐車六台ノ内、二台ハ二ヶ月、残リ四台ハ四ヶ月、「ストライキ」ノ為メ延着相成可申旨御通知申上、尚、車輪、車軸、「スプリング」モ一ヶ月延着之旨、申上置キ候（1901年11月2日付東京本店外国部宛山田書簡、'Tokio Letter No.1'、278-283頁)。

102) 北海道鉄道部『鉄道部報』第151号（1902年9月30日）1163-1164頁。

149

103) 前掲『三井物産支店長会議事録2　明治36年』20頁。
104) 1902年1月4日付倫敦支店宛山田書簡（'Tokio Letter No. 1', 462-463頁）。
105) 1902年1月8日付東京本社外国部宛山田書簡（'Tokio Letter No. 1', 476頁）。
106) Satsumaは総トン数4204トン，3段膨張機関搭載の鉄鋼船でイギリスのサンダーランドで1901年に建造され，スエズ運河経由で，ニューヨーク―横浜間を結んでいた（Naval Historical Center, Online Library of Images, Civil Ships http://www.history.navy.mil/photos/sh-civil/civsh-s/satsuma.htm）。
107) Shimosaは総トン数4221トンの3段膨張機関を搭載した鉄鋼船で，1902年にイギリスのサンダーランドで建造され，Satsumaと同様に，NY&O汽船が運航していた（'Barber Steamship Lines have unique "Flagship"' *Port of Houston Magazine*, November 1968, 18-19頁）。
108) 1902年2月1日付東京本社外国部宛山田書簡（'Tokio Letter No. 2', 78-79頁）。
109) 1902年3月8日付東京本社外国部宛山田書簡（'Tokio Letter No. 2', 212-213頁）。
110) 北海道庁鉄道部に納入する車輪・車軸等を搭載した汽船 *Indrasamha* は，1901年11月6日にニューヨークを出航し，5ヶ月後の1902年4月14日に横浜に到着している（*Japan Weekly Mail*〈以下，JWMと略〉，1901年12月14日および1902年4月19日）。一方，汽船 *Lethington* は1901年11月25日に出航したものの，*Indrasamha* より約1ヶ月早い1902年3月17日には横浜に到着しており（JWM, 1901年12月14日および1902年3月22日），船舶の性能や航海条件などにより，所要日数には大きなばらつきがあったことがわかる。
111) JWM, 1902年6月14日, 663頁。
112) 三井物産では日清戦争後に自社船の拡充が行われ，1903年に船舶部が設立された。粕谷誠『豪商の明治』（名古屋大学出版会，2002年）181頁および大島久幸「三井物産における輸送業務と傭船市場」中西聡・中村尚史編著『商品流通の近代史』（日本経済評論社，2003年）213-219頁を参照。
113) 前掲「紐育港ト日清両国其他東洋諸港トノ航運状況」『通商彙纂　明治41年第4号』103頁。
114) NY&Oは，1901年，Edward J. Barberによって設立されたニューヨークと東アジアを結ぶ汽船会社であり，*Satsuma*, *Shimosa*, *Suruga* という総トン数4000トン級の新造船を，この航路に投入した（'Barber Steamship Lines have unique "Flagship"', 17頁）。なおNY&Oの横浜での代理店は，Dodwell & Co. がつとめている（JWM, 1902年5月17日）。ちなみに同社は，1907年頃までにBarber & Co. に改組されたと思われる（『通商彙纂　明治41年第4号』105頁）。
115) 「日米間新航路ノ開始」『通商彙纂』237号，1902年，51頁。なおAmerican Asiatic 汽船は，資本金50万ドルでニューヨークに設立され，総トン数8600トン（登記トン数3803トン）の新造船「ジブラルタル」号を同航路に投入した。以後，数艘の汽船を新造

し，月1回の定期航海を行う予定と伝えられている．ちなみに同社の東洋総代理店はShewan Tomes Co. であった．

116) 「紐育港ト日清両国其他東洋諸港トノ航運状況」（明治40年11月29日付在紐育帝国総領事館報告）『通商彙纂　明治41年第4号』1908年，103頁．

117) 例えば北海道庁鉄道部への車輪・車軸の積み出しについて，山田は以下のように述べている．

右ハ愈々 s/s 'Indrasamha' ニ積込申候．本日右製造所並ニ汽船会社へ支払ヲ要シ申候付，正金銀行ヨリ「レター・クレヂット」ニヨリ米貨八千八百五十八弗受取申候．何レ右金高ニ対シ全行ヨリ御本社宛「ドロー」可仕候付，右御含ミ置き被下度候（1901年11月11日付東京本社外国部宛山田書簡，'Tokio Letter No. 1' 295-298頁）．

118) 1902年2月28日付東京本社外国部宛山田書簡（'Tokio Letter No. 2', 167-168頁）．
119) 1902年5（3カ）月17日付東京本社外国部宛山田書簡（'Tokio Letter No. 2', 220-221頁）．
120) 1902年2月15日付東京本社外国部宛山田書簡（'Tokio Letter No. 2', 135-136頁）．
121) 前掲1902年5（3カ）月17日付東京本社外国部宛山田書簡．
122) 中村尚史「大倉組ニューヨーク支店の始動と鉄道用品取引」（上山和雄・吉川容編著『戦前期北米の日本商社』日本経済評論社，2013年）211-213頁．
123) 中村尚史『地方からの産業革命』（名古屋大学出版会，2010年）72-73頁．
124) 1901年8月13日付東京本社外国部宛山田書簡（'Tokio Letter No. 1', 21-24頁）．
125) クロフォードは遅くとも同年9月5日までには大倉組の顧問技師に就任している（1901年9月5日付倫敦支店宛山田書簡，'Tokio Letter No. 1', 115-116頁）．
126) 前掲1901年8月22日付東京本社外国部宛山田書簡．
127) 前掲1901年9月5日付倫敦支店宛山田書簡．
128) 1901年11月5日付東京本社外国部宛山田書簡（'Tokio Letter No. 1', 284-286頁）．
129) 1901年10月17日付東京本社外国部宛山田書簡（'Tokio Letter No. 1', 228-231頁）．
130) 中村尚史『日本鉄道業の形成』（日本経済評論社，1998年）第1章および林田治男『日本の鉄道草創期』（ミネルヴァ書房，2009年）を参照．
131) 他に林業用機関車を製造したリマ社や小型機関車のポーター社，ヴァルカン・アイロン社（Vulcan Iron）など産業用機関車製造業者はいくつか存在した．
132) 『三井物産支店長会議議事録1　明治三十五年』4回18-19丁（4月9日午後）．
133) 『三井物産支店長会議議事録1　明治三十五年』4回16-17丁（4月9日午後）．
134) 『三井物産支店長会議議事録1　明治三十五年』4回21丁（4月9日午後）．
135) 『三井物産支店長会議議事録1　明治三十五年』4回17-18丁（4月9日午後）．
136) 1901年7月23日付東京本社外国部宛山田書簡．'No. 1 Domestic Letters 1900-1901', 421-425頁．
137) 『三井物産支店長会議議事録1　明治三十五年』4回18-19丁（4月9日午後）．

138) 「旧物産契約書類」(物産2367-4) 'Agency Contract No. 5 American Locomotive Sales Co.'。
139) 同上。
140) 1901年9月14日付東京本社外国部宛山田書簡, 'Tokio Letter No. 1' (1901-2), 139-143頁。
141) 1902年1月25日付東京本社外国部宛山田書簡, 'Tokio Letter No. 2' (1902), 61-62頁。
142) 1902年2月15日付東京本社外国部宛山田書簡, 'Tokio Letter No. 2' (1902), 129-130, 133頁。
143) 1902年3月8日付東京本社外国部宛山田書簡, 'Tokio Letter No. 2' (1902), 210-211頁。
144) 1902年3月24日付東京本社外国部宛山田書簡, 'Tokio Letter No. 2' (1902), 238頁。
145) 1902年5月28日付東京本社外国部宛山田書簡, 'Tokio Letter No. 2' (1902), 466頁「Rogers Locomotive Works 同社トノ代理取極ハ原紙爰許封入御郵送申上候付御査収被下度候」。
146) 1902年6月10日付東京本社外国部宛山田書簡, 'Tokio Letter No. 3' (1902-3), RG131/A1/Entry-124/C856 Okura, 6頁。

表3-1 官営鉄道の幹部および機械技師（1894-1902年）

	1894.5	95.7	97.11	99.2	1900.4	02.9
松本荘一郎	局長兼技監		鉄道作業局長官			
図師民嘉	事務官3-1		事務官・部長			
原口 要	技監2-2					
平井晴二郎	技師3-2		技監2-2・部長	技師2-2・〃		
増田礼作	技師3-2		技監2-2・部長	技師2-2・〃		
仙石 貢	技師5-3					
宮崎航次	技師6-7	〃6-5	技監2-2・部長	技師4-1・〃		
森 明善	技師6-6		〃5-4	〃4-4		
畑精吉郎	技師7-9	〃6-7	〃5-4	〃4-3	〃4-2・部長	〃3-1・〃
宇都宮貫一	技師7-9	〃7-7	〃5-4	〃5-3	〃4-3	〃3-2
斯波権太郎	技師7-11	〃7-10	〃6-6			技師4-3
森 彦三	技師7-11	〃7-10	〃6-6	〃5-5	〃5-4	〃4-3
服部 勤	技手2	技師7-10				
市川繁夫	技手3		技師6-9	〃6-8	〃6-8	〃5-6
横井実郎			技師7-10	〃7-9	〃6-8	〃5-6
松野千勝			技師7-10	〃7-9	〃6-8	〃5-6
吉野又四郎			技師7-10	〃7-9	〃6-8	〃5-6
鈴木幾弥太					技師6-4	〃5-3
青山与一			技手2	技師7-9	〃6-7	
永見桂三			技手2	技師7-10	〃6-8	
金重林之助			技手2	技師7-10	〃6-8	
大塚践吉			技手2	技師7-10	〃6-8	
野村良一	技手7	〃6	〃4	〃3	技師7-10	〃6-8
池田正彦					技師7-10	
福島縫次郎					技師7-10	
島安次郎					技師6-5	
小林定馬					技師7-10	

	学 歴	備 考
松本荘一郎	76年レンセラー工大卒	93年鉄道局長, 1903年3月死去
図師民嘉	76-78年米留学・経理	94年計理課長, 97年計理部長, 98年欧米視察
原口 要	78年レンセラー工大卒	94年工務課長兼線路調査掛長, 95年工務課長心得, 96年建設部長
平井晴二郎	78年レンセラー工大卒	95年監督課長, 96年運輸課長心得兼務, 97年運輸部長, 1904年鉄道作業局長官
増田礼作	81年グラスゴー大卒	94年敦賀出張所長, 96年工務課長心得, 97年建設部長
仙石 貢	78年東大・理・土木卒	94年監理課長, 95年運輸課長, 96年汽車課長兼務, 同年筑豊鉄道へ転出
宮崎航次	79年工部大機械卒	94年神戸工場長, 96年汽車課長, 97年汽車部長
森 明善		94年長野機関事務所長兼長野工場長
畑精吉郎	85年工部大機械卒	94年新橋工場長, 1900年汽車部長, 1902年鉄道局設計課兼務
宇都宮貫一	86年工部大機械卒	94年新橋機関事務所長, 1902年汽車部運転掛長
斯波権太郎	91年帝大機械卒	94年新橋工場兼新橋機関事務所, 97年新橋工場長心得, 1902年鉄道局設計課兼務
森 彦三	91年帝大機械卒	94年神戸工場, 97年神戸工場長心得, 99年神戸工場長
服部 勤	74年技術見習生	94年神戸工場, 95年神戸工場兼新橋機関事務所, 96年日本車輌へ転出
市川繁夫		94年新橋工場, 1902年汽車部庶務掛長
横井実郎	96年帝大機械卒	97年長野機関事務所長心得兼野工場長心得, 1902年汽車部運転掛兼務
松野千勝	96年帝大機械卒	1902年汽車部運転掛
吉野又四郎	96年帝大機械卒	1902年新橋工場長心得兼汽車部設計掛
鈴木幾弥太	90年帝大機械卒	1900年阪堺鉄道より移籍, 逓信技師, 1902年鉄道局設計課
青山与一	97年帝大機械卒	1902年汽車部設計掛長
永見桂三	97年帝大機械卒	1902年新橋工場
金重林之助	97年帝大機械卒	1900年神戸工場
大塚践吉	97年帝大機械卒	1900年長野工場
野村良一	91年東京高工機械卒	94年新橋機関事務所, 96年新橋工場, 1902年汽車部運転掛名古屋在勤
池田正彦	99年帝大機械卒	1902年汽車部運転掛
福島縫次郎	99年帝大機械卒	1902年汽車部設計掛
島安次郎	94年帝大機械卒	1901年関西鉄道より移籍, 逓信技師, 1902年鉄道局設計課
小林定馬	1900年帝大機械卒	1902年鉄道局設計課

(出典)　逓信省『逓信省職員録』1894, 1895, 1902年, 内閣官報局『職員録』1897, 1899, 1900および日本国有鉄道編『鉄道技術発達史Ⅵ　第4編　車輌と機械(2)』(1958年) より作成。

(注)　1897年以降, 鉄道局と鉄道作業局に組織が分かれる。なお工場は1896年までは工務課, 96年以降, 汽車課 (97年以降は汽車部) に所属。

表3-2 官営鉄道汽車関係（機関事務所・工場等）人員構成の推移

年度	技師 鉄道	技師 逓信	技手	事務官	書記	書記補	雇員	使用人	合計
1894	6		46		26	16	—	—	—
1895	7		49		26	18	—	—	—
1896	7		53		32	6	—	—	—
1897	10		51		37	5	118	5,422	5,643
1898	9		63		34	9	151	5,780	6,046
1899	12		66		36	14	141	5,934	6,203
1900	13	1	64	1	41	22	140	6,399	6,681
1901	13	2	78	1	47	3	140	6,983	7,267
1902	14	4	81	1	51	1	144	7,022	7,318
1903	14	4	81		52	1	179	7,093	7,424
1904	10	4	70		45		180	7,248	7,557
1905	18	2	97		57		306	9,671	10,151
1906	21	2	101		67		3,930	16,431	20,552

（出典） 1894-96年度は『逓信省職員録』，1897-1906年度は内閣官報局編『職員録（甲）』および『鉄道局年報』より作成。
（注） 単位は人。

表3-3 1897年における機関車競争入札の状況

官営鉄道入札（8月25日，機関車20輌，予定価格181,150ドル）

入札者	製造所	価格総額	1輌当たり
三井物産	Schenectady	176,287	8,814
大倉組	Pittsburg	197,470	9,873
東亜商会	Baldwin	178,790	8,940
高田商会	(Brooks)	172,837	8,642

関西鉄道入札（9月20日，機関車6輌）

入札者	製造所	価格総額	1輌当たり	納期
Jardine Matheson	Cooke	66,000	11,000	1898年3月31日（6ヶ月）
Frazar	Baldwin	65,850	10,975	1898年3月20日（6ヶ月）
高田商会	Baldwin	63,167	10,528	契約日より7ヶ月間
高田商会	Brooks	53,769	8,962	契約日より7ヶ月間
高田商会	Brooks	56,609	9,435	契約日より7ヶ月間
三井物産	Pittsburg	52,620	8,770	1898年4月21日（7ヶ月）
関西貿易会社	Brooks	53,934	8,989	1898年5月15日（8ヶ月）
日支貿易商会	Pittsburg	51,240	8,540	1897年11月もしくは12月米国積出（3ヶ月間）

（出典）『工業雑誌』131号(1897年9月)，34頁および同133号(同年11月)，23-24頁。

表3-4　1900年時点における5大鉄道会社の機械技術者

	役　　　職	身　分	学　　歴	備　　考
【日本鉄道】				
田中正平	汽車課	課長	82年東大理学卒	ドイツ留学
三宅淑蔵	運転掛長兼上野機関事務所長	技師	87年東京職工機械卒	
古田五郎	監督掛長	主事	96年帝大機械卒	
丸屋美穂	福島機関事務所長	技師	99年帝大機械卒	
島村鷹衛	盛岡機関事務所長	技師	99年帝大機械卒	
松本慎一郎	水戸機関事務所長心得	技手	90年東京工業機械卒	
粟屋新三郎	工作課	課長	81年工部大機械卒	官鉄より移籍
山口金太郎	工作課設計掛長	技師	97年帝大機械卒	
岡部　遂	工作課	技師	87年東京職工機械卒	
石川銀次郎	工作課	技師	89年東京職工機械卒	
森川荘吉	工作課設計掛	技手		
高洲清二	盛岡工作事務所	技師	97年帝大機械卒	97年日鉄入社
【九州鉄道】				
作間綱太郎	汽車課長心得兼設計係長	課長心得	92年帝大機械卒	94年九鉄入社
宮崎操	設計係	技師	99年帝大機械卒	
鈴木鑒次郎	製作係長兼運転係長	係長	95年帝大機械卒	
飯山敏雄	運転係	技師	98年帝大機械卒	
多々良信二	門司機関事務所長心得		95年東京工業機械卒	
飯島直二	熊本機関事務所長心得		90年東京工業機械卒	
庄野亀次郎	長崎機関事務所長心得		96年東京工業機械卒	
具島恒雄	若松機関事務所	所長	96年帝大機械卒	
村井晦蔵	小倉製作所長	所長		
上村行典	小倉製作所	技師	89年東京職工機械卒	
藤田経定	小倉製作所	技師	96年帝大電気卒	
小松幸太郎	小倉製作所	技師	89年東京職工機械卒	
植田久逸	小倉製作所	技師	89年東京職工機械卒	
和田敬三	小倉製作所	技師	99年帝大機械卒	
加藤豊作	若松製作所	所長	86年東京職工機械卒	
【山陽鉄道】				
岩崎彦松	汽車課	課長	83年工部大機械卒	北海道庁汽車課長を経て88年山鉄入社
石原正治	運転掛長	技士	98年帝大機械卒	1905年汽車課設計掛長
吉野伝吉	電機掛長	技士	96年帝大電気卒	
田淵精一	工場掛長	技士	94年帝大機械卒	自社製機関車製作を担当
井上庄作	兵庫木工場主任	技士		
松井三郎	兵庫仕上場主任	技士	仕上工	横須賀造船所出身，北炭手宮工場長として95年に大勝号を製作，99年山鉄入社
遠藤栄次郎	須磨製罐場主任	技士	91年東京工業機械卒	1901年鷹取工場長

森山盛行	兵庫鍛工場主任	技士	鋳工	砲兵工廠出身，97年山鉄に入社
塚本小四郎	製図場工場設計主任	技士	99年帝大機械卒	1901年設計掛長
大塚武之	製修検査主任	技士	90年東京工業機械卒	
荒川琴太郎	兵庫修車工場主任心得	技士		
野上八重治	兵庫工場	技士	製図工	呉鎮守府造船部出身，95年山鉄に入社，設計掛，のち日本車輌
柿村長治	広島工場長	技士		
【北海道炭礦鉄道】				
吉見九郎	工場長兼手宮製作所主任	幹事	80年工部大機械卒	
渡辺季四郎	手宮製作所	技師	99年帝大機械卒	
河相直吉	手宮製作所	技師補	90年東京工業機械卒	
古川豊雄	岩見沢製作所主任	技師	98年帝大機械卒	
渡辺伝太郎	運転事務所長心得	技師補		
【関西鉄道】				
島安次郎	汽車課長	技師	94年帝大機械卒	1901年逓信技師に転出
出羽政助	汽車課	技師	99年帝大機械卒	1901年汽車製造に転出
横山武一	工場掛主任	技手	92年東京工業機械卒	

(出典) 木下立安編『帝国鉄道要鑑 第一版』(1900年，鉄道時報局)，日本国有鉄道編『鉄道技術発達史』V，VIより作成．

(注) 各社の機械関係部署（汽車課，工場，機関事務所等）の責任者と上級技術者（技師）を採録．なお山陽鉄道は技術者の階層がなく，すべて技士とされているため，役職者のみを挙げた．
工部大学校は1886年に東京大学工芸学部と合併し，帝国大学工科大学となる．
東京職工学校（1881-90年），東京工業学校（1890-1901年）はいずれも東京高等工業学校の前身校．

表3-5 Baldwin社の規模と輸出先

年	従業員数(人)	総生産高(輌)	年間輸出高(輌)	輸出率	米国内	北米	南米	中米	欧州(含中東鉄道)	日本	中国・満州	南アジア	オセアニア	アフリカ・中東
1884	2,377	429	170	39.6%	259	6	111	17	3	0	0	0	33	0
1886	2,411	550	42	7.6%	508	—	—	—	—	—	—	—	—	—
1887	2,879	653	43	6.6%	610	1	17	23	0	2	0	0	0	0
1888	3,329	737	95	12.9%	642	3	19	68	0	2	0	0	3	0
1889	3,579	898	212	23.6%	686	9	114	83	1	3	0	0	2	0
1890	4,493	946	144	15.2%	802	3	46	76	3	12	0	0	1	3
1891	4,440	899	292	32.5%	607	13	166	46	1	6	0	0	55	5
1892	4,039	731	127	17.4%	604	1	56	57	8	3	0	0	0	2
1893	4,313	772	162	21.0%	610	1	78	55	1	27	0	0	0	0
1894	2,150	313	132	42.2%	181	4	56	38	2	30	0	0	2	0
1895	2,551	401	161	40.1%	240	1	105	18	22	13	0	0	2	0
1896	3,490	547	289	52.8%	258	5	92	33	126	31	0	0	2	0
1897	3,191	501	205	40.9%	296	10	36	16	8	115	12	0	2	6
1898	4,888	755	348	46.1%	407	63	25	37	164	7	1	0	27	24
1899	6,336	901	374	41.5%	527	41	9	65	134	9	16	45	0	55
1900	8,208	1,217	365	30.0%	852	32	25	70	139	8	33	14	1	43
期間合計	11,250	3,161	28.1%	8,089	193	955	702	612	268	62	59	130	138

(出典) 'Baldwin Locomotive Works Oders for Engines', 1884-1900(スミソニアン協会文書室所蔵)およびBrown1995, 241頁。
(注) 日本には台湾を含み、中東鉄道をロシア(欧州)に含む。

表3-6 第1次企業勃興期におけるBaldwin社製機関車の対日輸出

出荷年	購入者	仲介者	タイプ	輌数	条件提示	受注	出荷	単価($)	手数料	備考
1887	北海道硫黄鉱山	Frazar	Cタンク	2	1887/2/21	1887/3/8	1887/6/13	6,250	5.0%	1/3 in advance from which FRT & INS are F(Frazar) & Co paied. 1/3 by cable transfer when ealy for shipment. 1/3 on delivery at Yokohama. (4/22/87. $100 Mexican worth $75.50 US gold @ 30 days)
1888	幌内鉄道		1Cテンダー	2						
1889	筑豊興業鉄道	Frazar	B1タンク	1	1889/8/27	1889/7/18	1889/10/26	4,450		
1889	筑豊興業鉄道	Frazar	Bタンク	1	1889/8/27	1889/7/18	1889/10/26	4,100		
1890	三池炭鉱	Frazar	Bタンク	2	1889/11/10	1889/11/17	1890/1/4	3,750		
1890	官営鉄道	Frazar	1Cテンダー	1	1889/10/23	1889/12/10	1890/3/28	13,000	5.0%	Ship by steamer via Suez. Terms of payment: cash within 7 days after delivery in Yokohama. 5% to Frazar & Co.
1890	官営鉄道	Frazar	1Cテンダー	1	1889/10/23	1889/12/10	1890/3/28	11,450	5.0%	
1890	筑豊興業鉄道	Frazar	1C1タンク	2	1889/9/24	1889/10/11	1890/8/23	7,350	5.0%	Ship by steamer via Suez Canal to Kobe to arrive about October. Terms: 1/3 cash in advance, 2/3 on delivery in Kobe. 5% com (mission) on base price, exc of FRT & INS to Frazar & Co.
1890	北海道炭礦鉄道	高田商会	1B1タンク	2	1890/5/5	1890/4/25	1890/10/1	4,900	5.0%	5% shipping discount to Takata & Co. Payment guaranteed by the Yokohama Specie Bank.
1890	北海道炭礦鉄道	高田商会	1Cテンダー	4	1890/5/5	1890/4/25	1890/10/1	7,000	5.0%	
1891	北海道炭礦鉄道	高田商会	1Cテンダー	6	1890/12/19	1890/12/19	1891/7/25	6,600	5.0%	5% discount to Takata & Co. Cash 10 days after shipment.
1892	筑豊興業鉄道	Frazar	1Cテンダー	2	1892/5/25	1892/7/2	1892/10/7	9,600	5.0%	南清発注. 5% to Frazar & Co.
1892	筑豊興業鉄道	Frazar	1C複式テンダー	1		1892/7/2		10,250	5.0%	

(出典) 'Baldwin Locomotive Works Oders for Engines'. 1884-1900および臼井1972より作成。

表3-7 Baldwin社製機関車の日本における納入先の推移

年	1889	1890	1891	1892	1893	1894	1895	1896	1897	1898	1899	1900	累計
官営鉄道		2			4				38		2		46
北海道庁								3	2		2	1	8
台湾鉄道									4				4
筑豊興業鉄道	2	2		3	17	7	9						40
北海道炭礦鉄道		6	6		3	2	2	5	9	7			40
山陽鉄道					6	6	1	12	18				43
播但鉄道					4			2					6
両毛鉄道					3								3
奈良鉄道						5							5
豊州鉄道						4		4					8
大田鉄道						3							3
南和鉄道						2	1	1					4
総武鉄道						1							1
九州鉄道								4					4
日本鉄道									44				44
中国鉄道												4	4
高野鉄道												3	3
その他・不明		2									1		3
合計	2	12	6	3	37	30	13	31	115	7	5	8	269

(出典) 'Baldwin Locomotive Works Oders for Engines', 1884-1900.

表3-8 フレザー商会の従業員構成（1898年および1904年現在）

氏　　　名	支　店	在店時期	備　　　　　考
Everett Frazar	横浜	1898	店主。創業者 George Frazar の息子。1856年，上海支店開設。1901年死去
John Lindsley	New York	1898	パートナー。1878年横浜支店開設，横浜支店長。1901年にリタイア
Everett W. Frazar	横浜	1898, 1904	パートナー（signs. per. pro.）。Everett Frazar の息子。1901年に商会を継承。のち専務取締役（Managing Director）。チリ領事，米赤十字社勤務などを経験
W.A Crane	横浜	1898	
E. Meregalli	横浜	1898	
W.B. Curtis	横浜	1898	
H.K.A. Onderdonk	横浜	1898	
W. H. Crawford Jr.	横浜	1898	
W.A. Brenner	横浜	1898, 1904	
E.M. Barnby	横浜	1898, 1904	
A.W. Upton	横浜	1898	
M. Campbell	横浜	1898	
William H. Crawford	横浜	1898	Engineer, Baldwin Locomotive Works
H.J.Rothwell	神戸	1898	パートナー（signs. per. pro.）。神戸支店長か
G.W. Barton	神戸	1898	
C.H. Waters	神戸	1898	
M. Marshal	神戸	1898	
A.W. Crombie	神戸	1898	
S.M. Vauclain Jr.	神戸	1904	Engineer, Baldwin Locomotive Works
中村桂太郎	横浜	1904	日本人店員，のち取締役
C.E. Kirby	横浜	1904	のち監査役
Greig	横浜	1904	
O'may	横浜	1904	
Inuzaki（犬崎）	横浜	1904	日本人店員
Idzumi（泉？）	横浜	1904	日本人店員
Suzuki（鈴木）	横浜	1904	日本人店員

（出典）日野清芳『横浜貿易捷径』1893年，横浜姓名録発行所『横浜姓名録』1898年，72頁，三井物産本店機械部調査掛『調査彙報秘号　反対商ノ近状　第二』(1920年カ) 43-46頁，W. Feldwick ed. 'Present-day Impression of Japan' (1919) 215頁，横浜開港資料館編『図説横浜外国人居留地』1998年，90頁。Samuel Matthew Vauclain Jr., 'Japan Diary 1904' および 'Japan and Australia Diary 1904' (A2011/0020，南メソジスト大学図書館所蔵)。

表3−9 Baldwin社の代理店別機関車取扱高

(単位：輌)

Agent名	1890年	1891年	1892年	1893年	1894年	1895年	1896年	1897年	1898年	1899年	1900年	1890−1900年累計	対象地域
Simon James Gordon	10	47	15	56	40	22	122	7	126	60	33	370	ロシア・シベリア (含中東鉄道)
Norton Megaw	6	6	3	24	20	50	58	29	17		2	324	南アメリカ
Frazar						12	31	115	7	2	8	234	日本・朝鮮・満州
Sanders										91	127	218	
Axel von Knorring	3	5	1	1	1	1		4	24	14	25	63	ロシア
W. G. Irwin		47							5	5	18	47	ハワイ
R. Towns										24		47	オーストラリア
Edward Mahony					2	4	3	2	4			44	
Carter & Reynolds							8			3	28	31	アフリカ
Hemerway & Browne						17						17	チリ
Vionnet	1	7	4	4						16		16	ヨーロッパ
Chas Denby, Jr.								1	7	4	3	15	中央アメリカ
C. S. Christensen								1	3	5	6	15	中国
G&O Braniff								12				12	中国
Charles Jameson							6				4	10	南アメリカ
Edward Benn	1	6							2		1	10	オーストラリア
Newell											8	8	
Beeche							4					4	
Samuel B. Hale									1	2	1	4	中央アメリカ
Krajewski Pesant										2	2	4	
Fechheimer									1		1	2	ヨーロッパ
Emiho F. Wagner											2	2	ヨーロッパ
Yensen												1	ハワイ
Williams Dimond										1		3	ヨーロッパ
London Office			3										
代理店取扱高小計	21	118	26	85	63	106	232	171	197	229	269	1,517	
海外輸出高合計	144	292	127	162	132	161	289	205	348	374	365	2,599	
代理店取扱比率	14.6%	40.4%	20.5%	52.5%	47.7%	65.8%	80.3%	83.4%	56.6%	61.2%	73.7%	58.4%	
Frazar & Co. 取扱比率	4.2%	2.1%	2.4%	14.8%	15.2%	7.5%	10.7%	56.1%	2.0%	0.5%	2.2%	9.0%	対海外輸出高合計

(出典)'Baldwin Locomotive Works Oders for Engines', 1890-1900.

161

表3-10　1904年における S.M.Vaulclain Jr. の移動状況

日　　付	日数	事　　項
2月3日～4月20日	77	来日（フィラデルフィア発ホノルル経由横浜着）
6月1～8日	8	日本鉄道を経由して，北海道に出張。札幌，室蘭，岩見沢，旭川をめぐり，北海道炭礦鉄道や北海道庁鉄道部の機関車担当者（locomotive superintendent）と面談
6月20日	1	東京に出張し，北海道庁鉄道部の機関車2輛と部品の入札に参加
6月25～27日	3	八幡製鉄所への出張の途中，神戸から電報で横浜に呼び戻される。
6月30日～7月2日	3	神戸出張
7月12日～10月2日	83	オーストラリア，香港，広東に出張し，市場調査を行う
10月15日	1	東京に出張し，汽車製造会社（平岡社長宅），東京電気鉄道を訪問
10月19日	1	津田沼に出張し，習志野馬車鉄道を訪問
10月23～29日	7	門司，神戸，大阪，京都に出張し，九州鉄道，山陽鉄道，汽車製造，大阪市電，京都大学などを歴訪。九州鉄道では社長の仙石貢，山陽鉄道では汽車課長・岩崎彦松と面談し，注文内容について相談。京都大学では機械工学の朝永教授と情報交換
11月15～18日	4	東京に出張し，陸軍，甲武鉄道，鉄道局，東京電気鉄道を訪問
11月23～30日	8	福岡，神戸，大阪，京都に出張し，九州鉄道，博多湾鉄道，関西鉄道などを歴訪
12月4日	1	東京に出張
12月7～12日	6	北海道に出張し，小樽の北海道炭礦鉄道手宮工場や岩見沢を訪問
年間出張日数	203	うち来日以降は126日間

（出典）　Samuel Matthew Vauclain Jr., 'Japan Diary 1904' および 'Japan and Australia Diary 1904'（A2011/0020，南メソジスト大学図書館所蔵）．
（注）　4月以降の日程の記載がない日は横浜に滞在し，フレザー商会に勤務。

表3-11　三井物産の鉄道用品取扱高（1897-1904年）

（単位：千円）

	三井物産全取扱高（売買純丁総額）							鉄道用品取扱高					備考
	輸出	輸入	内地売買	外国売買	総計	輸出	輸入	対全輸入比	内地売買	外国売買	小計	対全輸出入比	
1897年上	3,441	14,414	3,776	34	21,665	0	1,364	9.5%	0	0	1,364	6.3%	鉄道局からの注文
97年下	6,991	19,126	5,527	145	31,789	0	3,146	16.4%	0	0	3,146	9.9%	鉄道局、日本鉄道、九州鉄道からの注文
1898年上	5,536	18,163	5,050	82	28,831	0	2,260	12.4%	0	0	2,260	7.8%	
98年下	7,868	20,625	4,560	679	33,732	0	3,052	14.8%	0	0	3,052	9.0%	中国その他におけるの鉄道事業勃興のためアメリカ、イギリスの製造業者は注文を引き受けず
1899年上	12,239	17,299	3,775	248	33,561	0	1,842	10.7%	0	0	1,842	5.5%	鉄道局、山陽鉄道、九州鉄道からの注文
99年下	13,200	22,717	6,268	484	42,668	0	543	2.4%	0	0	543	1.3%	
1900年上	12,623	22,850	9,300	987	45,759	0	1,502	6.6%	0	0	1,502	3.3%	
00年下	9,471	22,398	9,556	1,086	42,511	0	4,353	19.4%	0	0	4,353	10.2%	
1901年上	9,596	19,266	7,429	1,146	37,437	0	2,114	11.0%	0	0	2,114	5.6%	
01年下	11,356	17,953	6,824	729	36,862	0	921	5.1%	0	0	921	2.5%	
1902年上	12,127	20,457	6,033	2,266	40,883	0	783	3.8%	0	0	783	1.9%	
02年下	12,497	23,619	8,313	222	44,651	0	1,728	7.3%	0	0	1,728	3.9%	
1903年上	16,335	24,330	5,828	616	47,109	0	2,007	8.3%	0	0	2,007	4.3%	東京電車鉄道からの注文
03年下	16,709	23,625	7,384	1,387	49,105	0	1,570	6.6%	2	0	1,572	3.2%	
1904年上	19,225	30,052	9,662	581	59,519	—	—	—	—	—	1,300	2.2%	
04年下	24,540	25,233	15,839	2,490	68,101	—	—	—	—	—	1,961	2.9%	

（出典）三井物産『事業報告書』各期。

表3-12　三井物産における鉄道用品の支店別取扱高（1897-99年）

		1897年上	1897年下	1898年上	1898年下	1899年上	1899年下
積出高	ロンドン支店	2,580	2,020	1,372	1,594	1,120	380
	ニューヨーク支店	2,084	905	1,227	1,727	167	252
	合　計	4,665	2,925	2,598	3,321	1,286	631
取扱高	東京営業部	1,242	2,924	2,193	3,012	1,842	499
	大阪支店	122	222	67	41		36
	神戸支店						8
	取扱高（合計）	1,364	3,146	2,260	3,052	1,842	543

（出典）麻島2001, 41頁。原典は三井物産『明治三十一年 事業報告』23-24丁および同『明治三十二年度 事業報告』27丁。

第4章　局面の転換
　　　——日露戦争・鉄道国有化と機関車貿易——

第1節　日本市場の構造変化（1904-08年）

1　日露戦争による機関車市場の変化

　世紀転換期の日本では，官営鉄道と民営鉄道が競い合うように鉄道線路網を拡張し，機関車を増備していた。第2次鉄道ブームにともなう鉄道拡張のピークである1897（明治30）年には，民営鉄道で207輌，官営鉄道でも75輌の機関車が増備され，官民双方で年間増備数の最多記録を更新した。その後，日清戦争後の第2次恐慌（1900年）によって，鉄道ブームが潰えて以降，民営鉄道の機関車増備数は鈍化する。しかし，日清戦後経営によって鉄道敷設法予定線路の建設が本格化した官営鉄道では，1900年に44輌，1902年に46輌，1903年に60輌と，コンスタントな機関車増備が続いた。そのため1900年代前半における機関車日本市場は緩やかな拡大を続けることになった（図序-2）。

　このような市場動向に大きな衝撃を与えたのが，1904年2月の日露戦争勃発である。まず開戦直後の1904年2月21日，朝鮮半島での鉄道建設促進のため臨時軍用鉄道監部が設置された。臨時軍用鉄道監部は，建設中であった京釜鉄道会社の全通開通を急ぐとともに（1905年開業），京義鉄道の建設を急ピッチで進めることになった（1905年4月龍山—新義州間が軍用鉄道として開業）。さらに同年6月1日には，野戦鉄道提理部が編成され，7月からは占領した東清鉄道（広軌1524mm）の狭軌（1067mm）への改築をはじめる。そして官営鉄道や民営鉄道各社から機関車を徴発し，順次，中国東北部に廻送した。

　一方，国内では徴発された機関車の穴を埋めるべく，大量の機関車が欧米に発注された。1904年から1905年にかけて，イギリスのノース・ブリティッシュ・ロコモーティブ社（NBL）から174輌，アメリカのボールドウィン社からは389輌（うち144輌は朝鮮）の機関車が輸入されている（後述）。この時期に

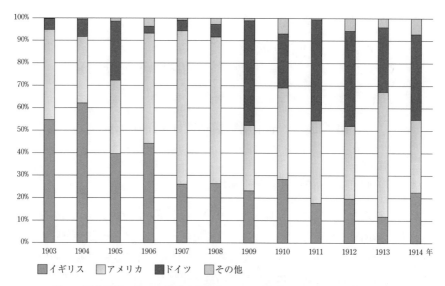

図4　日本市場における鉄道車輌輸入シェアの推移（金額ベース，期間平均）
（出典）　沢井1998，26頁より作成。

おけるアメリカ製機関車の大量輸入により，図4が示すように，1905年には鉄道車輌輸入におけるイギリスのシェアが40％に低下し，はじめて半分を割り込むことになった。

　1905年9月，ポーツマス条約が締結され，日露戦争が終結する。その際，日本は，ロシアから東清鉄道の南満州支線（長春—大連間）の鉄道施設と付属地の譲渡を受けた。当初，この鉄道は野戦鉄道提理部によって運営されていたが，1906年11月，半官半民の南満州鉄道株式会社（資本金2億円）を設立し，安奉線（安東—奉天間軽便鉄道）と合わせて経営することになった。1907年4月，南満州鉄道（以下，満鉄と略）が開業し，戦時中に野戦鉄道提理部が狭軌に改築していた線路の，標準軌（1435mm）への再改築に着手した。1907年から1908年にかけて全線で実施された，この標準軌改築にともない，満鉄では至急，標準軌用鉄道車輌が必要になった[1]。そこで満鉄は，急遽，大量の機関車をアメリカに発注する。この時，アメリカン・ロコモーティブ社（ALCO）は190輛，ボールドウィン社は22輛の機関車を受注した（後述）。これに対してイギリスは，満鉄からの受注を獲得することができず，東アジア市場での覇権を維持するこ

とができなかった。

2　鉄道国有化による需要独占の成立

　日露戦争後の1906年3月，帝国議会で，日本国内の主要民営鉄道17社と京釜鉄道の政府による買収が議決された。そして1906年10月から1907年10月にかけて，民営鉄道17社の買上価格の算定が行われる。その際の算定式は，「買収価格＝買収日の建設費×1902年下期〜05年上期の益金平均割合×20」となっていた。この数式に基づいて買収価格を極大化するためには，「買収日の建設費」（設備投資）を引き上げる措置が有効である。しかし時間がかかる線路延長工事に新たに着手することはできないので，短期間で可能な改良工事や車両増強が集中的に行われることになった。その結果，1906年，民営鉄道各社は短納期での納品が期待できるアメリカ・メーカーに，一斉に鉄道車輛を発注する。この時，ALCOは71輛，ボールドウィン社は20輛（うち朝鮮6輛）を受注した（後述）。ここでもまた，イギリス・メーカーは，アメリカ・メーカーの後塵を拝することになった。

　1907年4月，被買収鉄道会社17社と官営鉄道を包摂した帝国鉄道庁が設置され，国有鉄道がスタートする。そして翌08年12月，帝国鉄道庁と逓信省鉄道局が合同し，国有鉄道の現業と監督行政を統合した鉄道院が成立した。鉄道国有化後の鉄道院の線路延長は約4400マイルであり，当時の日本における全鉄道営業距離（約4900マイル）の90％を占めていた。機関車の場合，その集中度はさらに高く，鉄道院の比重は1907年度末現在で95％となっている（図序-2）。鉄道院の意向が，日本国内の機関車の需要動向に直接的に反映される，需要独占が成立したのである。

　その影響はすぐに現れた。鉄道国有化の際における被買収各社の駆け込み購入の影響もあり，鉄道院は1907-08年度に鉄道資材発注を控えた。そのため1909年以降，機関車の対日輸出が激減する（図序-1）。さらに1907年度以降，機関車増備におけるイギリスの凋落が加速するのに対して，ドイツは1909年以降，シェアを拡大していった（図4）。これは，鉄道院がドイツ製機関車の試用を本格化したことを反映しており，第5章で取り扱う国産化のモデル機関車輸入が行われた1911-12年には，ドイツが最大の輸出国になっている。ドイ

ツ・メーカーは以後も，部品輸出や小型機関車の領域で活躍することになる。これに対して，アメリカ・メーカーは，前述した満鉄への大量納入をはじめ，日本以外の東アジア市場に活躍の場を移していくことになった。

第2節　対東アジア機関車輸出の競争構造

1　イギリス，アメリカ機関車製造業の動向

(1)　イギリス

当該期は，機関車製造業においてイギリスの凋落と，アメリカ，ドイツの隆盛という傾向が明瞭になった時期であった。まず表4-1をもちいて，1905 (明治38) 年から11年にかけてのイギリス機関車製造業における従業員数の推移をみると[2]，1907年の1万6821人をピークとして，従業員数が減少に転じ，1910年には1万3060人になっている。*Review of the Locomotive Industry* の1910年版は，この傾向をとらえて，イギリス機関車製造業の顕著な衰退と指摘している[3]。

次に各企業別の従業員数をみると，1905年時点ではノース・ブリティッシュ・ロコモーティブ (NBL) 社が全体の52%を占め，ベイヤー・ピーコック社 (16%)，キットソン社 (10%)，ヴァルカン・ファウンドリー社 (9%) がそれに続いていた。NBL社の従業員数はその後，徐々に低下するものの，一貫して全体の50%前後を占め，当該期におけるイギリス機関車製造業の中心であり続けた。

そこで，表4-2からNBL社の経営動向をみると[4]，機関車生産台数の最高は，1905年の573輌であり[5]，1904-09年の年平均生産台数を算出すると530輌となっている。ところが，1909年以降，受注機関車数が急減し，総資産利益率 (ROA) は1910年から11年にかけて2%未満に低迷することになった。こうした経営不振の背景に，イギリス国内市場が1902年以降，縮小局面に入った点があげられる (表1-1)。そのため，NBL社は海外に市場を求めた。前掲表1-2が示すように，1903-13年にNBL社が販売した機関車4370輌中，イギリス国内で販売した機関車は342輌に過ぎず，輸出比率は92%に上っている。その主たる輸出先はインドを中心とする植民地と南アメリカ，そして日本であった。

写真17　NBL社製C1タンク機関車
（出典）　鉄道博物館所蔵。（注）　野戦鉄道提理部，官鉄B6形，国鉄形式2120。

　この点をふまえ，当該期におけるNBL社の対東アジア輸出の動向をみてみよう。表4-3が示すように，日露戦争中の1905年に，NBL社は官営鉄道を中心にB6形C1タンク機関車（国鉄2120形，写真17）を174輌輸出している。このうち168輌は，戦時中に野戦鉄道提理部に供出された機関車の代わりに，日本政府が海外に機関車を大量に発注したものであった。その仲介者は，サミュエル商会（68輌）と大倉組（100輌）であり，とくに後者の活躍が目立つ。またこの注文では，戦争に間に合わせるため短納期が求められており，イギリス・メーカーでは珍しく，2〜3ヶ月で出荷している。

　ところが，1905年を境にして，NBL社の対日輸出は急減し，1906年以降は，鉄道国有化時（1906-07年）の関西鉄道2輌と，国産化モデル機関車発注時（1911年）の官営鉄道12輌のみとなった。そしてむしろ，高田商会を介した台湾総督府向け輸出（1907-08年，9輌）や，ジャーディン・マセソン商会，ウィッタル商会（J. Whittall & Co.）[6]など香港に拠点を置くイギリス系商社を介した対中国輸出といった，日本国内以外の東アジア輸出がはじまった。しかし，1907-08年における満鉄の機関車大規模発注に乗り遅れた結果，NBL社は東アジア市場における覇権を失うことになった。

(2) アメリカ

　アメリカでは，1904年にロジャース社がALCOに合流したことによって，ボールドウィン社，ALCOの2大メーカーによる寡占体制が完成した。この点をふまえて，20世紀初頭におけるアメリカ機関車製造業の状況をみてみよう。まず表4-4から全米受注高の推移をみると，日本で機関車需要が急速に高まった日露戦争開始時（1904年）は，アメリカ全体としては，受注数が2538輛と比較的少ない時期にあたっていたことがわかる。日本からの大量発注はアメリカ機関車製造業にとって恵みの雨であったといえよう。その後，1905年から1906年にかけて受注のピークが訪れるものの，1908年には再び大きく落ち込んでいる。この時期は，アメリカ機関車製造業にとっては好不況の波が大きい，困難な時代であった。

　次に個別企業の受注動向をみてみたい。19世紀を通してアメリカ機関車製造業の雄であったボールドウィン社は，1901年から1907年まで全米シェア40％前後を保っていたものの，1908年以降に急落し，以後，ALCOの後塵を拝するようになる。一方，1901年に8社合併によって成立したALCOは，1904年にロジャース社も加え，全米1位の受注高を誇るようになった。両社のシェアを1902-12年平均で比較すると，ボールドウィン社の35％に対して，ALCOは45％となっており，10ポイントの差をつけている。

　この点をふまえつつ，表4-5から対東アジア輸出の動向をみてみよう。まず全米でみた対東アジア輸出のピークは，日露戦争時の1904-05年における420輛であり，基本的には日本と朝鮮が仕向け地であった。この時，大きな働きをしたのが，フレザー商会とボールドウィン社であり，2年間で381輛の機関車を日本と朝鮮に積み出している。その結果，1905年には，ボールドウィン社の全生産高の12％を日本向けが占めるに至った。

　ところが日露戦争後になると，三井物産を代理店とするALCOの比重が増しはじめる。三井物産＝ALCOは，まず鉄道国有化時の駆け込み需要を機敏に摑み，1906-07年に計99輛の機関車を日本国内に輸出した。さらに1907-08年には，満鉄に対して190輛という大量の機関車を売り込み，一気に東アジア市場の主役に躍り出た。さらに1907年以降は中国各地の鉄道への機関車供給も増え，1908年には対東アジア輸出がALCO全生産の18％を占めるに至った。

以上のように，アメリカ機関車メーカーは，日露戦争，鉄道国有化，満鉄設立という，短納期で大量の機関車が必要となるビジネス・チャンスに的確に対応し，対東アジア輸出を伸ばしていった。当該期のアメリカ・メーカーが，短納期で大量の機関車を供給することができたのは，型式の標準化と互換性生産を基礎としたアメリカン・メソッド（＝アメリカン・システム）の賜物であった。またアメリカ製機関車は，互換性部品を活用するため，メンテナンスも容易であった。創立期の満鉄のように，バッチ発注を行う場合，この特性はとくに威力を発揮したと考えられる。逆に，アメリカン・メソッドの導入に出遅れたイギリス・メーカーは，目前のビジネス・チャンスを摑むことができず，凋落を余儀なくされた。つまりこの時点におけるイギリスとアメリカの機関車メーカーの地位逆転の主要因は，生産システムの革新にあったといえよう。

2　1900年代におけるドイツ製機関車の対日輸出

　20世紀初頭の機関車製造業において，世界中の耳目を集めたのがドイツの台頭である。日本でも1902年，官営鉄道がドイツ・メーカーを指名製造所に入れるなど，ドイツへの注目が高まってきた[7]。その背景について『鉄道時報』は，次のように述べている。

　　独逸機関車の如きは曾て弊局に於て調査の上記載せし通り僅々数輌に過ぎざりしなり。然るに近来同国に於ける機関車製造業は長足の進歩を為し，殆んど英米両国を凌駕するの勢あり。加ふるに同国政府は機関車製造業に向つて莫大の保護金を下付し奨励至らざるなきより，価格の如きも他国にものに比し非常の低価を以て注文に応ずることを得，独り同国に於ける他国機関車を駆逐し去りたるのみならず，進んで海外に販路を開くことを企て，殊に清国及日本に向つては最も注意を加へ大に販路を拡張せんとしつゝある由にて，現に過日施行したる日鉄の機関車購買入札にも独逸機関車の加わるあり，又此程鉄道作業局に於て執行したる機関車入札に際しても伯林機関車製造会社の代理店たるイリス商会及ハノバル機関車製造会社の代理店たるラスペー商会はシンジゲートを結びて他に当り，第一，第二の二口十二台はイリス商会に於て，第三，第四，第五の三口十八台はラスペー商会に於て，殆んど他国品の競争し能はざる低価を以て入札したるが

如き，全く独逸式機関車の販路を開拓せんとする計画の一端を顕はしたるものにして英米両国の機関車製造会社に取つては実に由々敷大敵なる[8]。

ここで『鉄道時報』は，ドイツ機関車製造業が「長足の進歩」を遂げていることに加え，政府の補助金政策によって「非常の低価」が可能となり，競争入札を有利に進めていると指摘する。そして，その1つの例として，1903年8月14日の官営鉄道タンク機関車30輛の入札の事例を紹介した。表4-6から，その入札結果をみると，ドイツ商社（イリス商会＝シュワルツコップ社とラスペ商会＝ハノマーク社）が，三井物産，大倉組，磯野商会，高田商会といった日本商社や，ジャーディン・マセソン商会，バーチ商会といったイギリス系商社に大差をつけて落札していることがわかる。例えば1号入札であるB6形タンク機関車6輛についてみると，落札したイリス商会（シュワルツコップ）と二番札である大倉組（ボルジッヒ），三番札のラスペ商会（ハノマーク）の3社は1万2000ポンド前後であったのに対して，三井物産（ALCO）は1万2639ポンドと600ポンド以上の差があった。

こうした価格差は，単に政府補助金によるダンピング輸出のためだけでなく，当該期の各国における国内経済の状況も反映していたようである。同じく『鉄道時報』は，「独米機関車の競争」と題して，次のような記事を掲載している。

英吉利の機関車製造会社は其の製造せる機関車の価格の比較的高価なるが為に注文も随つて減少する傾きあり。是れに反して米国の製造会社，内地の需要多き為めに，海外の注文を受くるに当り，大に躊躇したる傾きありき。（中略）又或る他の日本の注文に対して，米国機関会社が差出したる投票は，独逸の製造業者の投票と比較すれば機関車一台に就き千弗の高値を現せり。（中略）独逸の製造家は斯る安価を以て機関車を製造し能ふ所以は，独逸に於て労働賃銀の甚だ廉なるが為めなりと主張せり[9]。

前掲表4-5からわかるように，1901-03年のアメリカ機関車メーカーは，国内市場の盛況のため海外輸出に対して消極的になり，対東アジア輸出の比重も極めて低くなっていた。それに対してこの記事は，ドイツは国内市場が不況であり，労賃が低下していたため，自ずと製品価格も低廉になったと指摘している。

さらに，世紀転換期のドイツでは，工作機械工業を先頭に，熱心にアメリカ

ン・システムの導入が試みられていた．1897年，工作機械メーカーであるレーヴェ社（Ludwig Loewe & Co.）が，ドイツの民間機械工場で，はじめて限界ゲージ・システムを採用した．以後，同社では互換性生産の研究を進め，1903年に機械仕上げの互換性部品製造を可能にする，独自の嵌め合いシステム（レーヴェ限界ゲージ・嵌め合い制度）を開発した．そしてこのシステムが，ボルジッヒ社をはじめとするドイツ機械，電気メーカーに採用され，互換性生産が広まっていった[10]．

いずれにしても，1900年代に入ると，ドイツ・メーカーは互換性生産を採用し，価格面だけでなく，品質面，納期面での比較優位をも身につけるようになった．その結果，日本では，官営鉄道だけでなく，民営鉄道でもドイツ機関車を試用する動きが生じはじめた．この点について，日本鉄道の社長は以下のように述べている．

> 此（ドイツ製機関車）価額を英製の価額と比較すると一台に附いて千五百円乃至二千円安イ（ママ）．コンパウンド式に於ては一台に就て三千円内外安いのであります．独逸製は比較的斯の如く安いに違いないが去りながら皆悉く独逸製にすることは爰に少々心配がありますから，我会社に於ては経験が十分ではありませぬに依つて，若し初めは宜しくとも数年後ち悪るいとか何とか云ふが如きことは莫きにしも限らぬに依つて，先つ試みに八台注文して見やうと云ふ決心でありました[11]．

ここで注目すべき点は，日本鉄道が小型のタンク機関車ではなく，複式機関車をはじめとする大型機関車の分野で，ドイツ製の試用を開始していることである．そして，この試みが，結果的にドイツ機関車の技術的な優位性を日本に知らしめる契機となった．

1903年，逓信省鉄道局設計課技師である島安次郎は，日本鉄道がドイツに発注した複式機関車の製作監督を兼ねて，1年間，ドイツに出張することになった．島は，関西鉄道の汽車課長を経て鉄道局に移籍した機械技術者であり，のちに鉄道院工作課長として機関車国産化政策の指揮をとる人物である．彼は，この時の見聞を『鉄道時報』に連載しているが，ドイツ機関車製造業の印象については，以下のように述べている[12]．

> 自分に採り眼新しく耳新しきものを見聞しましたのは，比較的独逸に多か

第2節　対東アジア機関車輸出の競争構造　　173

つた様でありました。此は全く私が比較的長く独逸に居りましたのと，出発前余り独逸の事に就て聞く事の出来る機会がなかつた為めでありましよう13)。

さらに島は，ドイツにおける進取の気風を，次のように高く評価した。

列車の速さも此の両国（英米）の最急行と，独逸の最急行とを比較しますれば，幾分か劣るかも知れませんけれども随分早く，殊に列車及車輌の直通運転に於て英米二国よりは一層都合克く出来て居る様であります。（中略）又熱心に改良進歩を謀て居ました。不断色々の実験を行ひ研究して居ります。彼の交通頻繁なる区間に於る列車運転の動力を電気に変更するは英国よりも独逸の方が先であつた様です14)。

事実，この時期のドイツは，互換性生産や過熱式蒸気機関車の積極的な導入などによって，イギリス，アメリカに対して技術的な比較優位を獲得しつつあった。島自身も，ヘンシェル社で時速130kmの実用最大速度を出せる高速機関車の開発現場を実見し，発明されたばかりのシュミット式過熱蒸気器を搭載した複式機関車による高速度運転に強い関心を寄せている。この経験は，のちに鉄道院工作課長としてドイツから過熱式蒸気機関車を輸入する際の参考になったに違いない。

とはいえ，当該期におけるドイツの大型機関車は，まだ試用の段階であり，日本の各鉄道が，一気にドイツ・モデルに舵を切ったわけではない。事実，ドイツ製機関車の本格的な日本進出の契機となった日露戦争中の大量発注は，Ｂ６形機関車や双合機関車といったタンク機関車を中心としていた。ただしこの時，ヘンシェル社やボルジッヒ社，シュワルツコップ社，ハノマーク社といったドイツの主要機関車メーカーに対して，230輌を超える機関車が発注されたことで，ドイツ機関車の知名度は一気に高まることになった。

第3節　市場環境の変化と商社の活動

1　日露戦争とフレザー商会＝ボールドウィン社

日露戦争から第1次世界大戦前にかけて，東アジア地域の機関車市場は，大

きな変動期を迎えていた。こうした市場環境の変化に，機関車メーカーや商社がどのように対応しようとしたのかという問題について，本節ではそれぞれ代理店契約を結んでいたフレザー商会＝ボールドウィン社と三井物産＝ALCOに注目しながら考えてみたい。

まずフレザー商会＝ボールドウィン社について。1904（明治37）年2月8日，日露戦争が勃発する。この前後におけるセール・フレザー商会（Sale Frazar&Co., 以下，フレザー商会と略）の素早い企業活動は，当時の人々からも注目されていた[15]。以下，この点を，日露戦争時期におけるフレザー商会によるボールドウィン社製機関車の納入実績から確認してみよう。

ボールドウィン社の'Engine Specifications'から作成した表4-7によると，同社は日露開戦直前の1904年1月21日，フレザー商会を介して朝鮮の京釜鉄道から36輛，京義鉄道から20輛の機関車を受注した。フレザー商会は，それまでにも京釜鉄道に標準軌用の1C1タンク機関車を供給してきた。これに対して，1904年1月に受注した京釜鉄道向け機関車36輛のうち30輛は，2フィート6インチの軽便鉄道用Cタンク機関車である。当時，日本政府内では，戦略的に重要になる朝鮮半島の縦貫鉄道を速成するため，京釜線に仮設鉄道を敷設する計画が持ち上がっていた。しかし政府が直接発注すると，開戦準備をしていることが明らかになってしまう。そこで民営鉄道である京釜鉄道の名義で，仮設鉄道用機関車を発注したと思われる。事実，日露開戦後の1904年8月と1905年1月に発注された同型機関車は，それぞれ官営鉄道（25輛）や臨時軍用鉄道監部（27輛）の名義で発注している。なおこの軽便鉄道用機関車は，1月発注分の納期が2月，8月発注分は9月と，いずれも1ヶ月以内であり，とくに後者は試運転までわずか2週間という事例さえあった。1901-03年受注分の平均納期が7.6ヶ月であることを考えると，それがいかに短納期であったかがわかる。フレザー商会は，こうした軍用軽便鉄道向け機関車だけでなく，1904年後半から1905年2月にかけて，京釜鉄道本線や京義鉄道向けの標準軌用機関車計28輛を継続的に受注し，やはり3ヶ月程度の短納期で納品している。このように発注者の事情にあわせて，大量の機関車を超短期で納品できる点に，ボールドウィン社の強みがあった。

1904年9月，戦時輸送に対応するため，鉄道作業局が臨時車輛速成費100万

円の支出を決定した[16]。その内訳は機関車60輌，貨車1300輌の新造であり，機関車は随意契約で海外メーカーに，貨車は国内の山陽鉄道，汽車製造など5工場に発注された[17]。このうちフレザー商会＝ボールドウィン社は14輌を随意契約で受注し，同年12月には試運転を行い，納品している。

　また1905年1月には，軍用鉄道における機関車の増備のため，日本政府が，B6形のC1タンク機関車（写真17）をイギリス，アメリカ，ドイツの機関車メーカーに一斉に発注することになった。具体的には，イギリス（NBL社）に174輌，アメリカ（ボールドウィン社）に150輌，ドイツ（ヘンシェル社）に45輌がそれぞれ発注された[18]。この大量注文に対しても，ボールドウィン社は，やはり最短2ヶ月で納品している。引き続き，ボールドウィン社はF2形の1Dテンダー機関車50輌も受注し，1905年8～12月に納入している。このように1905年は，戦争で供出された機関車の補塡のため，官営鉄道による同型機種の大量発注と，各鉄道会社による機関車増備が並行して行われた結果，260輌を超える大量の機関車が日本や朝鮮といった東アジア地域に向かうことになった。そしてその多くをフレザー商会が取り扱ったことから，1905年にはボールドウィン社総生産高の11.7％を同商会が扱うほどの大商いになった。

　こうした日露戦争特需に対するフレザー商会＝ボールドウィン社の対応を考える際，①京釜鉄道との長期的取引関係，②生産システム（アメリカン・メソッド）の大量・短納期という軍需の要請への適合性，③日本駐在のセールス・エンジニアといった要素を考える必要がある。このうち，とくに③については，第3章で取り上げたヴォークレイン・ジュニアの存在が大きかったと考えられる。例えば日露戦争中の1904年10月，彼は汽車製造会社の社長・平岡熙と東京で会談し，機関車部品に関する情報交換を行うとともに，「満州開発や機関車供給のスキーム」について合意している[19]。ボールドウィン社は技術者が日本に駐在しているため，このように顧客と直接交渉することが可能となり，精度の高い情報を，いち早く摑むことができた。当時の三井物産の鉄道用品担当者たちは，フレザー商会＝ボールドウィン社の積極的なマーケティング活動について「兎ニ角売広メニ付テハ非常ノ運動ナリ」と評価し，「西洋人カ之ニ当リ（中略）到ル所ノ鉄道会社ニ出張運動セリ」と述べている[20]。前述したヴォークレイン・ジュニアの1904年における東奔西走を考えると，こうしたラ

イバルの観察も当を得ていた。

ただし，フレザー商会＝ボールドウィン社が，日露戦争中に大量に納入した機関車については，不評だった。この点について，三井物産の担当者は以下のように述べている。

○渡辺（秀次郎）（フレザーは）軍用軌条ニテ失敗シタル模様ナリ。「ボールドウイン」ノ「ロコモチーヴ」ハ余程成績悪ク初メノ分ハ満州ニ持行キタレトモ，後ノ分ハ之ヲ送ラス，「バック」セル儘打捨テアリシ。

○岩原（紐育支店長）　果シテ夫程不成績ナリシトセハ近頃ノ入札ニ応スルコトヲ許サルベキヤ。

○渡辺（秀）　入札ニ応スルコトヲ許スヘキヤ否ヤ，現今問題トナリ居ル乎。

○岩原　戦時中ニ送リタルモノヽ不成績ナリシト云フハ，如何ナル点ニ於テ不成績ナリシヤ。

○渡辺（秀）　其点ハ秘密ニサレ居リ不明ナレトモ自分ノ密ニ聞キタル所ニテハ「ボイラー」カ悪カリシ由ナリ[21]。（後略）

この遣り取りからわかるように，フレザー商会が戦時中に軍用鉄道に納入した機関車は，ボイラーが寒冷地仕様になっていなかったことから，極寒期の大陸では使い物にならなかったようである。これは，多分に発注時の仕様書の問題と思われるが，ボールドウィン社製機関車の印象を悪くしたことは間違いない。そのため戦後は，入札への参加自体が危ぶまれる状態になった。この点について，1906年時点の三井物産は，「『フレザー』ハ近来慎重ノ態度ヲ示セリ」と述べている[22]。そして事実，1907年の満鉄の機関車入札で，フレザー商会＝ボールドウィン社は，三井物産＝ALCOに大きく遅れをとることになる。

2　三井物産によるALCO製機関車の対中国輸出

(1) 日露戦争と三井物産

世紀転換期に本格化した三井物産の鉄道用品取引は，1900年下期にピークを迎えた後，日本国内の不況の影響で一旦，減少に転じた。その後，東京電車鉄道との鉄道資材調達の一手取扱契約などで1903年以降，取扱高が回復するものの，日露戦争が始まった1904年上期には，再び減少している（表3-11）。前述

したフレザー商会が日露開戦前後から，積極的に機関車受注に動いたのに対して，三井物産はなぜ，開戦直後に機関車取引を控えたのであろうか。この点について，同社の事業報告書は，次のように述べている。

　　鉄道用品ハ元来金額巨大ナルニモ拘ラス利益比較的ニ薄キ商品ナルカ時局ノ為メ金融運送困難等ノ事情ニ由リ益々不利益トナリタルヲ以テ我社ハ可成注文引受ヲ避クルノ方針ヲ取レリ23)。

　この史料が如実に示しているように，三井物産は日露開戦直後に，戦争がはじまったら取りあえず様子を見るという，リスク回避的な営業方針をとったのである。これは第1次世界大戦開戦時における慎重姿勢とも一致しており，有事に対する三井物産の基本方針であったといえよう。ただし，その結果として，日露戦争時に発生した膨大な戦時需要は，大倉組＝NBL社やフレザー商会＝ボールドウィン社といったライバルに持って行かれることになった。

　ところが日露戦争後の東アジア地域では，日本の鉄道国有化にともなう駆け込み需要（1906-07年）や，満鉄設立にともなう鉄道用品の大量発注（1907-08年）といった，大きなビジネス・チャンスが目白押しであった。まず鉄道国有化時の駆け込み需要の様子を表4-8からみてみよう。鉄道国有化法案が可決した1906年3月以降，三井物産は4月に日本鉄道12輛と九州鉄道36輛，5月に阪鶴鉄道3輛と関西鉄道15輛，1907年6月に北海道炭礦鉄道から26輛と，被買収各社から次々に注文を得た。三井物産から注文を受けたALCOはこれらの生産を，ロジャース工場（日本鉄道），スケネクタディ工場（九州鉄道，阪鶴鉄道），ピッツバーグ工場（関西鉄道）に割り振り，一斉に製作に取りかかった。その際，九州鉄道は1904年にスケネクタディ工場で建造した1Cと同型のテンダー機関車を発注しており，随意契約で急遽，発注したものと思われる。なお，この時の納期は，いずれも4ヶ月から8ヶ月であり，日露戦争時の短納期（2～3ヶ月）に比べれば特別短いわけではない。しかし，買収日までに機関車が必ず日本に到着している必要があったため，各社とも通常のスエズ運河経由ではなく，大陸横断鉄道（グレート・ノーザン鉄道）を経由した太平洋航路での発送となっている。ちなみに関西鉄道が発注したピッツバーグ工場製機関車の場合，製品検査はJ.U.クロフォードであった。

　次の大型受注は，満鉄からのものである。前述したように満鉄は1907年から

1908年にかけて，200輌を超える標準軌用機関車をアメリカに発注した。そしてその大半を，三井物産が受注することになった。まず1907年2月，三井物産は143輌の満鉄用機関車をALCOに発注した。その内訳は，リッチモンド工場104輌，クック工場31輌，ロジャース工場6輌，ロードアイランド工場2輌であった。この第1次発注では，リッチモンド工場で製作された機関車が最も多く，1C2タンク機関車69輌，1C1テンダー機関車35輌に上っている。その納期は，クック工場製の1Dテンダー機関車31輌も含め，7～12ヶ月であり，アメリカとしては長い方だった。一方，ロジャース工場製やロードアイランド工場製の機関車は，いずれもシカゴ・サザン鉄道やミネソタ土地建設会社の注文流れによって工場にストックされていた製品で，クロフォードの検査を受けた後，出荷された。そのため納期はわずか3週間である。満鉄が標準軌であったため，通常，注文生産である機関車メーカーであっても，こうしたストック品の活用が可能になった。そのため最初の機関車が大連に到着したのは，発注からわずか3ヶ月後の1907年6月末であった。この点について，当時の鉄道専門誌『鉄道時報』は，以下のように述べている。

　　南満鉄道が目下米国へ注文建造中のものは機関車百八十台，客車六十輌（百六十人乗），貨車二千輌（三十噸積）なるが，内七台の機関車は遅くも（1907年）六月下旬に大連に到着すべく，客貨車の幾分も漸次同期より到着使用の運びに至るべき（後略)[24]。

これに対して，満鉄の第2次発注は，1907年5～7月であり，計40輌のテンダー機関車が，1908年1～2月の納期で，三井物産からALCOに発注された。ALCOはこれをクック工場に15輌（1Dテンダー），リッチモンド工場に25輌（2C1テンダー，2Cテンダー）と割り振った。

　鉄道国有化と満鉄設立によって三井物産＝ALCOが受注した機関車は275輌に達する。これに官営鉄道や横浜鉄道からの受注分を合わせれば，1906-08年の三井物産のALCO機関車取扱高は342輌に上った（表4-5）。そのため，表4-9が示すように，1907年下期から1908年上期にかけて，三井物産の鉄道用品取扱高は倍増し，1908年下期に鉄道用品は三井物産の全取扱高の10％を占めるに至った。

　三井物産のニューヨーク支店長を長く務め，日本商社によるアメリカから日

本への機関車輸出の先駆けとなった岩原謙三は,「本年上半季ハ南満鉄道ノ注文ヲ取リシ為メ未曾有ノ取扱高ニ達シタル」と述べ,鉄道用品取引の成功を祝している25)。日露戦争で出遅れた三井物産＝ALCOは,日露戦争後にそれを取り戻して余りある成果をあげることができたのである。

(2) 日露戦後期の鉄道用品取引

　一方,鉄道国有化後の日本国内は,前述したように国有鉄道が全路線の90％,全車両の95％を占める,需要独占の状態となった。その影響について,三井物産の鉄道用品担当者（鉄道掛主任）は,1907年8月時点で,早くも次のように述べている。

　　○山本　鉄道国有以来,日本内地ノ商売ニ付テハ鉄道庁ノ入札ノ可及的手ニ入ル、方法ヲ取ル外ナシ。此入札ハ諸君ノ知ラル、如ク頗ル競争烈シキヲ以テ,仕入店ニテ安直ニ買付貰フハ申ス迄モナク,販売店タル我々モ口銭ヲ少クシテ之ヲ手ニ入ル、外ナシ。即チ今後満州鉄道ハ是迄ノ如キ大高ノ注文アルヘキヤ否ヤ知ラネト,南満及支那鉄道ニ対シテ手ヲ拡クル外ニ,内地ニ於テハ鉄道庁ニ需要アルノミナレハ,此入札ニ対シ力ヲ用ユル外ナシ。是迄ハ九州鉄道,山陽鉄道,日本鉄道ト云フカ如クニ各別ニ入札ノアリタリシモノモ,今後ハ之ヲ一括シテ鉄道庁ニ於テ行フヲ以テ,一ノ入札ヲ手ニ入ル、時ハ金高ヨリ云ヘバ余程是迄ヨリ大高ナルベキカ。其代リ利益ハ比較的少カルヘシ26)。

　ここで三井物産の担当者は,鉄道国有化によって,従来,各鉄道ごとに行われていた入札が一本化されたため競争が激しくなる点,一度の入札にかかる金額は大きくなる点,競争激化によって手数料収入を中心とする利益が圧縮される点,という三つの変化があることを予想している。その上で,三井物産としては,帝国鉄道庁の入札に全力を尽くす一方で,下線部分のように中国大陸の鉄道への資材売り込みに注力すべきだと主張した。

　このうち前者については,表4-9からわかるように,1911年頃から鉄道院の受注を確保することで成果を出しはじめた。表4-10から鉄道院入札の結果をみると,1911-13年累計で三井物産は全体の43％を占めていることがわかる。それは後続のセール・フレザー商会（19％）,イリス商会（11％）,大倉組

(10%) を大きく引き離していた。国内市場が収縮する過程で，三井物産は，熾烈化する受注競争に勝ち抜き，シェアを高めていった。

ただし表4-11が示すように，1912年上期時点の日本の鉄道用品輸入に占める三井物産のシェアは3.4%にすぎない。三井物産は，機関車及付属品48.1%，鉄道用雑品（車輌材料を含む）41.5%，軌条及付属品35.1%と，特定の分野で極めて高いシェアを誇っていたものの，鉄道用品で最も大きな比重を占める橋梁及建築材料でのシェアが著しく低かったのである。

ところで表4-10からは，当該期の入札では，三井物産＝ALCO，フレザー商会＝ボールドウィン社，イリス商会＝シュワルツコップ社，大倉組＝ボルジッヒ社およびNBL社と，アメリカ，イギリス，ドイツの大手機関車メーカーと密接な関係を構築した商社が，日支貿易商会以下の諸商社に対して圧倒的な優位を示していることがわかる。鉄道国有化以降，入札の価格競争が厳しくなったため，見積価格算定の際にメーカーとの緊密な関係が必要になり，代理店契約などの重要性が増したものと思われる。また同様の理由で，鉄道用品輸入の場合，フレザー商会やイリス商会といった外商のシェアも3割以上維持されていた。

(3) 対中国輸出の開始

一方，対中国輸出について，三井物産は，日露戦争以前の1900年頃から関心を示しており，元官営鉄道技師である吉川三次郎や小川資源に委嘱して，福建，江西，浙江，湖北，江蘇といった地域の鉄道調査を行っていた[27]。とくに1900年2～6月には吉川三次郎が厦門から福州にかけての鉄道線路の詳細な踏査を行っている[28]。そして日露戦争後になると，表4-8からわかるように，三井物産＝ALCOは，1907年2月の粤漢鉄道への3輌の機関車納入を皮切りに，漢陽製鉄所2輌，江蘇鉄道3輌，浙江鉄道4輌，福建鉄道1輌と，「南清」と呼ばれた揚子江以南の地域への機関車売り込みを本格化していった。当時の三井物産が，この地域の鉄道への資材売り込みに注力していた理由については，以下のような証言がある。

　　支那ニ於ケル鉄道ハ之ヲ区別セハ外国管理為スルモノ又外国ニテ資本ヲ貸与其実権ヲ有スルモノ，其他余リ支那自身ノ経営ニ係ルモノアリ。而シテ

我々ノ機械其他ノ売込ニ付テ望ルモノハ,矢張リ支那人経営ノモノ、外ナシ。然ルニ支那ノ経営ニ係ル鉄道ハ重ニ揚子江以南ニ在リ,其以北ニハ京松鉄道ト云ヘル百三十五哩許ノモノアルノミ。是レハ純粋ノ政府事業トシテ経営セラル、モノナリ。其他ニハ揚子江以北ニハ近キ将来ニ於テ鉄道ノ敷設セラルヘキ望ナカルベシ29)。

　当時,中国では外国資本による鉄道建設が進行中であり,これらの鉄道の建設と資材供給は,それぞれの国と関係の深い「外商」によって担われ,日本商社が入り込む余地がなかった。そこで三井物産は,主に揚子江以南に分布していた民族資本の鉄道への鉄道用品売り込みに全力を尽くすことになった。

　一方,民族資本による鉄道建設ははじまったばかりであり,鉄道会社側に資材選定や仕様書作成のノウハウが乏しかった。そのため三井物産は,辛抱強く鉄道会社側の相談にのりつつ,少しずつ機関車を売り込んでいった。その様子について,三井物産の担当者は次のように述べている。

上海ニ起リタル江蘇省ノ鉄道ノ如キハ江蘇鉄道公司ト称シ居ルカ,是レモ如何ナル機関車ヲ買入ルヘキヤ方針モ定マラス。最初凡ソノ見当ニテ此ノ如キモノヲ買入レタシト言ヒ居ルモノヲ見シ重キ貨物列車ヲ曳クニ適シタルモノナラン。夫レヨリ種々談話ヲナシ是レハ重キ貨物列車ヲ曳クヘキモノナルカ,夫レニテ宜キヤト言ヒシニ,否或ハ客車モ曳カシメサル可ラスト云フヲ以テ,夫レナレハ此機関車ハ不適当ナリト答ヘシニ,然ラハ如何ナルモノヲ良シトスルヤトノ質問アリ。依テ此種ノモノ宜シカルヘシト勧誘スレハ,然ラハ其機関車ハ幾許ノ価格ナリヤトノ申出テアリ。長キ間談判ノ結果,漸ク三台丈ケ注文ヲ得タリシ30)。

　このように民族資本鉄道との取引関係構築には時間がかかり,中国での満鉄以外の鉄道用品売り込みは容易には進まなかった。1909年の三井物産事業報告は,この点について次のように述べている。

清国鉄道界ハ前季ト等シク外資ヲ放下セル代償トシテ供給ハ凡テ外商ノ独占ニ帰シ,僅ニ此係累ナキ南潯幷ニ浙江ノ両鉄道ニ対シ,機関車及貨車ノ売約ヲ遂ケタルニ止マリ,且ツ南満州鉄道ノ政策ニ依レル米国向注文ノ減少,又ハ本邦諸工業ノ未ダ全ク復旧ノ域ニ達セザル等ニヨリ,本品ノ商売依然トシテ不振ノ商状ヲ持続セリ31)。

こうした雄伏の時期を経て，三井物産による対中国鉄道用品輸出が本格化するのは，第1次世界大戦以降のことになる。

註
1) 戦時中に徴発された狭軌用機関車は，順次，供出元の国内各鉄道に返還された。
2) 'Review of the Locomotive Industry', 1909–1911（UGD109/2/5, グラスゴー大学文書館所蔵）。
3) 'Review of the Locomotive Industry', 1910, 2-3頁（UGD109/2/5, 同上）。
4) R. H. Campbell, 1990, 'The North British Locomotive Company between the Wars' in R.P.T.Davenport-Hines ed. *Business in the age of Depression and War*, London: Frank Cass.
5) 北1993, 55頁。
6) 同商会はジャーディン・マセソン商会のパートナーで上海支店長であったJ. ウィッタル（James Whittal, 1827-93）が，1875年に設立した貿易商社である（George. B. Endacott, 1962, *A Biographical Sketch-book of Early Hong Kong*, Hong Kong: Hong Kong University Press, 161頁および石井寛治『近代日本とイギリス資本』〈東京大学出版会，1984年〉7頁）。
7) 「日本鉄道会社長の演説」『鉄道時報』179号，1903年2月21日, 8頁。
8) 「日本に於ける独逸機関車」『鉄道時報』207号，1903年9月5日, 8頁。
9) 「独米機関車の競争」『鉄道時報』229号，1904年2月6日, 5頁。
10) 幸田1994, 253-255頁。
11) 「日本鉄道会社長の演説」『鉄道時報』179号，1903年2月21日, 8頁。
12) 橋本克彦『日本鉄道物語』（講談社文庫，1993年）および「島安次郎氏を訪ふ㈠～㈦」『鉄道時報』（1904-05年）。
13) 「島安次郎氏を訪ふ㈠」『鉄道時報』265号，1904年10月15日, 5頁。
14) 同上，6頁。
15) 森田1910, 832頁。「（チャールズ・セールは）日露役に際しては皮革食料品機械等の供給に力を尽くし，戦後京釜京義南満各鉄道の材料を一手に引き受くる等中々活動されたのである」。
16) 『鉄道時報』262号，1904年9月24日, 10頁。
17) 『鉄道時報』263号，1904年10月1日, 12頁および同264号，1904年10月8日, 9頁。
18) 齋藤晃『蒸気機関車200年史』（NTT出版，2007年）220頁。なお齋藤2007ではイギリス171輛，アメリカ166輛，ドイツ75輛となっているが，1904年に納品されたドイツの30輛は前述したように1903年8月に発注されており，日露戦争中の発注ではない。またNBL社とボールドウィン社の数値は，各社order bookに基づいて修正した。
19) Samuel Matthew Vauclain Jr., 'Japan and Australia Diary 1904'. Oct 15. 1904

（A2011/0020，南メソジスト大学図書館所蔵）。
20) 三井物産合名会社『機械鉄道金物会議議事録　明治39年』41-42丁（物産206，三井文庫所蔵）。
21) 『機械鉄道金物会議議事録　明治39年』41丁。
22) 同上。
23) 三井物産『明治三十七年度　事業報告書』9頁。
24) 『鉄道時報』399号，1907年5月11日，8頁。
25) 三井物産合名会社庶務課『機械部会議議事録　明治四十年』（物産207）7丁。
26) 三井物産合名会社庶務課『機械部会議議事録　明治四十年』（物産207）7-8丁。
27) 1899年12月〜1900年4月，小川資源『南清鉄道線路調査記事』1900年，（物産425）7丁。
28) 吉川三次郎『清国福建浙江両省内鉄道線路踏査報告書』1900年，（物産424）。
29) 三井物産合名会社庶務課『機械部会議議事録　明治四十年』（物産207）20丁。
30) 三井物産合名会社庶務課『機械部会議議事録　明治四十年』（物産207）15丁。
31) 三井物産合名会社『明治四十二年下半季　事業報告書』26頁。

表4-1 イギリス機関車製造業における従業員数の推移

(単位:人)

	1905年		1906年		1907年		1908年		1909年		1910年		1911年	
	人数	比率	人数	比率	人数	比率	人数	比率	人数	比率	人数	比率	人数	比率
North British Loco.	7,716	52.4%	7,837	48.6%	7,999	47.6%	7,192	45.6%	7,037	50.6%	6,216	47.6%	7,346	51.4%
Beyer Peacock	2,301	15.6%	2,622	16.3%	2,638	15.7%	2,789	17.7%	2,342	16.8%	2,349	18.0%	2,368	16.6%
Kitson	1,410	9.6%	1,833	11.4%	1,973	11.7%	1,944	12.3%	1,680	12.1%	1,691	12.9%	1,612	11.3%
Vulcan Foundry	1,325	9.0%	1,535	9.5%	1,698	10.1%	1,757	11.1%	1,801	12.9%	1,693	13.0%	1,701	11.9%
R. Stephenson	862	5.9%	1,084	6.7%	1,191	7.1%	965	6.1%						
Nasmyth Wilson	458	3.1%	430	2.7%	510	3.0%	525	3.3%	485	3.5%	541	4.1%	706	4.9%
Mannin Wardle	350	2.4%	433	2.7%	459	2.7%	282	1.8%	290	2.1%	270	2.1%	245	1.7%
Hunslet	290	2.0%	350	2.2%	353	2.1%	323	2.0%	283	2.0%	300	2.3%	309	2.2%
合計	14,712	100.0%	16,124	100.0%	16,821	100.0%	15,777	100.0%	13,918	100.0%	13,060	100.0%	14,287	100.0%

(出典) 'Review of the Locomotive Industry', 1909, 1911, (UGD109/2/5, グラスゴー大学文書館所蔵)。
(注) 各年の従業員数は9月末現在の数値。

表4-2 North British Locomotive 社の生産と経営

年	労働者数(人)	機関車製造高		総資産(千ポンド)	利益金(千ポンド)	利益率 ROA	対日輸出出荷輌数
		受注(輌)	完成(輌)				
1903	7,570	335	―	2,051	193	9.4%	2
1904	7,464	377	485	2,071	180	8.7%	
1905	7,364	620	573	2,153	206	9.6%	174
1906	7,763	573	520	2,263	226	10.0%	10
1907	7,854	485	539	2,350	235	10.0%	14
1908	7,534	431	462	2,424	241	9.9%	9
1909	7,359	323	398	2,451	166	6.8%	3
1910	6,012	348	289	2,352	9	0.4%	
1911	6,802	317	349	2,279	46	2.0%	12
1912	6,066	471	335	2,449	116	4.7%	
1913	7,468	640	433	2,449	181	7.4%	

(出典) Campbell, 1990, 172-205頁, Table Ⅶ, Ⅷ, Ⅸ より作成。

表4-3 North British Locomotive 社の対東アジア輸出

年	購入者	仲介者	タイプ	輌数	受注	出荷
1903	関西鉄道	JM商会	C1タンク	2	1903/4/4	1903/12/9
1903		大倉組	1Cテンダー		1903/12/2	1904/6/5
1905	官営鉄道	M. Samuel	C1タンク	18	1905/1/20	1905/3/31
1905	官営鉄道	M. Samuel	C1タンク	50	1905/2/10	1905/4/10
1905	函樽鉄道		C1タンク	6	1905/5/2	1905/8/15
1905	官営鉄道	大倉組	C1タンク	50	1905/5/23	1905/9/
1905	官営鉄道	大倉組	C1タンク	30	1905/5/23	1905/7/
1905	官営鉄道	大倉組	C1タンク	20	1905/5/23	1905/11/
1905	Imperial Railways of North China	J. Whittall & Co.	2C	4	1905/6/19	1906/1/
1905	Imperial Railways of North China	J. Whittall & Co.	1C1	4	1906/3/5	1906/9/30
1906	Imperial Railways of North China	J. Whittall & Co.	2C	2	1906/5/10	1906/9/30
1906	関西鉄道	M. Samuel	1Cテンダー	2	1906/6/5	1907/1/
1906	Shanghai Railway	JM商会	2C	2	1906/12/6	1907/7/
1906	Shanghai Railway	JM商会	2B	2	1906/12/6	1907/9/
1907	Imperial Railways of North China	J. Whittall & Co.	1C1	6	1907/1/17	1907/7/31
1907	Imperial Railways of North China	J. Whittall & Co.	1C1	2	1907/6/3	1907/7/31
1907	Imperial Railways of North China	J. Whittall & Co.	CCマレー複式	2	1907/9/3	1908/6/
1907	台湾総督府	高田商会	1B1タンク	5	1907/10/25	1908/7/
1907	台湾総督府	高田商会	2Bテンダー	2	1907/10/25	1908/7/
1908	台湾総督府	高田商会	2Bテンダー	2	1908/12/19	1909/5/
1909	北京広東鉄道	J. Whittall & Co.	CCマレー複式	1	1909/5/26	1909/9/
1911	官営鉄道	大倉組	2Cテンダー	12	1911/1/28	1911/6/30
累計				224		

(出典) 'Order Book1 (NBL)' (GC/152/NBL, グラスゴー・ミッチェル図書館所蔵)。

表 4-4　アメリカ機関車製造業の受注動向 (1901-13年)

年	全米受注高車輛数	Baldwin		ALCO		Rogers		その他	
		輛数	比率	輛数	比率	輛数	比率	輛数	比率
1901	4,340	1,807	41.6%	1,959	45.1%	212	4.9%	362	8.3%
1902	4,665	1,999	42.9%	1,806	38.7%	493	10.6%	367	7.9%
1903	3,283	1,140	34.7%	1,392	42.4%	199	6.1%	552	16.8%
1904	2,538	946	37.3%	1,165	45.9%	113	4.5%	314	12.4%
1905	6,265	2,746	43.8%	2,661	42.5%	88	1.4%	770	12.3%
1906	5,642	2,162	38.3%	2,593	46.0%			887	15.7%
1907	3,482	1,322	38.0%	1,305	37.5%			855	24.6%
1908	1,182	241	20.4%	659	55.8%			282	23.9%
1909	3,350	1,053	31.4%	1,641	49.0%			656	19.6%
1910	3,787	1,346	35.5%	2,069	54.6%			372	9.8%
1911	2,850	1,016	35.6%	1,139	40.0%			695	24.4%
1912	4,515	1,428	31.6%	2,113	46.8%			974	21.6%
1913	3,467	1,353	39.0%	1,179	34.0%			935	27.0%

(出典)　山下正明「第一次大戦前の車輛・機関車産業と設備信託金融」『証券研究』60号，1980年，229-306頁。Brown1995および Baldwin, ALCO, Rogers 各社の 'Order Book' より作成。

表4-5 アメリカ機関車製造業の対東アジア輸出 (1901-12年)　　　　　　　　(単位:輌)

	全製造高	エージェント別輸出高				地域別輸出 (出荷ベース)						
	Baldwin社	Frazar	対全製造高比率	その他	合計	日本国内	朝鮮	台湾	満州	中国	合計	極東比率
1901	1,375	2	0.1%	4	6	2	2			2	6	0.4%
1902	1,535	6	0.4%		6	1	5				6	0.4%
1903	2,022	10	0.5%	1	11	11					11	0.5%
1904	1,485	117	7.9%	8	125	28	97				125	8.4%
1905	2,250	264	11.7%		264	217	47				264	11.7%
1906	2,666	20	0.8%		20	14	6				20	0.8%
1907	2,655	53	2.0%		53	16	15		22		53	2.0%
1908	617	4	0.6%	1	5	4		1			5	0.8%
1909	1,024											
1910	1,675	2	0.1%		2			2			2	0.1%
1911	1,606	2	0.1%		2	2					2	0.1%
1912	1,618	21	1.3%	19	40	27	12			1	40	2.5%
期間累計	20,528	501	2.4%	33	534	322	184	3	22	3	534	2.6%
	ALCO	三井物産	対全製造高比率	その他	合計	日本国内	朝鮮	台湾	満州	中国	合計	極東比率
1901	2,532	5	0.2%		5	5					5	0.2%
1902	2,091	42	2.0%		42	42					42	2.0%
1903	1,138	12	1.1%		12	12					12	1.1%
1904	1,384	7	0.5%	3	10	10					10	0.5%
1905	2,698	12	0.4%	9	21	12	9				21	0.8%
1906	3,165	71	2.2%		71	71					71	2.2%
1907	2,102	147	7.0%		147	28			110	9	147	7.0%
1908	709	124	17.5%		124	24		4	80	16	124	17.5%
1909	1,935	3	0.2%		3					3	3	0.2%
1910	1,905	43	2.3%		43	30	9	2		2	43	2.3%
1911	1,107	28	2.5%		28	16	6		5	1	28	2.5%
1912	1,989	33	1.7%		33	24		3		6	33	1.7%
期間累計	22,755	527	2.3%	12	539	274	24	9	195	37	539	2.4%
	全米総計					日本国内	朝鮮	台湾	満州	中国	合計	極東比率
1901	3,907					7	2			2	11	0.6%
1902	3,626					43	5				48	2.4%
1903	3,160					23	0				23	1.6%
1904	2,869					38	97				135	8.9%
1905	4,948					229	56				285	12.5%
1906	5,831					85	6				91	3.0%
1907	4,757					44	15		132	9	200	9.0%
1908	1,326					28	0	5	80	16	129	18.3%
1909	2,959									3	3	0.2%
1910	3,580					30	9	4		2	45	2.4%
1911	2,713					18	6		5	1	30	2.7%
1912	3,607					51	12	3		7	73	4.2%
期間累計	43,283					596	208	12	217	40	1,073	2.5%

(出典) Burnham William & Co 'Register of Engins', 'Baldwin Locomotive Works Engine Specifications' 各年, ALCO 'Register of Contracts' Vol.1-12 (1900-1912)より作成。
(注)　1903年以前の製造高には Rogers 分を含まない。

表4-6 1903年8月の官営鉄道Cタンク機関車 (B6形) 30輛入札の結果

商社名	製造業者	1号入札 B6形6輛 価格(ポンド)	2号入札 B6形6輛 価格(ポンド)	3号入札 B6形6輛 価格(ポンド)	4号入札 B6形6輛 価格(ポンド)	5号入札 B6形6輛 価格(ポンド)	小型機関車1輛 価格(ポンド)
イリス商会	Schwarzkopf	11,970	11,970	12,270	12,270	12,999	
大倉組	Borsig?	12,048	12,048	12,048	12,048	12,808	754
ラスペ商会	Hanomag/Henschel	12,270	12,270	11,934	11,924	12,641	899
日支貿易商会		12,495	12,495	12,500	12,500	13,285	784
磯野商会		12,608	12,608	12,608	12,608	13,410	659
三井物産	ALCO	12,639	12,639	12,639	12,639	13,446	691
ジャーディン・マセソン商会	イギリス?	13,234	13,134	13,134	13,134	13,962	725
高田商会	Baldwin?	13,328	13,328	13,328	13,328	14,180	748
茂須札商会	ドイツ?			12,150	12,390		
J.パーチ商会	イギリス?						777
落札価格と2番札との差額		78	78	114	124	167	未成立
落札価格とALCOとの差額		669	669	705	715	805	
同上1輛あたり単価		112	112	118	119	134	

(出典)『鉄道時報』205号 (1903年), 8頁。
(注) 下線は落札価格。納入は1904年、製造業者欄の?は、入札価格と大倉組、高田商会、JM商会、パーチ商会、茂須札商会 (ドイツ系、店主・Alexander George Mosle, 1884-1907年) の取引実績から予想されるメーカー。

表4-7 Baldwin社製機関車の対東アジア輸出（1901-05年）

出荷年	購入者	仲介者	タイプ	輌数	受注	納期	試運転(Trial)	所要月数	備考
1901	京仁鉄道		1C1タンク	2	1901/1/11	1901/6/	1901/8/10	6	4フィート8.1/2
1901	北海道炭礦鉄道		1C1タンク	2	1901/1/28			7	
1901	Chinese Engineering & Mining		Cタンク	2	1901/10/3	1902/2		5	開平炭鉱（河北省唐山）
1902	紀和鉄道	Frazar	Cタンク	1	1902/6/2	1902/11/1	1902/12/6	6	
1902	京釜鉄道	Frazar	1C1タンク	5	1902/2/17	1902/11	1902/12/15	10	4フィート8.1/2
1903	山陽鉄道		1C複式テンダー	1	1902/8/20	1903		—	
1903	北海道炭礦鉄道	Frazar	1Eテンダー	3			1903/1/27	—	
1903	北海道庁	Frazar	1Cテンダー	4	1902/6/2		1903/2/2	8	
1903	北海道庁	Frazar	1Cテンダー	3			1903/11/2	—	
1904	京釜鉄道	Frazar	1C1タンク	8	1903/2/28	1904/2	1904/1/8~13	11	4フィート8.1/2
1904	京釜鉄道	Frazar	Cタンク	30	1904/1/21	1904/2	1904/2/10~4/8	0.75~2.5	2フィート6インチ（京釜仮設鉄道用）
1904	京釜鉄道	Frazar	1Dテンダー	6	1904/1/21		1904/2/19~24	1	Yokohama渡．4フィート8.5インチ
1904	京義鉄道	Frazar	1C1タンク	20	1904/1/21		1904 4/2~5/6	3	4フィート8.5インチ．5/25横浜着（米船モンゴリア号「鉄道時報」246号
1904	別子銅山	高田商会	Bタンク	8			1904/7/1		Westinghouse Electric & Mfg Co.（WE&Mと略）経由
1904	官営鉄道	Frazar	1C1タンク	4			1904/8/1~6		5フィート（臨時軍用鉄道監部）
1904	京釜鉄道	Frazar	Cタンク	25	1904/8/2	1904/9/	1904/8/17~9/1	0.5~1	官営鉄道名義．2フィート6インチ
1904	北海道庁	Frazar	1Cテンダー	2			1904/8/11		4フィート8.5インチ
1904	京釜鉄道	Frazar	1C1タンク	2			1904/8/11		4フィート8.5インチ
1904	官営鉄道	Frazar	Cタンク	6	1904/9?		1904/8/26~9/9	3	
1904	官営鉄道	Frazar	C1タンク	14			1904/12/8~17		4フィート8.5インチ
1905	北海道炭礦鉄道	Frazar	1C1タンク	20			1905/2/3~3/6		
1905	臨時軍用鉄道	Frazar	2Bテンダー	3			1905/2/21		2フィート6インチ（仮設鉄道用）
1905	官営鉄道	Frazar	Cタンク	27	1905/1?		1905/3/1~18		内地鉄道補充用
1905	官営鉄道	Frazar	C1タンク	150			1905/3/11~11/10	2~10	
1905	山陽鉄道	Frazar	1C1複式タンク	5	1905/2/23		1905/5/16~6/6	3~3.5	
1905	官営製鉄所	Frazar	Bタンク	6			1905/6/24~7/1		
1905	官営鉄道	Frazar	1Dタンク	50			1905/8/15~12/12		内地鉄道補充用
1905	東京造兵廠	WE&M	Bタンク	3			1905/8/15		

（出典）'Baldwin Locomotive Works Engine Specifications'（南メンフィス大学デジタル・アーカイブ）．

表4-8 ALCOの対東アジア輸出 (1901-07年)

年	鉄道	商社	タイプ	輌数	工場	契約(発注)日	納期	出荷日	単価($)	備考
1901	北海道炭礦鉄道	三井物産	2Bテンダー	5	Schenectady	1901/3/21	1902/1/15	1901/12/31	9,920	duplicate of Mitsui order No.2193, 1900/10/18
1901	九州鉄道	三井物産	1Cテンダー	12	Schenectady	1901/4/26	1902/1/15	1902/1/31	11,200	duplicate of Mitsui order No.1088, 1899/07/07
1901	官営鉄道	三井物産	2Bテンダー	30	Schenectady	1901/12/14	1902/10～11	1902/10/20～28	10,500	payment against shipping documents
1902	九州鉄道	三井物産	1Cテンダー	12	Schenectady	1902/10/8	1903/6～9	1903/6/27～9/26	11,500	duplicate of Mitsui export oder No.2274
1903	北海道庁	三井物産	1Cテンダー	3	Schenectady	1903/12/16	1904/4～5	1904/4/21	10,250	
1904	九州鉄道	三井物産	1Cテンダー	1	Schenectady	1904/3/17	なるべく早く	1904/5/25	10,600	duplicate of No.27803-14 and exhibited at St. Louis Exposition, 1905/1/31 to Japan
1904		高田商会	1C1タンク	3	Brooks	1904/9/19	1904/11/15	1904/11/30	9,135	Shop No.30318-20
1904	九州鉄道	三井物産	1Cテンダー	12	Schenectady	1904/11/15	8 weeks	1905/3/13	10,500	duplicate of No.2325
1906	京義鉄道	三井物産	1C1タンク	9	Brooks	1905/1/5	1905/4以前	1905/4/10	8,100	No.30318-20と同じ Baldwin スペック
1906	北海道炭礦鉄道	三井物産	2Bテンダー	5	Schenectady	1906/2/6	1906/5以前	1906/5/29～30	9,636	
1906	日本鉄道	三井物産	1Dテンダー	12	Rogers	1906/4/6	1906/9～12	1906/10/26～29	12,000	overland by GNR to Pacific Coast
1906	九州鉄道	三井物産	1C1タンク	24	Schenectady	1906/4/12	1906/8～9	1906/8/28～9/7	8,656	overland by GNR to Pacific Coast
1906	九州鉄道	三井物産	1Cテンダー	12	Schenectady	1906/4/12	1906/12～1	1906/12/29	10,200	同上、duplicate of No.30500-11
1906	阪鶴鉄道	三井物産	1Cテンダー	3	Schenectady	1906/5/15	1906/5～12	1906/9/20	11,337	
1906	関西鉄道	三井物産	2Bテンダー	3	Pittsburgh	1906/5/14	1906/5～9	1906/9/15	11,162	同上、to be inspected by J. U. Crawford
1906	関西鉄道	三井物産	2Bテンダー	12	Pittsburgh	1906/5/28	1906/11～12	1906/12/14～24	10,500	同上、to be inspected by J. U. Crawford
1907	鴨渓鉄道	三井物産	1C1タンク	3	Brooks	1907/2/5	1907/5～6	1907/5/2	9,700	
1907	南満州鉄道	三井物産	1C2タンク	69	Richmond	1907/2/8	1907/7～9	1907/8/7～11/2	14,000	
1907	南満州鉄道	三井物産	1Dテンダー	31	Cooke	1907/2/8	1907/7～9	1907/9/14～10/12	16,000	
1907	南満州鉄道	三井物産	2Bテンダー	4	Rogers	1907/2/19	1907/3/20	1907/3/25	14,800	These engines were originally ordered by the Chicago Southern Ry. All material are in stock at Rogers Works, to be inspected by J. U. Crawford before shipping.

年	鉄道	代理	型式	両数	製造所	日付1	日付2	日付3	価格	備考
1907	南満州鉄道	三井物産	2Cテンダー	2	Rogers	1907/2/8	1907/3/1	1907/3/4	16,140	These two engines were taken the lot of 14 engins originally ordered by Chicago Southern Ry. All material are in stock at Rogers Works, to be inspected by J. U. Crawford before shipping.
1907	南満州鉄道	三井物産	1Dテンダー	2	Rhode Island	1907/2/8	1907/3/1	1907/3/4	16,500	These two engines were originally ordered by the Minnesota Land & Constraction Co. and par of six engines bearing shop No. 40678-83. to be inspected by J. U. Crawford before shipping.
1907	横浜鉄道	三井物産	1C1タンク	5	Pittsburgh	1907/3/6	1907/7/20	1907/7/20	10,573	
1907	南満州鉄道	三井物産	1C1テンダー	35	Richmond	1907/2/28	1908/1~2	1908/1/11~2/7	14,500	To be inspected by J. J. Crawford
1907	官営鉄道	三井物産	2Bテンダー	24	Cooke	1907/4/26	1907/12/12~1908/1/12	1908/2/15~3/30	11,400	Rogers から変更
1907	南満州鉄道	三井物産	Shovel	2	Richmond	1907/5/10	immediate	1907/5/18	10,000	
1907	漢陽製鉄所	三井物産	Bタンク	1	Dickson	1907/6/26	1907/6/29	1907/6/29	5,925	This engin is taken from lot of ten engines at Dickson for stock. Contract price includes 2% commission for Mitsui & Co.
1907	北海道炭礦鉄道	三井物産	1Dテンダー	26	Pittsburgh	1907/6/26	1907/10/	1907/11/9~29	10,400 10,250	10 (A.V.N.Y) $10400. 16(shipment overland) $10250
1907	南満州鉄道	三井物産	1Dテンダー	15	Cooke	1907/5/10	1908/1~2	1908/2/18~4/9	15,900	These two engines to be duplicate of S.M. consols shop No.44003-33
1907	南満州鉄道	三井物産	2C1テンダー	7	Richmond	1907/5/10	1908/1~2	1908/3/19~4/21	18,500	
1907	南満州鉄道	三井物産	2Cテンダー	18	Richmond	1907/7/30	1907/10/2~11/1	1908/2/28~3/10	16,200	
1907	江蘇鉄道	三井物産	1Cテンダー	3	Rhode Island	1907/7/15	1907/12以前	1907/12/19~21	14,100	Mitsui & Co. to be allowed discount of 3 1/2% from contract price.
1907	浙江鉄道	三井物産	1Cテンダー	4	Rhode Island	1907/8/16	1907/9/15	1908/1/15	13,600	This engin is one of lot of stock engines under order at Dickson
1907	漢陽製鉄所	三井物産	Bタンク	1	Dickson	1907/8/14	1907/9/15	1907/9/14	5,925	
1907	福建鉄道	三井物産	Cタンク	1	Dickson	1907/9/12	1907/11以前	1907/12/14	6,500	cancelled, 44954 Assigned to Government of Peru
1907	台湾砂糖鉄道	三井物産	Bタンク	3	Dickson	1907/10/15	100 days	1908/1/25	2,675	

(出典) 'American Locomotive Company Register of Contracts' 1901–1912 (シラキューズ大学所蔵) および高木宏之『満州鉄道発達史』潮書房光人社、2012年。

表4-9　三井物産の鉄道用品取扱高（1907-14年）

(単位：千円)

	三井物産全取扱高（売買結了総額）					鉄　道　用　品　取　扱　高						備考
	輸出	輸入	内地売買	外国売買	総計	輸出	輸入	対全体比	内地売買	外国売買	小計	対全体比	
1907年下	42,208	47,898	15,463	11,262	116,831	—	—	—	—	—	4,881	4.2%	満鉄への機関車納入、台湾鉄道、朝鮮鉄道、中国鉄道、漢陽製鉄所、粤漢鉄道からの機関車、橋梁の受注
1908年上	39,359	62,402	15,369	20,524	137,654	—	—	—	—	—	10,406	7.6%	
08年下	34,250	40,005	15,487	17,753	107,495	9	3,799	9.5%	0	7,316	11,124	10.3%	
1909年上	43,010	45,782	15,995	12,894	117,680	2	1,456	3.2%	0	1,164	2,622	2.2%	南潯鉄道、浙江鉄道、台湾製糖などからの機関車・貨車受注
09年下	42,231	30,501	17,285	16,046	106,062	67	596	2.0%	4	400	1,067	1.0%	
1910年上	51,272	49,363	19,486	21,048	141,169	53	1,993	4.0%	37	624	2,708	1.9%	満鉄、製糖会社、新設電鉄からの受注
10年下	51,298	37,708	25,851	21,298	136,155	108	941	2.5%	1	777	1,828	1.3%	
1911年上	56,885	59,369	24,859	15,050	156,163	29	1,982	3.3%	84	1,454	3,549	2.3%	鉄道院、満鉄からの受注
11年下	54,759	53,967	31,784	20,429	160,939	22	3,031	5.6%	64	1,086	4,203	2.6%	
1912年上	60,649	61,374	26,895	28,093	177,011	13	2,191	3.6%	98	941	3,243	1.8%	鉄道院からの大型機関車新規受注
12年下	63,808	57,600	33,354	27,563	182,325	0	2,607	4.5%	0	1,117	3,724	2.0%	鉄道院からの受注
1913年上	71,397	75,912	26,252	27,304	200,866	0	3,258	4.3%	235	243	3,736	1.9%	鉄道院からの発注の減少と軽便鉄道需要
13年下	81,692	58,869	33,125	27,488	201,175	0	3,719	6.3%	0	63	3,782	1.9%	東京市電レール、軽便鉄道需要
1914年上	87,728	82,077	34,524	32,248	236,577	11	4,032	4.9%	15	171	4,230	1.8%	鉄道院、朝鮮鉄道、京張鉄道、小倉鉄道、東武鉄道からの受注。輸出は大連向
14年下	80,894	70,924	33,015	30,977	215,810	4	3,525	5.0%	52	315	3,897	1.8%	機関車部品の欧州からの輸入困難

(出典)　三井物産『事業報告書』各期。

表4-10　鉄道院購入注文引受者の構成 (1911-13年)　　　　　　　　　　　　　（単位：千円）

	1911年上		1911年下		1912年上		1912年下		1913年上	
	金額	比率	金額	比率	金額	比率	金額	比率	金額	比率
三井物産	1,104	36.3%	1,132	55.9%	1,801	48.6%	1,784	51.0%	333	16.0%
セール・フレザー	221	7.3%	410	20.3%	1,244	33.5%	767	21.9%	73	3.5%
イリス商会	860	28.3%	67	3.3%	41	1.1%	19	0.5%	627	30.2%
大倉組	667	22.0%	175	8.6%	185	5.0%	149	4.3%	249	12.0%
高田商会	19	0.6%	14	0.7%	23	0.6%	431	12.3%	33	1.6%
日支貿易商会	5	0.1%	7	0.3%	29	0.8%	2	0.1%	281	13.5%
デッカー商会			205	10.1%	21	0.6%				
西沢商店	68	2.2%			111	3.0%	32	0.9%		
範多商会					53	1.4%	34	1.0%	121	5.8%
サミュエル・サミュエル			5	0.3%	3	0.1%	137	3.9%	30	1.4%
ジーメンス									145	7.0%
米井商会					78	2.1%	59	1.7%	4	0.2%
進経太					101	2.7%				
米国貿易商会							2	0.1%	92	4.4%
ドッドウェル商会									89	4.3%
ヒーリング商会	50	1.7%	4	0.2%	1	0.03%	29	0.8%		
オットー・ライマース							52	1.5%		
野沢組	36	1.2%	4	0.2%	4	0.1%				
飯田合名社	9	0.3%			12	0.3%				
藤原商店							2	0.1%		
アンドリュー・ジョージ									1	0.1%
合　　　計	3,038	100.0%	2,024	100.0%	3,707	100.0%	3,500	100.0%	2,077	100.0%
外　商　計	1,136	37.4%	699	34.5%	1,392	37.5%	1,043	29.8%	1,458	70.2%

	1911-13年累計		代理店	取扱商品
	金額	比率		
三井物産	6,155	42.9%	ALCO(米)	機関車、橋梁・建築材料、車両・同材料
セール・フレザー	2,715	18.9%	Baldwin(米)	機関車、橋梁・建築材料、車両・同材料
イリス商会	1,615	11.3%	Schwarzkopff(独)	機関車・車両・同材料
大倉組	1,425	9.9%	Borsig(独), NBL(英)	機関車、レール、橋梁・建築材料、車両・同材料
高田商会	519	3.6%	Henschel(独)	機関車・車両・同材料
日支貿易商会	324	2.3%		車両・同材料
デッカー商会	227	1.6%		
西沢商店	211	1.5%		橋梁・建築材料
範多商会	208	1.4%	Vulcan Iron(米)	橋梁・建築材料
サミュエル・サミュエル	175	1.2%	Lima(米)	橋梁・建築材料
ジーメンス	145	1.0%	Siemens(独)	電機器具
米井商会	141	1.0%		橋梁・建築材料
進経太	101	0.7%	Maffei(独)	機関車(Maffei社代理人)
米国貿易商会	94	0.7%		車両・同材料
ドッドウェル商会	89	0.6%	John Cockerill(ベルギー)	材料類
ヒーリング商会	84	0.6%	Hundwell Clarke(英)	車両・同材料
オットー・ライマース	52	0.4%	Koppel(独)	機関車・同付属品
野沢組	43	0.3%		
飯田合名会社	21	0.1%		
藤原商店	2	0.01%		車両・同材料
アンドリュー・ジョージ	1	0.01%	Dempster Moore(英)	機関車・同付属品
合　　　計	14,346	100.0%		
外　商　計	5,727	39.9%		

（出典）　三井物産『事業報告書』各回および沢井1998, 30頁, 臼井茂信『機関車の系譜図4』交友社, 1978年。

表4-11　日本の鉄道用品輸入に占める三井物産のシェア（1912年上期）

	日本国内輸入総額	三井物産輸入販売結了高					
		東京	大阪	神戸	門司	小計	全国比
橋梁及建築材料	61,902	376	227	497		1,100	1.8%
軌条及付属品	1,412	346	33		117	496	35.1%
機関車及付属品	500	169	71			240	48.1%
鉄道用雑品(含車輛材料)	932	315	72			386	41.5%
合　　計	64,746	1,206	402	497	117	2,223	3.4%

（出典）　三井物産『第五回事業報告書』30-31頁および同『第六回事業報告』37-38頁。
（注）　単位は千円。台湾，朝鮮貿易はこれを含まず。

第5章　機関車国産化の影響
——最後の大型機関車輸入と市場再編——

第1節　機関車自給化政策と過熱式蒸気機関車（1909-14年）

1　鉄道院の発足と工作課

　1908（明治41）年12月，鉄道の現業と監督行政を併せ持つ鉄道院が，後藤新平総裁のもとで発足した。鉄道院は，東京の本院に総務部，運輸部，建設部，計理部といった本部機能を集中する一方で，日本全国を北海道，東部，中部，西部，九州の5鉄道管理局に分割し，それぞれの管理局が分権的に鉄道運営を行える体制を構築した。そのため，車輌技術者も，本院運輸部工作課（のちの工作局）と各鉄道管理局工作課および工場に分属することになった。
　このうち運輸部工作課の分掌規程は，以下の通りである[1]。
　　一　車輌，機具，機械並特種信号機ノ設計ニ関スル事項
　　二　製作修理材料ノ審査及準備ニ関スル事項
　　三　工場ノ設計及設備ニ関スル事項
　　四　製作修理ノ監督ニ関スル事項
　　五　台帳及図表ノ整理保存ニ関スル事項
　ここから，運輸部工作課が車輌の計画，設計と，材料の審査，準備，車輌製作・修理の監督などを専門的に行う部署として，工場から独立したことがわかる。このような車輌開発を専門的に行う部署の創設は，日本の車輌技術が本格的な独自開発の段階に入ったことを示す，象徴的な出来事であった。
　一方，各鉄道管理局工作課の分課規程は，以下の通りである[2]。
　　一　工場ノ設計及設備ニ関スル事項
　　二　車輌機具，機械ノ修繕改造並製作ニ関スル事項
　　三　工場及車輌製修従業員ノ指揮及其配置並職工及人夫ノ使傭ニ関スル事項

四　職工ノ養成ニ関スル事項
　　五　工場所要物品ノ審査及準備ニ関スル事項
　　六　車輛部分品ノ製作並車輛及部分品ノ修繕改造工事ノ契約ニ関スル事項
　　七　車輛器具機械ノ台帳及図表ノ整理保存ニ関スル事項
　　八　製作費用ノ計算及工場統計ニ関スル事項
　　九　課支払要求書ノ調製ニ関スル事項
　　十　主管事務ノ予算ニ関スル事項

　各鉄道管理局の工作課は，工場の計画，運営や車輛製作・修理とその資材調達，予算決算という，広範な業務を取り扱うことになっていた。ただし車輛設計・製作監督の機能が運輸部工作課に集約されたことにともない，国有化以前に比べると車輛新造についての権限が制限されることになった[3]。

　以上の点を念頭に置きつつ，以下，鉄道院発足時における車輛関係技師の配置をみていこう。表5-1は，本院および各鉄道管理局の工作課，主要工場（大宮，新橋，神戸，鷹取，兵庫）における技師の構成を示したものである。この表からまず指摘できるのは，各鉄道管理局の人的構成が，旧鉄道作業局の影響力が強い中部（新橋工場を含む）を除き，それぞれ北海道＝北海道炭礦鉄道，東部＝日本鉄道，西部＝山陽鉄道，九州＝九州鉄道といった，大鉄道会社の影響力を色濃く残している点である。この点は，西部鉄道管理局で，日本における国産機関車第1号を製作した旧官営鉄道神戸工場の機能が旧山陽鉄道の鷹取工場に吸収され[4]，人的側面でも山陽鉄道出身者が主導権を握っていることに典型的に現れている。ちなみに，西部鉄道管理局長には元山陽鉄道汽車課長・岩崎彦松が就任しており，管理局全体も山陽鉄道色が強かった。

　次に注目できるのは，森彦三が中部鉄道管理局工作課長と新橋工場長を，また斯波権太郎が東部鉄道管理局工作課長と大宮工場長を，それぞれ兼任している点である。この点は各管理局の工作課が，従来の工場付技術者の業務を継承していることを，人的構成の面でも示している。

　そして最後に，最も特徴的な点は，鉄道院の車輛開発の中軸を担う運輸部工作課のトップに，逓信技師・島安次郎が就任したことである。前述したように，島は1894年に帝国大学を卒業後，直ちに関西鉄道に入社し，汽車課長を務めたのち，1901年に鉄道局に入っており，官営鉄道（鉄道作業局）に勤務した経験

はなかった（前掲表3-1）。後藤新平は，その島を，森彦三や斯波権太郎といった，官営鉄道での豊富なキャリアをもち，卒業年次が3年も上の先輩技師を差し置いて，運輸部工作課長に抜擢したのである[5]。またこの時，工作課に集められた課員は，8名中7名が帝国大学機械工学科出身者であった。ここからも当該期における鉄道車輌国産化の主要な担い手が，帝大出身者であったことがうかがえる。しかしその一方で，彼らの出身鉄道は元鉄道作業局2名，元日本鉄道2名，元山陽鉄道1名，新卒者2名と多様であった。しかも青山与一は元汽車部設計掛長で欧米留学経験者，池田正彦と秋山正八は欧米留学中と，いずれも海外経験があり[6]，高洲清二は元日本鉄道大宮工場設計主任，野上八重治は元山陽鉄道設計掛長心得で，なおかつ国産機関車を設計・製作した経験をもつ技術者であった。またこの表には登場していないが，官営鉄道神戸工場においてR.H.トレヴィシックや森彦三のもとで多くの機関車の詳細設計を行った実績をもつ熟練型の技術者・太田吉松もまた，1級技手として運輸部工作課に配置されている[7]。このように，後藤と島は，工作課に出身鉄道に関係なく，実績を有する多彩な技術者を集め，鉄道院の車輌新造能力の向上を目指したのである。

2　機関車自給化方針と民間機関車メーカーの技術形成

発足当初の鉄道院は，鉄道国有化で買収した主要民営鉄道17社と官営鉄道を統合したため，形式も仕様も異なる多様な機関車を抱え込み，統一的な運営が難しい状態であった。さらに日露戦争時に使用されたＢ6形機関車が「満州」から大量に還送されたため，運輸部工作課はその処理を行う必要もあった。そのため，工作課長就任直後の島安次郎は，機関車の形式統一と還送機関車処分で大わらわであったという[8]。こうしたなかで，鉄道院運輸部工作課は1909年，早くも機関車と客貨車を可能な限り国内民間鉄道車輌メーカーに発注するという，鉄道車輌の国内発注方針を打ち出すことになる。

鉄道院による車輌国内発注方針の確定は，汽車製造会社，川崎造船所，日本車輌製造会社という国内の大手鉄道車輌メーカー3社によるロビーイングの結果でもあった[9]。国内大手3社は，1908年末から汽車製造監査役の渋沢栄一を押し立て，桂太郎や後藤新平をはじめとする官界上層に，3社への発注拡大

を強く働きかけていたのである[10]。

　汽車製造会社は，1896年，前鉄道局長官で日本の鉄道の父と呼ばれる井上勝が，岩崎久弥や渋沢栄一らの出資・協力を仰いで設立した鉄道車輌メーカーである。同社は技師長心得に長谷川正五（帝国大学工科大学機械工学科1895年卒，前日本鉄道技師）を招き，大阪・安治川口で工場建設をはじめた。しかし，輸入資材の到着遅れなどによって竣工が遅れ，開業が1899年7月にずれ込んだ。そのため日清戦争後の鉄道ブームに乗ることができず，経営は苦しかった。この状況を打開するため，同社は1899年6月，当時，東京で独立の車輌メーカー・平岡工場を経営していた元官営鉄道技師・平岡熙を副社長に迎え，1901年6月には平岡工場を合併して東京支店とした[11]。一方，大阪工場では1900年，官営鉄道新橋工場からの図面貸与とイギリスからの部品輸入によって，A8形1B1タンク機関車の製作がはじまり，1901年に1号機が完成した。この時期，汽車製造は台北に支店（分工場）を設けて，台湾向け鉄道資材生産に注力しており，同社の1号機関車もまた台湾総督府向けであった。以後，汽車製造は1905年までに同形機関車を51輌製造し，台湾総督府（1901～04年，計5輌）や官営鉄道（1903～05年，計12輌），北海道鉄道（1902年，2輌）といった官民鉄道に納入された[12]。このように汽車製造は，A8形機関車の模倣生産によって技術を蓄積し，日露戦争後には日本で最大の機関車メーカーとなっていた。

　これに対して川崎造船所は，もともと1878年，川崎正蔵によって東京で創業された造船会社であったが，1886年官営兵庫造船所の払い下げを受け，1896年には株式会社に改組した（資本金200万円）。この時，社長に就任したのが，松方正義の三男・松方幸次郎であり，以後，松方社長の下で積極的な設備投資と事業多角化をはじめた。日露戦争後の1906年，多角化の一環として鉄道車輌用の新工場（運河分工場）を開設し，鉄道車輌製造に参入する。川崎造船所は，当初，客貨車と電車から車輌生産を開始したが，機関車製造を目指して設備と人材の確保に努めた。そして，1909年，鉄道院からはじめて機関車を受注すると，翌10年，運輸部工作課から機関車設計のベテランである太田吉松（前述）を招聘し，機関車製造能力を強化した。以後，同社は急速に設備を増強し，わずか4年ほどで機関車製造累計のトップに躍り出ることになる[13]。

　日本車輌製造会社は1896年，奥田正香を中心とする名古屋の資産家・企業家

によって設立された鉄道車輌メーカーである。同社は，官営鉄道神戸工場で車輌製造の経験を積んだ熟練型の技術者・服部勤（表3-1参照）を技師長に迎えたものの，明治期を通して機関車製造の実績はなく，専ら客貨車と電車の製造を行っていた。ただし1903年，官営鉄道にはじめて貨車を納入するなど，客貨車製造の面では汽車製造会社とならぶ，鉄道車輌の主要メーカーであった[14]。

以上のように，1909年前後の日本で，機関車製造能力を有する専業メーカーは，基本的に汽車製造会社のみであった。しかし，新興の川崎造船所も，車輌用新工場を建設して機関車製造の準備を進めつつあり，民間メーカーにおける機関車製造の素地が整いつつあったといえよう。

一方，鉄道国有化後に抱え込んだ多様な機関車の整理に手を焼いていた鉄道院の立場から見れば，機関車国産化は，鉄道車輌形式の統一と標準化の好機でもあった[15]。さらに鉄道院では，当時，大陸との国際連絡輸送を意識した東京―下関間特別急行列車の運転計画が構想されていた。その実現のためには，従来の日本に存在しなかった高速の急行旅客用機関車や，急勾配用機関車が必要であった。そこで島工作課長は，最新モデルの大型機関車を海外から輸入し，官民一体となった研究と模倣製作によって，その製作技術を吸収することを目指したのである[16]。この際，島が「最先端技術」の1つとして重視したのが，かつてドイツで実見した過熱蒸気器（superheater）であった。

3　過熱式蒸気機関車の技術開発と普及

蒸気機関車における過熱式と飽和式（従来タイプ）との違いは，一度，発生した蒸気をそのままシリンダーに送るか，それとも途中で追加的に熱を加え，高温を保ったままシリンダーに送り込むかという点にあった。そして後者を行うための装置が，過熱蒸気器である。

過熱蒸気機関（Superheating engine）の原理は，イギリスにおける蒸気機関車の草創期であるリチャード・トレヴィシックの時代から，すでに知られていた。しかし1850年代には，蒸気の再加熱によって大きな圧力がかかる配水管に適合的な素材や，高温の蒸気に耐えうるシリンダー潤滑油が得られず，実用化が難しかった。ところが製鋼技術の進歩などによって，素材問題が解決したことから，19世紀末以降，過熱蒸気器の実用化が一気に進むことになった[17]。

1880年代に，ドイツのW. シュミット（Wilhelm Schmidt）は，独自の煙管式過熱蒸気器を開発し，蒸気機関車への応用を試みていた[18]。そして1898年，プロイセン邦有鉄道がそれを導入し，シュミット式の過熱式蒸気機関車が実用化される。さらに1900年，パリ万国博覧会にボルジッヒ社製の過熱式蒸気機関車が出品され，話題を集めた。この点について，イギリスの技術雑誌 The Engineer は次のように述べている。

> 過熱蒸気機関の発明者は W. シュミットであり，その成功はイギリスでもよく知られている。そして彼の特許は現在，ヨーロッパの様々な国で用いられている。パリ万博に出品されたボルジッヒの機関車もその特許を使用している。2年前に最初の過熱蒸気機関付き機関車がシュチェチン（Stettin）のヴァルカン（Stettiner Maschinenbau A.G. Vulkan）で製造され，ハノーファー線で走り，好成績をおさめた。二番目の機関車もそれに続き，ボルジッヒのものは3番目である[19]。

　事実，プロイセン邦有鉄道は，1898年に2輛，1899年に4輛のシュミット式過熱蒸気器付機関車を購入し，以後，1902年に24輛，1904年に39輛と増備を続けていった[20]。このように，過熱式蒸気機関車は，1900年代初頭のドイツでいち早く普及した。島がドイツに渡航した1903年は，まさにその最中であった。

　過熱式蒸気機関車が次に普及したのは北アメリカであった。1905年3月，セント・ルイス万国博覧会に，1時間に82マイル（132km）を走った記録を持つ過熱式のハノマーク社製複式機関車が出品され，注目を集めた[21]。これが過熱式蒸気機関車のアメリカへの進出の契機となり，以後，アメリカでは過熱式が着実に拡がっていった[22]。その際，アメリカではシュミット式だけでなく，スケネクタディ（Schenectady and C.P.R）式過熱蒸気器が普及した。例えばカナダ太平洋鉄道は1906年に過熱蒸気付きの機関車を本格的に導入したが[23]，その6ヶ月間の運用実績は良好で，従来型の飽和式蒸気機関車に比べて貨物で10～15％，旅客で15～20％のコスト削減となったと報じられている[24]。このように，北アメリカでは1900年代半ばにおいて，早くも過熱式蒸気機関車の有効性が認められていた。

　過熱式蒸気機関車に対するドイツ，アメリカといった新興国の素早い反応に比べ，鉄道の母国であるイギリスの反応は鈍かった。1907年10月から12月にか

けて，プロイセン邦有鉄道の主任技師で，ドイツの枢密顧問官でもあるR. ガルベ（Robert Garbe）が，The Engineer 誌上に高過熱蒸気の機関車への応用についての論説を発表した[25]。その直後の1908年1月，同じくThe Engineer に，前述したカナダ太平洋鉄道での過熱式蒸気機関車の6ヶ月間のテストの結果が掲載された[26]。これを契機に，イギリスでも過熱蒸気器に関する議論が高まり，1909年にはイギリス国内各鉄道での過熱式蒸気機関車の試用がはじまった。しかし，1910年前後に至るまで，イギリスでは過熱式蒸気機関車の有効性に対する懐疑的な見方が強かった。その理由は，ピストンやバルブの調整が難しいという運用面での問題から[27]，理論上は燃費がよくなるとされるが，実際の結果はいつもこの仮説を支持するわけではないという機能面への疑念[28]，さらに破裂事故の危険といった安全面での問題に至るまで多岐に亙っていた[29]。

　1910年初頭になって，イギリス国内だけでなく，エジプトや南アフリカといったイギリス植民地での過熱式蒸気機関車の実地試験の結果が出そろった[30]。その結果，経済効率性において20～25％の節約効果が認められたため，1911年からようやくイギリスにおける過熱式蒸気機関車の普及がはじまった[31]。ところが，燃費の面での過熱式蒸気機関車の有効性が確認されてもなお[32]，「それが馬力の向上に効果的かどうかはまだ実証されていない」という意見が存在し，その普及は遅々として進まなかった[33]。その結果，イギリスは新技術導入の点で，1900年代前半から普及がはじまっていたドイツやアメリカに大きく後れを取ることになった。

第2節　モデル機関車の輸入

1　国産化モデル機関車の選定と入札

　鉄道院運輸部工作課長・島安次郎は，前述したように1903（明治36）年の段階で，ドイツの過熱式蒸気機関車に注目し，長距離急行列車の燃費向上を図る上で有効な新技術であるという認識を示していた。その後，アメリカでもその普及が進んだことから，1909年に設計が開始された幹線用の国産標準機関車については，過熱蒸気器付きであることを条件の1つに加えた。以後，過熱式の

幹線用標準機関車の国産化は，貨物用，軽量旅客用，高速旅客用の3系列で進められていく。このうち貨物用（1Dテンダー）と軽量旅客用（2Bテンダー）は最初から国内で設計され，前者は国鉄6760形，後者は国鉄9600形という量産型の標準機関車に結びついた[34]。一方，東京―下関間特別急行列車（1912年実施）に用いる予定の高速旅客用（2Cテンダー）や，急勾配用（マレー複式テンダー）は，従来の日本では経験のない大型機関車であったため，モデル機関車を海外に発注することにした[35]。

　1910年，鉄道院は国産標準機関車のモデルとなる高速旅客用テンダー機関車60輌と急勾配用機関車6輌の計66輌をイギリス，アメリカ，ドイツに発注する。このうち旅客用機関車60輌の主な仕様は，過熱式，車軸配置2C（4-6-0），動輪直径1600mmとした[36]。一方，急勾配用機関車6輌は当初，飽和式，マレー複式，車軸配置BB（0-4-4-0）となっていた[37]。しかし，マレー複式機関車も1912年の本格配備の際には過熱式に変更され，車軸配置はCC（0-6-6-0）に変更されている。

　1910年3月末，モデル機関車の仕様を決定し終えた島安次郎は，第8回万国鉄道会議（於ベルン）への出席と鉄道電化調査，過熱式蒸気機関車製作監督のため，部下の朝倉希一（帝国大学機械1908年卒，運輸部工作課）をともなってヨーロッパに向かった[38]。そして後任の工作課長・斯波権三郎が[39]，1910年9月ごろ，66輌の機関車の指名競争入札を公示する[40]。仕様書の内容は前述した通りであり，当初の指名メーカーはドイツがボルジッヒ社とシュワルツコップ社，アメリカがALCOとボールドウィン社，イギリスがNBL社であった。

　鉄道国有化以来，大型機関車の購入を控えていた鉄道院が，久々に機関車を大量に発注することもあり，各メーカーや商社は色めきだった。例えば10月17日，過熱式蒸気機関車製造の実績がなかったために指名メーカーから外されていたベイヤー・ピーコック社が，指名メーカーに加われるよう，助力を願う書簡を在日イギリス大使に送付した。イギリス大使は直ちに事実関係を確認し，日本政府にベイヤー・ピーコック社を入札に招待するように要請する。そのおかげで同社は，ロンドンに支店がある日本商社を経由して入札に加わることを許可された[41]。その結果，指名メーカーはイギリス，アメリカ，ドイツ各2社，

計6社となった。

　またNBL社の代理店である大倉組は、東京本店とロンドン支店が密接な連絡を取り合いながら、応札の準備を進めた。例えば東京本店は10月7日付けの電信で、急勾配用のマレー複式BBテンダー機関車6輛の仕様説明の部分的な変更（ボイラー・チューブ寸法の僅かな変更）についてロンドン支店に知らせ、同支店が直ちにNBL社に伝えている[42]。

　ところが大倉組のもとには、11月5日になってもNBL社から見積書と図面が届かなかった。そのため大倉組ロンドン支店は、1910年12月1日の入札期限に間に合わないのではないかと心配しはじめ、再びNBL社に督促状を出した[43]。さらに11月12日付けの書簡では、東京に対して、見積価格は11月28日には電信で知らせることが可能だが、仕様書と設計図面の郵送が間に合いそうにないので、ロンドン支店を経由せず直接東京に送るよう、NBL社に指示したことを知らせている[44]。

　NBL社の見積価格と設計図面は何とか期日に間に合い、大倉組は応札することができた[45]。しかし、その後、11月26日付けの東京本社からの書簡で、ロンドン支店に、入札結果の発表が数週間ずれ込むという知らせが届く[46]。そして、入札の決定を大幅に遅らせる要因の1つをつくったのは、外ならぬ大倉組＝NBL社であった。以下、その経緯をみていこう。

　2　仕様変更をめぐる攻防

　モデル機関車の入札において、とくに問題となったのは高速旅客用テンダー機関車60輛であった。この機関車の入札に際して、ドイツのボルジッヒ社とシュワルツコップ社は、仕様書通り、もしくはそれを改良した過熱式2Cテンダー機関車の設計図面を提出しており、全く問題なかった。これに対して、アメリカのALCOは、過熱式ではあるものの、仕様書とは車軸配置が違った2C1テンダー機関車の設計図面と見積書を提案する。さらにイギリスのNBL社は、仕様書とは異なる飽和式2Cテンダー機関車（国鉄8700形、写真18）で見積と設計図面を作成してきた（表5-2）。このように、発注時の仕様書と異なる見積書や設計図面を提出してきたALCOやNBL社の扱いに、鉄道院は大いに苦慮することになった[47]。最大の狙いであった過熱蒸気器を採用してい

写真18　NBL社製2Cテンダー機関車

(出典)　日本国有鉄道編『日本国有鉄道百年写真史』1972年，交通協力会，192頁。(注)　鉄道院，国鉄形式8700。

　るALCOはともかく，飽和式蒸気機関車を提案してきたNBL社は明らかに規格外である。そもそもNBL社は，1910年時点で過熱式蒸気機関車製造の経験が乏しかった。同社の注文リストによると，ブエノスアイレス・パシフィック鉄道（Buenos Aires & Pacific Railway）から1909年7月22日に受注した急行旅客機関車（同社製造番号L373）が，NBL社で過熱蒸気器を装着したはじめての機関車である[48]。そのため見積書作成に手間取り，前述した大倉組の矢の催促もあって，仕方なく飽和式を提案したものと思われる。しかもその設計図面の到着が直前になったため，東京への直送を指示した大倉組ロンドン支店はもちろんのこと，東京本店もこの点を精査する時間がなかった。

　NBL社の提案が入札条件に反しており，候補から外される可能性が大きいことを知った大倉組東京本店はロンドン支店に向けて，NBL社からイギリス政府に働きかけて，この入札について在日イギリス大使に影響力を行使してもらうよう依頼する書簡を送った（12月23日ロンドン着）[49]。そこで12月24日の朝，大倉組ロンドン支店は，NBL社に対して，NBL社が日本政府の機関車66輌の入札を獲得するために，大使を通じて圧力をかけてくれるよう，イギリス政府に要請して欲しいという電報を出した[50]。NBL社はこれをうけて，直ちにイギリス外務省に助力を依頼する電報を出し，外務大臣宛の手紙を送る[51]。あわせて同社ロンドン事務所の代表者が，直接，外務省を訪問して，その日のうちに在日イギリス大使宛に，NBL社にあらゆる助力を与えるようにという電

報を出すことを要求した[52]）。

　ここで NBL 社は，機関車製造業における国際競争の激しさを強調し，この契約をイギリスのメーカーが落札することが，本国における当該工業への刺激剤となると主張している。さらに，日本政府に対して，日英同盟をイギリス政府が喜んでいるとほのめかすことは，間違いなく大きな効果をもつと述べている[53]）。このように，大倉組＝NBL 社は日英同盟をビジネスに活用するというしたたかさをもっていた。

　1910年12月24日，イギリス外務省は，在日イギリス大使 C. マクドナルド（Sir C. MacDonald）に対して，NBL 社が，大倉組を通して鉄道院の入札に参加することを知らせ，在日イギリス大使館がこれに全面的なサポートを与えるよう命じた[54]）。この電報を受け取ったイギリス大使は，直ちに逓信大臣兼鉄道院総裁の後藤新平に，NBL 社が大倉組を通して鉄道院の大型入札に参加することを伝え，入札の際の考慮を依頼した[55]）。これに対して，後藤はこの入札はイギリス，アメリカ，ドイツの間で分け合うことになるだろうと示唆している[56]）。

　事実，その直後に発表された入札結果によると，旅客用機関車60輌は ALCO＝三井物産24輌，ボルジッヒ社＝大倉組12輌，シュワルツコップ社＝イリス商会12輌，NBL 社＝大倉組12輌と分割発注することになった。また急勾配用機関車 6 輌は ALCO＝三井物産が落札した。その結果，1910年に入札を行った機関車66輌は，アメリカ30輌，ドイツ24輌，イギリス12輌という配分になった（表 5 - 2 ）。

3　モデル機関車の発注と納品

　1910年12月30日，モデル機関車の一部を落札した三井物産が，ALCO に旅客用過熱式 2 C 1 テンダー機関車24輌（国鉄8900形，写真19），急勾配用マレー型複式 BB テンダー機関車 6 輌を発注した。その条件は，1911年 4 月 1 日までに必ずニューヨークから蒸気船で積み出すことというものであった。ここで，納期が厳密に決められたのは，1911年 7 月15日に従価 5 ％から従価20％への機関車関税の改正が予定されていたからである。15％もの価格上昇を避けるためには，製品がこの期日より前に日本領海に入っておく必要があった[57]）。そこ

でALCOは，前者をブルックス工場に，また後者をスケネクタディ工場に割り振り，分担して製作を行った。そしてブルックス工場の24輛は3月14日から25日までに，スケネクタディ工場の6輛は3月25日から28日までの間に，それぞれ出荷され，期日に間に合わせることができた[58]。

同じ頃，イリス商会もドイツの2社（ボルジッヒ社とシュワルツコップ社）に，旅客用2Cテンダー機関車各12輛（国鉄8850形，写真20）を発注したと思われる。その納期は，前述した関税改正に対応するため，ALCOと同様，2〜3ヶ月であった[59]。そして実際，ボルジッヒ社は2ヶ月，シュワルツコップ社もそれに近い日数で機関車を完成させ，関税改正に間に合った[60]。ところで，ドイツの2メーカーが所在するベルリンには，すでに島安次郎と朝倉希一が監督官として派遣されていた。彼らはボルジッヒ社とシュワルツコップ社の工場に日参し，すべての機関車設計図面をチェックした。朝倉は，その様子を以下のように述べている。

> 両工場とも工事を急ぐが，各設計図は島監督官の承認を受ける必要があった。そこでできるだけ多く工場に行く必要があったが，両社の工場が離れているので，多くとも隔日に行けるだけであった。両工場とも打ち合わせたことの記録は翌朝島氏の宅へ届けられた。事務はかくのごとくすべきものであるとの印象を強く植え付けられた。両工場が承認を得るために提出する図面をみると，その提出順序がいかにも不規則のようであった。設計を調査するものにとっては，これは不便であるが，製作に時日を要する部分の図面をまず現場に出す必要があるからであった。そこで組立図については専門工場の経験に信頼して，これを後まわしとして，部分図面を承認(ママ)したが，これは設計者としても熟練を要し，かつなかなか困難な仕事であった[61]。

この証言から，島と朝倉が部分明細図面のレベルから設計図を分析し，過熱式蒸気機関車の製作過程をつぶさに観察したことがわかる。そして彼らがとくに重視したのは，現場で用いる部位ごとの製作図である「部分図面」（= working plan）であり，その審査は「設計者としても熟練を要し，かつなかなか困難な仕事であった」と述べている。この点は，発注者の立場を利用してその作成ノウハウを吸収したことも含め，中岡哲郎が分析した海軍や三菱（長崎

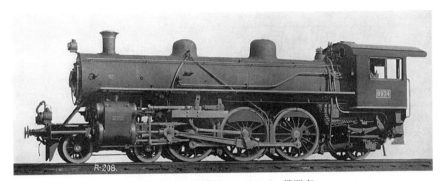

写真19　ALCO製2C1テンダー機関車

（出典）　臼井茂信『機関車の系譜図』交友社，1978年より転載。（注）　鉄道院，国鉄形式8900。

写真20　ボルジッヒ社製2Cテンダー機関車

（出典）　鉄道省編『日本鉄道史』下篇，1921年。（注）　鉄道院，国鉄形式8850。

第2節　モデル機関車の輸入

造船所）における造船技術の形成過程と共通点が多い[62]。また最先端の鉄道車輌工場に日参してその「プラクティス」をつぶさに観察できたことは，過熱式蒸気機関車国産化の準備としてだけでなく，工場管理の方法を学ぶ上でも重要な経験であった[63]。さらに朝倉は，続いてマッファイ社に発注された急勾配用過熱式Eタンク機関車（国鉄4100形，写真21）4輌の製作監督を務めることになり，1912年2月にミュンヘンに移動する。ここでも彼は，詳細設計の調査を通してドイツにおける機関車製作の「プラクティス」を習得することになった[64]。

一方，NBL社が大倉組から旅客用の飽和式2Cテンダー機関車12輌（写真18）を受注したのは，1ヶ月ほど遅れた，1911年1月28日であった。イギリス政府を巻き込んだ交渉に時間がかかったものの，結果として飽和式での納入が認められたのである。しかも発注が遅かったため，納期は1911年6月末と，アメリカ，ドイツに比べて2ヶ月ほど長かった。そのため，もちろん関税改正には間に合わず，鉄道院は15％の関税まで支払う羽目になった。

このように，鉄道院にとって苦々しい経験となったモデル機関車入札も，NBL社からみると，鉄道の母国のメンツを保つ結果であった。そのため1911年2月13日付けの外務省宛のNBL書簡は，次のように礼を述べている。

> 私たちは，日本政府の機関車注文で一定の配分を得たことを報告することを光栄に思います。私たちはイギリス政府から私たちに与えられた親切な援助に対して大いに感謝しています[65]。

この史料でNBL社は，イギリス政府のサポートのおかげで日本政府の機関車の注文を取ることができたことを強調している。自由貿易を標榜してきたイギリスも，19世紀末以降，外務省による在外企業活動への直接・間接の支援がはじまっていた[66]。この事例は，こうしたイギリスの政策的変化の一端を，如実に示しているといえよう。

なお1911年8月には，表5-2からわかるように，ALCOに対して12輌の旅客用過熱式2C1テンダー機関車の追加注文があった。この追加注文は，前述したように1910年入札で12輌がNBL社によって，過熱式ではなく飽和式で納入されたことから，過熱式蒸気機関車を補充したものと思われる。さらに1912年6月には，急勾配用マレー型複式CCテンダー機関車（国鉄9750形，写真22）

写真21　マッファイ社製Eタンク機関車
（出典）　クラウス＝マッファイ文書。（注）　鉄道院，国鉄形式4100。

写真22　ALCO製マレー複式CCテンダー機関車
（出典）　鉄道博物館所蔵。（注）　鉄道院，国鉄形式9750。

が，三井物産経由で ALCO に24輌，フレザー商会経由でボールドウィン社に18輌，高田商会経由でドイツのヘンシェル社に12輌発注された。こちらも今回は，前回 ALCO に発注した6輌と違い，過熱式の仕様となっている。また1912年2月には，進経太を代理人として，前述した過熱式の急勾配用単式Eタンク機関車4輌がドイツのマッファイ社に発注され，同年7月に完成した[67]。1912年の急勾配用機関車の発注にあたって，複式機関車を含めすべて過熱式になっている点は，ドイツから帰国して，再び運輸課工作課長に復帰していた島安次郎の意向が反映していると思われる[68]。そして，この一連の追加注文が，鉄道院が行った最後の幹線鉄道用機関車輸入であった。

第3節　機関車国産化と市場再編

1　模倣から国産化へ

1911（明治44）年6月から7月にかけて，アメリカやドイツに発注していた機関車が次々と横浜に到着した。鉄道院は，直ちに機関車の組み立てにかかるが，その際，鉄道院の技師が川崎造船所と汽車製造会社の技術者とともに，工作精度を知るための材料硬度調査を実施した[69]。さらにすべての部品の正確な記録をとり，模倣生産の準備を行った[70]。また川崎造船所は過熱式蒸気機関車生産のために，設備と人員を増強し，シュミット式過熱蒸気器の特許を取得した。こうした準備を整えた上で，鉄道院はボルジッヒ社製の旅客用機関車（国鉄8850形，写真20）の模倣生産を川崎造船所に発注する。同社の設計主任・太田吉松は，鉄道院の技師と密接なコンタクトを取りながら詳細設計図面を作成し，運輸部工作課の承認を得ながらその製造に取り組んだ。そして，1912（大正元）年には，ボルジッヒ社製を忠実に模倣した過熱式蒸気機関車12輌を作り上げた（表5-2）[71]。

さらに遅れて到着した NBL 社の飽和式蒸気機関車（国鉄8700形，写真18）についても，同様の模倣生産を試み，汽車製造会社で16輌を製作した。大倉組が強引に押し込んだ NBL 社の機関車は，飽和式であったものの，機関車自体の完成度は高く，モデル機関車としては一定の役割を果たしたのである[72]。

写真23　汽車製造会社製1Cテンダー機関車
（出典）　鉄道省編『日本鉄道史』下篇，1921年。（注）　鉄道院，国鉄形式8620。

このような徹底した模倣生産によって，民間メーカーが技術を習得したことから，鉄道院は1912年度に，翌年度以後，幹線鉄道用の新製機関車を基本的には国内の指定工場から購入し，輸入機関車は採用しない方針を打ち出した[73]。そして1914年にはシュワルツコップ社製旅客用機関車（8800形）をモデルとしつつ，鉄道院が独自設計を行った過熱式の国産標準機関車（国鉄8620形，写真23）が出現し，汽車製造会社や川崎造船所といった民間鉄道車輌メーカーでの量産がはじまった。一方，過熱式急勾配用機関車については，朝倉希一が製作監督を務めたマッファイ社製過熱式Eタンク機関車がモデルに選ばれ，1914年以降，川崎造船所において39輌が生産された（同4110形）。その際，朝倉が設計審査を通してドイツから持ち帰った資料を活用しつつ[74]，川崎造船所の太田吉松が詳細設計図面を作成した。4110形は，「完全な模倣ではなく，4100形について得た経験をもとに，設計をやり直して製造している」といわれており[75]，やはり独自設計の国産機関車であった（表5-2）。

2　機関車国産化の影響——三井物産の対応

機関車国産化は，従来，海外メーカーと代理店契約を結び，機関車輸入を行ってきた商社に大きな影響を与えた。この点について1919年8月時点におい

て，三井物産機械部は次のように述べている。

> 四十五年ニ至リ関税改正ノ結果前述ノ如ク内地製造家ヲ保護スル事トナリシヲ以テ茲ニ鉄道院ハ其補充機関車ノ全部ヲ是等工場ニ於テ製作セシメ，海外ヨリハ絶対ニ購入セザルノ方針ヲ採ルニ至レリ。当部ハ凪ニ機関車ニ就テハ American Locomotive Co. ト代理店契約シ鉄道院所要機関車ヲ納入セシガ「マレット」型機関車二十四台（価格約五百万円）ノ商内ヲ最後トシ，爾今転ジテ川崎，汽車製造会社ニ対シ所要ノ材料ヲ供給スルニ至リ，鉄道院ニ失フ処ヲ両製造所ニ於テ補フノ現状ニアリ[76]。

この史料からわかるように，三井物産による ALCO 製機関車の受注は，1912年度の急勾配用マレー複式機関車24輌が最後であり，それ以降は川崎造船所や汽車製造会社といった国内メーカーへの車輌材料の供給が主たる業務となった。ただし機関車国産化方針が打ち出されたとはいえ，車輌材料の受注は「鉄道院ニ失フ処ヲ両製造所ニ於テ補フ」状況であり，国内メーカーへの資材納入で一定の取引高を維持していた。また客貨車材料についても「鉄道院，川崎造船所，日本車輌，汽車製造会社等ニ対シ車輪，車軸，タイヤ，スプリング　カップラー等ヲ供給シ平均年額約百万円ニ達ス」といわれており，依然として輸入が続いていた[77]。さらに，当該期には鉄道用品の中心であるレールや橋梁材の取引も活発であり，第１次世界大戦直前の時期には輸入高自体は300〜400万円を維持していた（前掲表４-９）。

しかし，需要独占の状態にある鉄道院の機関車取引から閉め出された以上，三井物産は国内市場の限界を容易に見通すことができた。そのため，1910年代には，前述した対中国輸出への期待が強まっていく。表５-３が示すように，第１次世界大戦直前の1913年下期から開戦直後の14年下期にかけての中国各支店での鉄道用品販売は，最大の顧客である満鉄からの注文が減少していたこともあり，停滞気味に推移していた。これに対して，第１次世界大戦がはじまると，満鉄の設備投資が活発化し，さらに陸軍がドイツから接収した山東鉄道への資材売り込みにも成功したため，対中国輸出が本格化することになった。例えば，1919年に三井物産機械部は，満鉄51輌，山東鉄道12輌，津浦鉄道10輌，京張鉄道８輌の計81輌，1230万円分の機関車を売り込んでいる[78]。以後，三井物産＝ALCO にとっての中国市場の重要性は，増し続けていくことになる。

3 国内市場の再編

最後に，機関車国産化方針確立（1912年）以降の日本国内における機関車市場の動向をみておこう。

鉄道国有化後の日本では，幹線鉄道を鉄道院で一元的に管理・運営する一方で，その培養線となる支線鉄道については，軽便鉄道法・同補助法（1910-11年）によって民間の事業主体に補助金を与えつつ，建設・経営させるという方針が打ち出された。そのため，1911年以降，全国各地で軽便鉄道・軌道の設立が相次ぎ，1913年から1915年にかけて，第1次の軽便鉄道ブームが巻き起こった[79]。その事業者数は1912年の116社から，1915年には249社へと，2倍以上に急増しており，営業距離も1915年には計4211kmに及んでいる[80]。当時の鉄道院の営業距離が9268kmであることを考えると，軽便鉄道・軌道の普及がいかに急速であったかがうかがえる。

こうした軽便鉄道や軌道は，小型蒸気機関車や電車，石油発動車を動力車として用いていた。このうち，蒸気機関車と電車の年間増備輌数の推移をみたのが表5-4である[81]。この表から，軽便鉄道補助法が施行された1911年以降，蒸気機関車数が増加しはじめ，1914年には年間増備数が115輌に達していることがわかる。同年における鉄道院の機関車増備数は129輌であり，輌数的には官民が拮抗している状態であった。

軽便鉄道・軌道への小型蒸気機関車の供給源としては，①国内車輌メーカーによる新造，②鉄道院等からの払い下げ，③輸入という3つのルートが存在した。このうち①については，雨宮敬次郎率いる雨宮鉄工所（1907年設立，1911年大日本軌道鉄工部に改組）に代表される中小規模の車輌メーカーが重要な役割を果たした。その生産量の推計は困難であるが，1915年までに約100輌が生産されたと考えられている[82]。表5-4が示すように，1909年から1915年の全国の軽便鉄道・軌道の機関車増備数は411輌であることから，同社1社で全体の4分の1弱を供給したことになる。したがって，国内中規模車輌メーカーが[83]，当該期の軽便鉄道ブームを支えた，中心的な機関車供給主体であったことは間違いない。また②では，1914-15年度に33輌の機関車が鉄道院から民間に払い下げられている。鉄道院が，鉄道国有化後に抱え込んだ多種多様な機関車の処

理を行っていた当該期において，このルートはそれなりに重要な供給源であった。

　一方，③については，表5-4が示すように，軽便鉄道補助法が施行された1911年以降，機関車輸入額が急増している点が注目できる。当該期における機関車対日輸出の中心は，アメリカのポーター社やドイツのコッペル社（Orenstein & Koppel, ベルリン）であったといわれている。ただし，第1次世界大戦前の小型蒸気機関車輸入に関する包括的な把握は難しい。その理由の1つは，納入先が鉄道会社だけでなく，炭鉱，鉱山や製鉄所といった各種産業企業に拡がっていたため，輸入量の全体像が摑めないからである。また小型機関車の場合，注文品ではなく既製品である場合も多く，メーカー側からの解明も困難であった。例えばポーター社製機関車について，臼井茂信は次のように述べている。

> ポーター社は小形機に関しては，他社より豊富な種類とサイズをあらかじめ準備し，独自に規格化した数値をカタログに掲載して注文をとっていた。積極的になったのは大体1900年以降である。しかしボールドウィン工場に対するフレザー商会の如き一手販売の代理店はなく，日本側は時に応じ高田（商会），三井物産，コーンス（Cornes & Co.），ヒーリング（L.J. Healing Co.），その他の商社がかなり自由な取引をして輸入していた。そのうえ，幹線用の機関車でないため，注文主の要求で新規に設計し製造したものはなかった，といっても大過ない。事実上は既成設計のものから選び出すか，ストックを利用するシステムのため，商社でも注文者がいないのに，見計らって輸入した例も多い[84]。

このように，ポーター社は機関車の標準化に基づくカタログ販売を徹底し，既成設計の互換性部品を組み合わせることで，製造単価を引き下げ，軽便鉄道用や産業用の安価な機関車を日本に供給したのである。

　同様の手法を，より徹底し，1910年代から1920年代にかけて，日本に大量の小型蒸気機関車を輸出したのがドイツのコッペル社である[85]。同社は1909年以降，対日輸出を本格化させ，第1次世界大戦による中断を経つつも，1928年までに450輛以上の機関車を輸出した[86]。同社製品の魅力は，何といってもその低価格にあり，1922年時点のC形タンク機関車の事例では日本製（日本車輛

製造会社製）より約 2 割程度安かったという[87]。

　以上のように，日本国内で蒸気機関車国産化の体勢が整った1914年以降も，安価な小型蒸気機関車の輸入は続いていた。その結果，蒸気機関車の日本国内市場は，大型機関車＝国産，小型機関車＝国産＋輸入という，2 つの市場に分離された。そして，この重層的な市場構造が，第 1 次世界大戦期の混乱を超えて，1920年代まで続くことになったのである。

註
1) 「鉄道院事務分掌規程」第14条『新鉄道法令集　全』1909年 3 月，15頁。
2) 「鉄道管理局分課規定」第 6 条『新鉄道法令集　全』1909年 3 月，23頁。
3) その後，1913年に一旦，各鉄道管理局工作課が廃止され，工作課が本院技術部に一元化されるとともに，工場も本院直属となった。しかし，1915年の本院工作局設置にともない，各鉄道管理局に工作課が再置され，工場は再び管理局に属することになった。以上，日本国有鉄道編『鉄道技術発達史Ⅴ　第 4 編　車両と機械(1)』（日本国有鉄道，1958年 a）2 - 3 頁。
4) 神戸工場は1911年には機関車修理を停止し，1916年には廃止された（日本国有鉄道編『鉄道技術発達史Ⅵ　第 4 編　車両と機械(2)』〈日本国有鉄道，1958年 b〉1191頁）。
5) 朝倉希一「島安次郎先生の事業」『日本機械学会誌』51-352，1947年，20頁。
6) このうち秋山正八は日本鉄道大宮工場で，1904年に 6 輌のＣタンク機関車を独自設計によって製作した経験を有していた（臼井1976，315頁）。
7) 太田吉松は工作課で，独自設計の 2 Ｂテンダー機関車（国鉄6700形）の製作に関わっている（日本国有鉄道編1958a，14頁および臼井1978，475-477頁）。
8) 朝倉1947，20頁。
9) 沢井1998，56-57頁
10) 高村直助「独占組織の形成」高村直助編『日露戦後の日本経済』（塙書房，1988年）171頁。
11) 老川慶喜『井上勝』（ミネルヴァ書房，2013年）221-239頁。
12) 老川2013，242-243頁。
13) 臼井1976，340-347頁。
14) 沢井1998，46-53頁。
15) 沢井1998，57頁および青木1986，91-92頁。
16) 原田勝正『日本鉄道史』（刀水書房，2001年）85-95頁および沢井1998，58-59頁。
17) 'Superheating in the Past'. *The Engineer*，1910年11月18日，546頁。
18) J. F. Gairns, 1912, *Superheating on Locomotive*, London: Locomotive Publishing, 38-55頁。

19) 'The Paris Exhibition: Borsig Locomotive with superheater', *The Engineer*, 1900年9月7日, 233頁.
20) 'Superheating Locomotives', *The Engineer*, 1904年4月8日, 361頁.
21) 'International exhibition at St. Louis', *The Engineer*, 1905年3月17日, 258頁.
22) 'American Engineering news: Locomotive and rolling stock in the United States', *The Engineer*, 1907年4月26日, 430頁.
23) 'Railway Matters'. *The Engineer*, 1906年5月11日, 474頁.
24) 'Railway Matters'. *The Engineer*, 1908年1月24日, 89頁.
25) Robert Garbe, 'The application of highly superheated steam to locomotives, No.1', *The Engineer*, 1907年10月25日, 407頁. 以後, 1907年12月まで7回にわたり連載.
26) George Hughes, 'Railway Matters', *The Engineer*, 1908年1月24日, 89頁.
27) 'Superheating'. *The Engineer*, 1903年2月6日, 149頁.
28) 'Superheating Locomotives'. *The Engineer*, 1904年2月26日, 211頁.
29) 'The work of superheater and compound locomotives'. *The Engineer*, 1908年12月25日, 662頁.
30) 'Compounding and superheating in Horwich locomotives No.1', *The Engineer*, 1910年3月18日, 287頁. 以後, 1910年4月まで3回にわたり連載.
31) 'Locomotive engines in 1911', *The Engineer*, 1912年1月5, 16日.
32) 'Compounding and Superheating, Lancashire and Yorkshire Railway'. および 'Railway Matters'. *The Engineer*, 1911年1月20日, 61, 67頁.
33) 'A Question of Superheating'. *The Engineer*, 1911年11月24日, 542頁.
34) 青木栄一「交通・運輸技術の自立 II　鉄道」(山本弘文編『交通・運輸の発達と技術革新：歴史的考察』国際連合大学, 1986年) 91-92頁.
35) 青木1986, 92頁および原田2001, 84-99頁.
36) 臼井1978, 458-465頁. 仕様書の子細は以下の通り。シリンダー470×610mm, 使用圧力12.7kg/cm², 火格子面積1.86m², 全伝熱面積136.8m², 過熱面積28.5m², 固定軸距4191mm, 機関車重量37.5t, 最高時速60マイル (96km/h).
37) 臼井1978, 450-455頁. 仕様書の子細は以下の通り。シリンダー高394×610mm, 低623×610mm, 使用圧力12.7kg/cm², 火格子面積1.97m², 全伝熱面積154.59m², 機関車重量56.92t.
38) 朝倉1947, 20頁.
39) 島は1910年3月22日, 工作課長を斯波権三郎と交代した (同日付『官報』).
40) 10月14日付大倉組東京本店宛ロンドン支店書簡に,「鉄道院の新必要品」と題して9月20日付本店書簡に関する記述があるため, 入札の公示は少なくとも9月以前であったと考えられる ('London to Tokyo 1910-1926', RG131/A 1/Entry-129 Okura, アメリカ国立公文書館所蔵).

41) 1911年1月21日付 Sir Edward Grey（外務大臣）宛 MacDonald（在東京英国大使）書簡（FO371-1141-4357, 6 FEB 1911, last paper 46798/1910, イギリス国立公文書館所蔵。以下，FO文書はすべて同館所蔵）。
42) 1910年10月11日付大倉組東京本店宛ロンドン支店書簡 'London to Tokyo 1910-1926'。
43) 1910年11月5日付大倉組東京本店宛ロンドン支店書簡 'London to Tokyo 1910-1926'。
44) 1910年11月12日付大倉組東京本店宛ロンドン支店書簡 'London to Tokyo 1910-1926'。
45) 1910年12月10日付大倉組東京本店宛ロンドン支店書簡 'London to Tokyo 1910-1926'。この時点で大倉組ロンドン支店は「私たちの見積もりは，競争者のものと比べて，いかがだったでしょうか」と述べており，入札結果発表の延期を全く知らなかった。
46) 1910年12月17日付大倉組東京本店宛ロンドン支店書簡 'London to Tokyo 1910-1926'。なお大倉組ロンドン支店は，この書簡で，入札決定が遅れることで，NBL社の見積価格が漏れる危険性が高まるので，NBL社の利益を守ってくれるよう本店に要請している。
47) この時，モデル機関車製造の仕様書の原案を作成した島は，ALCOも，NBL社も却下するべしという意見をドイツから提起したといわれている（臼井1978，461頁）。
48) 'NBL Engine Orders', pp.39-40（GD329/11/3，グラスゴー大学文書館所蔵）。なおこの機関車は，NBL社がブエノスアイレスでの鉄道・陸上交通博覧会（1910年）に出品する機関車を紹介したカタログ（1909年9月発行）に掲載されている（North British Locomotive 'The Locomotives of Argentina', NBL, 1909）。
49) 1910年12月31日付大倉組東京本店宛ロンドン支店書簡 'London to Tokyo 1910-1926'。
50) 'Tenders for Locomotives for Japan: North British Locomotive Co. request assistance of FO in obtaining tenders', FO371-925-46506（1910年12月24日付）。その文面は以下の通りである。

    'Sixty six locos beg to suggest that you make application to British government will exert all then influence through then ambassador.'

51) FO371-925-46798，1910年12月24日午前9時41分発電報（from Springburn〈NBL〉to London〈FO〉）。なおNBL社の手紙は12月28日に外務省に到着。
52) FO371-925-46798，1910年12月28日付メモ。
53) FO371-925-46798，1910年12月24日（Glasgow 発信）書簡 from NBL to Secretary of State for Foreign Affairs（外務大臣）。なお受理は12月28日。
54) 1910年12月24日午後1時15分発電報（from FO to Tokyo; Telegram No.39, Tel to Sir C. MacDonald, Tokyo）。なお12月30日にはイギリス外務省がNBL社に電報代を請求し，翌31日にNBL社が外務省に礼状を出している。
55) 1911年1月21日付外務大臣（Sir Edward Grey）宛在日イギリス大使（MacDonald）書簡（FO371-1141-4357, 1911年2月6日）。
56) 1月21日付の書簡を受け取ったイギリス外務省は，2月10日付で，NBL社に対して

この情報を知らせている。1911年2月10日付 NBL（Glasgow）宛 FO Chief Clerk（London）書簡（FO371-1141-4357, 1911年2月6日）。

57) 沢井1998, 60-61頁および原田2001, 104-106頁。
58) 'American Locomotive Company Register of Contracts'（シラキュース大学所蔵）。
59) 朝倉希一はこの点について，「注文が決まったのは（1911年）2月ごろであったが，納期が特別に短かった」と述べている。朝倉希一『技術生活五十年』（日刊工業新聞社，1958年）9頁。
60) 臼井1976, 464頁。
61) 朝倉1958, 10-11頁。
62) 中岡2006, 352-354頁および405-406頁。
63) 朝倉1958, 11頁。
64) 朝倉1958, 15頁。
65) 1911年2月13日付 FO（外務大臣）宛 NBL 書簡（FO371-1141-5525, 1911年2月14日）。
66) 石井摩耶子『近代中国とイギリス資本』（東京大学出版会, 1998年）30-33頁。
67) 臼井1978, 442頁。
68) なお島の工作課長復帰は1912年である（朝倉1947, 20頁）。
69) 臼井1978, 465頁。
70) 沢井1998, 59頁。
71) 臼井1978, 479-487頁。
72) なお8700形は，1921-24年に国鉄浜松工場で，NBL 社製12輛，汽車製造会社製18輛ともに過熱式に改装された（臼井1978, 462頁）。
73) 沢井1998, 59頁。
74) 朝倉1958, 15頁。
75) 臼井1978, 448頁。
76) 三井物産機械部『機械商売ト内地工業界ノ趨勢』1919年8月（物産463），第5章3頁。
77) 三井物産機械部1919, 第5章6頁。
78) 三井物産機械部1919, 「支那ノ鉄道」35-36頁。
79) 赤坂義浩「幹線国有化後の私鉄の輸送市場」安藤精一・藤田貞一郎編『市場と経営の歴史』（清文堂出版, 1996年）239-242頁。
80) 赤坂1996, 248-251頁。
81) この表の「私設・軽便鉄道」欄は，軽便鉄道法以前に設立されていた私設鉄道（軌間1067mm）も含んでいるため，必ずしも軽便鉄道のみの数値ではない。しかし逆に，蒸気軌道も含む，当該期における鉄道院以外の蒸気機関車供給の全体像が把握できる。
82) 中川浩一・今城光英・加藤新一・瀬古龍雄『軽便王国雨宮』（丹沢新社, 1972年）66

-67頁。
83) この他にも日本車輌製造や石川鉄工所，三田鉄工所，楠木製作所，深川造船所といった中規模メーカーが小型蒸気機関車を製造している（沢井1998, 94頁）。
84) 臼井1972, 94-95頁。
85) コッペル社は1911年から1913年にかけて，ドイツにおけるアメリカン・システム導入に中心的な役割を果たしたG. シュレージンガー（Georg Schlesinger）の指導を受けて，互換性部品の導入とその規格化を行っている（幸田1994, 265頁）。
86) 臼井1973, 232頁。第1次世界大戦中には，コッペル社をはじめとするドイツ・メーカーからの機関車輸入が途絶した。この機会をとらえて，大日本軌道鉄工部（のちの雨宮製作所）などの中小国内メーカーが生産を伸ばした（中川・今城・加藤・瀬古1972, 67頁および沢井1998, 96-98頁）。
87) 臼井1973, 234-235頁。

表5-1 鉄道院工作課および各管理局工作課・主要工場技師の構成（1909年3月現在）

氏　名	1909年鉄道院所属	身分	学　歴	国有化時(1906年)所属
烏安次郎	運輸部工作課長	課長	94年帝大機械卒	鉄道局設計課技師
青山与一	運輸部工作課(08年欧米留学)	技師	97年帝大機械卒	鉄道作業局汽車部設計掛長
池田正彦	運輸部工作課(欧米留学中)	技師	99年帝大機械卒	鉄道作業局汽車部運転掛技師
高洲清二	運輸部工作課(欧米留学中)	技師	97年帝大機械卒	日本鉄道大宮工場設計主任技師
秋山正八	運輸部工作課	技師	02年帝大機械卒	日本鉄道大宮工場検査主任技師
野上八重治	運輸部工作課	技師	04年帝大機械卒	山陽鉄道設計掛長心得（07年鉄道庁2等手)
江波常吉	運輸部工作課	技師	04年帝大機械卒	
小曠壽	運輸部工作課兼務	技師		
斯波権太郎	東部管理局工作課長兼大宮工場長	課長	91年帝大機械卒	日本鉄道大宮工場長
岡部逐	東部管理局大宮工場	技師	87年東京職工学校機械卒	日本鉄道大宮工場製作主任技師
磯谷森之助	東部管理局大宮工場	技師	93年東京工業学校機械卒	日本鉄道大宮工場技手
森彦三	中部管理局工作課長兼新橋工場長	課長	91年帝大機械卒	鉄道作業局新橋工場長兼設計掛技師
島田徳五郎	中部管理局工作課兼運転課	技師	00年帝大機械卒	鉄道作業局大宮工場技師
永見桂三	中部管理局新橋工場	技師	97年帝大機械卒	鉄道作業局新橋工場長野工場長
福島穣次郎	中部管理局新橋工場	課長	94年帝大機械卒	山陽鉄道工場掛長兼兵庫工場長
田淵耕一	西部管理局工作課長	技師	05年帝大機械卒	
荒木宏	西部管理局工作課	技師	91年東京工業学校機械卒	山陽鉄道鷹取工場長
遠藤栄次郎	西部管理局鷹取工場長	技師		山陽鉄道兵庫工場鍛工場兼鋳工場主任
森山盛行	西部管理局鷹取工場	技師		山陽鉄道兵庫工場仕上場主任
松井三郎	西部管理局神戸工場	技師		
中田正一	西部管理局神戸工場	課長	04年京帝大機械卒	
加納万次郎	九州管理局営業・運転・工作課長	課長		九州鉄道汽車課製作係長兼庶務係長
宮崎操	九州管理局工作課兼技術掛主任	主任	99年帝大機械卒	九州鉄道汽車課設計係兼製作係技師
渡辺季四郎	北海道管理局工作課長	課長	99年帝大機械卒	北海道炭礦鉄道岩見沢工場長
重見道之	北海道管理局工作課技術掛主任	主任	00年帝大機械卒	北海道炭礦鉄道車輛係技師

(出典)『新鉄道法令集 全』1909年3月および木下立安編『帝国鉄道要鑑 第三版』(鉄道時報局、1906年)、印刷局編『職員録』各年より作成。

(注) 鉄道工場は機関車製造能力を有する主力工場のみを取り上げた。

222　第5章　機関車国産化の影響

表5-2 1911-12年鉄道院発注機関車の諸元

	1910年発注					1912年発注			
〈輸入機関車〉									
製造所	Borsig	Schwarzkopf	ALCO	NBL	ALCO	ALCO	Baldwin	Henschel	Maffei
国	ドイツ	ドイツ	アメリカ	イギリス	アメリカ	アメリカ	アメリカ	ドイツ	ドイツ
仲介者	大倉組	イリス	三井物産	大倉組	三井物産	三井物産	フレーザー	高田商会	進経大
車軸配置	2C	2C	2C1	2C	BB	CC	CC	CC	E
タイプ	テンダー	テンダー	テンダー	テンダー	テンダー	テンダー	テンダー	テンダー	タンク
輌数	12	12	24	12	6	24	18	12	4
国鉄形式	8850形	8800形	8900形	8700形	9020形	9750形	9800形	9850形	4100形
ボイラー	過熱式	過熱式	過熱式	飽和式	飽和式	過熱式	過熱式	過熱式	過熱式
シリンダー	単式	単式	単式	単式	複式	複式	複式	複式	単式
発注	1910/12	1910/12	1910/12/30	1911/1/28	1910/12/30	1912/6/25	1912	1912	1912
出荷	1911/3	1911/3	1911/3/25	1911/6/30	1911/3/28	1912/11/16	1912	1912	1912
製造月数	2	2.5	2.5	5	3	5			
価格(円)	27,387	27,178	37,137	33,363	(39,711)	45,271	47,781	44,443	32,362
〈模倣・追加生産〉									
製造所	川崎造船所		ALCO	汽車製造					
発注年	1911		1911/8追加	1911					
模倣・追加輌数	12		12	18					
国鉄形式				8712-29					
価格(円)	8862-73		35,844	32,512					
〈国産機関車〉									
製造所		汽車製造他							川崎造船所
設計者		島安次郎							太田吉松
国鉄形式		8620形							4110形
初発注年		1914							1914
輌数		687							39
備考	旅客用	旅客用	旅客用	旅客用	急勾配用	急勾配用	急勾配用	急勾配用	急勾配用

(出典) 沢井1998, 58-61頁および臼井1978, 464-465頁およびALCO 'Register of Contracts' Vol.11-12（1910-1912）.
(注) ALCO製9020形の価格はドルからの換算。

表5-3　三井物産鉄道用品総取扱高（部店別販売高）の推移　　　（単位：千円）

	1911年上	1911年下	1912年上	1912年下	1913年下	1914年上	1914年下
東京機械部	622	1,924	1,208	6,319	2,128	2,734	2,407
海軍掛		13					
大阪支店	876	538	181		658	441	335
三池支店		12	5		144	7	6
神戸支店			514		41	34	88
名古屋支店					56	130	44
長崎支店							5
国内小計	1,498	2,487	1,908	6,319	3,028	3,346	2,885
台北支店	228	83	109		72	120	48
台南支店	93	107	30				154
京城支店	485	418	253		618	581	490
植民地小計	805	608	391	0	691	701	693
大連支店	1,480	1,048	940		63	180	184
広東支店	3					2	136
漢口支店		61	14				
中国小計	1,483	1,109	955	0	63	182	320
合　　計	3,786	4,203	3,254	6,319	3,782	4,230	3,897

（出典）　三井物産『事業報告書』各期。

表5-4　私設・軽便鉄道および軌道における動力車増備

年	私設・軽便鉄道機関車数(輛)	蒸気軌道機関車数(輛)	蒸気機関車計(輛)	電気軌道車両数(輛)	機関車輸入額(千円)
1909	6	14	20	215	1,304
1910	4	18	22	337	324
1911	27	18	45	358	2,355
1912	35	22	57	715	802
1913	68	5	73	337	2,387
1914	86	29	115	305	447
1915	77	2	79	105	228
1916	39	27	66	5	121
1917	−3	8	5	60	112
1918	22	8	30	110	398

（出典）　沢井1998, 18-20, 26頁および84-87頁より作成。
（注）　電気軌道の車両数には客車，貨車両方を含む。

終章　日本鉄道業形成の国際的契機

　最後に，日本鉄道業形成の国際的契機について，機関車貿易をめぐる国際環境，それを活かして急速な鉄道業の発展を導き得た社会的能力，日本の政策的対応を起点とした東アジア市場の構造変化という3つの視点から考察し，本書のまとめとしたい。

1　機関車貿易をめぐる国際環境

　19世紀前半にイギリスで誕生した機関車製造業は，その直後からアメリカ，ドイツ，フランスといった欧米諸国に移転され，各国における鉄道建設の進展とともに発展した。そして1850年代になると，蒸気機関車がイギリスから，アジア，アフリカ，オセアニア，南アメリカといった植民地（公式帝国）や勢力圏（非公式帝国）に輸出され，鉄道建設が世界中ではじまった。このようにイギリスは，19世紀後半における鉄道システム拡散の原動力であった。そのため，安政五ヶ国条約によってイギリスが主導する自由貿易体制に組み込まれた日本が，明治維新直後の1869（明治2）年に，機関車を含む鉄道システム一式のイギリスからの導入を決定したことは，極めて自然であった。
　ところが，19-20世紀転換期になると，イギリスが切り拓いた機関車の世界市場に，アメリカやドイツの機関車メーカーが参入し，市場の流動化がはじまった。アメリカ・メーカーは，国内大鉄道会社からのまとまった量の注文（バッチ発注）に支えられつつ，型式の標準化と互換性生産を軸とするアメリカン・システムと呼ばれる生産方式を構築し，機関車の短納期化と低価格化を実現する。そして1880年代以降，世界各地に代理店や営業所をおき，グローバルなマーケティング活動を展開した。一方，ドイツ・メーカーは各領邦政府鉄道を主な顧客としつつ，アメリカから互換性生産システムを導入し，さらに積極的な新技術導入を進めることで，1900年代以降，世界市場への輸出攻勢をかけていく。このように世紀転換期の機関車製造業では，標準化された製品を安価に量産する生産方式（アメリカン・システム）を開発・導入したアメリカとド

225

イツのメーカーによる業界再編が急速に進展し，その動きに乗り遅れたイギリス・メーカーの凋落がはじまった。その結果，まずヨーロッパと南アメリカで，次にイギリス植民地や東アジアにおいて，イギリス・メーカーによる市場独占が崩れ，世界的に競争的な市場構造が出現した。

　さらに，当該期における機関車輸出をめぐる国際競争は，価格と納期だけでなく，技術革新を含む品質面での競争をも内包していた。それはイギリスとアメリカの機関車の性能比較や，過熱式蒸気機関車の走行実験が世界各地で行われ，その情報が技術雑誌などを通して共有されたことからもうかがえる。そのため需要者である鉄道事業者は，良質で安価な機関車を短納期で手に入れることが可能になった。

　このように，1880年代から1910年前後にいたる30年間は，後発国における鉄道業形成にとって，有利な市場環境であったといえる。当該期に，日本では2度にわたる鉄道ブームが生じ，民営鉄道を中心として鉄道業が急速な発展を遂げた。その背景には，こうした国際環境が存在していたのである。

2　国際環境を活かす社会的能力

　一方，有利な国際環境を活かして鉄道業を形成するためには，受け手側の社会的能力が不可欠であった。この点を機関車調達に即して考えると，①仕様書作成や材料選択，製品検査の能力を持つ技術者の養成，②入札制度の整備による競争的調達システムの構築，③円滑な資材輸入を可能にする社会インフラの整備，④資材購入のための資金調達という，4つの要素が重要となる。

　このうち①については，1890年代後半に最後まで残っていたお雇い外国人であるオルドリッチ（差配人兼書記官）やF.H.トレヴィシック（汽車監察方）が相次いで解雇され，日本の技術的自立が完了した点が注目できる。彼らに代わって，工部大学校―帝国大学をはじめとする国内高等教育機関の卒業生が，官営鉄道や民営鉄道の汽車部長や工場長として，資材選定・発注の実権を握った。その結果，特定の国からの資材購入にこだわらず，グローバルな視点からの最適調達が目指されるようになった。さらに1900年前後には，日本人技術者による国産機関車製造もはじまり，基本設計＝仕様書の作成だけでなく，詳細設計＝明細図面の作成も可能になった。それは，日本における独自の機関車製

造技術の形成を意味していた[1]）。

　②については，1890年以降，官民双方で競争入札の制度が導入されはじめ，1900年頃には指名競争入札が一般化した。メーカーと仲介業者の両方を指名することで，鉄道事業者は一定水準の価格と品質，納期の機関車を，安定的に購入することができるようになった。一方，限られた入札参加者の間では，手数料の引き下げを含む激しい競争が行われたことから，商社とメーカーとの特別な関係の有無が勝敗を分けることになった。そのため三井物産や大倉組，フレザー商会といった仲介業者は，イギリス，アメリカ，ドイツの有力メーカーとの代理店契約の獲得に全力を傾注することになる。

　③については，定期汽船網や海底電信ケーブルといった交通・通信インフラの整備に加え，日本商社の世界的な支店網形成が大きな意味をもった。世紀転換期には高田商会，三井物産，大倉組といった機械輸入商社が，ロンドン，ニューヨーク，ベルリンといった欧米の主要都市に支店を開設し，それぞれの国の有力機関車メーカーと取引関係を構築して対日輸出の体制を整えた。そのため日本の鉄道事業者は，目的や条件に合った機関車を，イギリス，アメリカ，ドイツ，どの国からでも自由に選択し，注文することができるようになった。これは，基本的には母国メーカーとの関係を軸に事業を展開していた外国商社との大きな違いである。日本商社の台頭は，当該期の日本鉄道業における最適調達を可能にした重要な前提条件であった。

　④については，日清戦争（1894-95年）の前後で状況が大きく異なる。日清戦争以前の日本では，創業期を除き，基本的には株式会社制度や内国債を活用しつつ，国内各地に分厚く存在した資産家層から，幅広く資金を調達することで鉄道建設を行った[2]）。国際金本位制と多角的決裁システムの構築により，緊密な国際的金融取引が行われていた当該期に，日本があえて外資を遮断し，国内資金による鉄道建設を進めた背景には，植民地化に対する強い警戒心があった。一方，日清戦争の勝利によって植民地化の危機が遠のいた1890年代後半には，国際金本位制への参加（1897年）を契機として，官民双方で鉄道建設への外資導入が論じられはじめた。そして実際に，1900年代には社債や公債という形での外資導入が本格化することになった[3]）。

3　東アジア市場の構造変化

　東アジアにおける機関車貿易は，本書で論じたように，19世紀後半から20世紀初頭にかけて，日本市場を中心に展開してきた。これは日本が，東アジアの他地域に先駆けて，国内における鉄道建設を開始し，鉄道業を急速に発展させてきたからである。日清戦争後には，日本資本による台湾や朝鮮半島での鉄道建設がはじまり，機関車が輸入されたものの，その規模は小さかった[4]。そのため，ボールドウィン社やスケネクタディ社―ALCOのようなアメリカ機関車メーカーもまた，日本にトラベリング・エージェントを送り込み，代理店を設けて，日本国内での機関車の売り込みに注力する。その結果，ボールドウィン社では，1897年に日本が輸出先の第1位となり，同社輸出高の過半数を占めるに至った。世紀転換期の日本は，世界的にみて最も活発な機関車市場の1つであったといえよう。

　ところが，日露戦争（1904-05年）後になると，日本の鉄道国有化（1906-07年）や，中国東北部での南満州鉄道の設立（1906年）によって，東アジアにおける機関車市場に大きな構造変化が生じた。日本国内では，鉄道国有化によって帝国鉄道庁―鉄道院による需要独占が成立し，政府の意向が機関車市場に大きな影響を与えるようになった。この機を捉えて，汽車製造会社や日本車輛製造会社，川崎造船所といった日本の鉄道車輛メーカーが，政府に対して鉄道車輛の国内発注を働きかけはじめた。その結果，1909年に鉄道車輛国内発注の方針が打ち出され，1912年度には機関車国産化が確定した。さらに1911年には関税改正が行われて機関車に高率の輸入関税がかけられるようになったことから，海外から日本への幹線鉄道用機関車の輸入は途絶することになる。

　一方，日露戦争によって日本の植民地や勢力圏となった朝鮮半島や中国東北部では，当該期に鉄道建設や改良が急ピッチで進み，大きな機関車需要が生まれた。この機をとらえて，アメリカのメーカーは主な輸出先を日本から，中国，朝鮮にシフトし，南満州鉄道や朝鮮鉄道，中国の民族資本系諸鉄道への機関車売り込みに注力していく。この方向転換に，三井物産やフレザー商会といった内外商社が深く関与していたことはいうまでもない。なかでも，東アジア全域に支店網をもつ三井物産は，現地の情報をきめ細かく分析しながら，新たな市

場開拓を行っていった。

　以上のように，日本の鉄道業は，国内で形成された工業化の社会的能力を活かし，機関車をはじめとする鉄道用品貿易をめぐる熾烈な国際競争を利用することで，急速な発展を遂げることができた。そして，1910年前後に機関車などの自給体制を整え，外部からの資材供給に依存せずに鉄道の再生産が行えるようになったところで，第1次世界大戦を迎えた。機関車世界市場からの日本の離脱は，奇しくも経済的な国際分業の深化を特徴とする第1次グローバル化の終焉と軌を一にしていたのである[5]。

　戦争によるグローバル経済の破壊は，国際分業の前提を掘り崩し，各国経済のブロック化を導いた。両大戦間期の日本でも，鉄道院と主要鉄道車輌メーカーとの双方独占的な国内市場が形成され，台湾，朝鮮，満州といった植民地や勢力圏に対する鉄道システムの移輸出がはじまることになる[6]。こうした帝国内市場の占有を目指す日本の動きと，東アジア市場のさらなる構造変化の検討は，次の課題としたい[7]。

註
1) ただし，この時代における国産機関車製造はあくまで模倣生産の段階であり，本格的な独自設計の国産機関車の登場は，第1次世界大戦期以降になる（青木1991, 9頁）。なお機械工業における学卒技師の役割の変化については中岡2006, 455-460頁を参照。
2) 本書では分量の関係で，資材輸入のための資金調達に関する分析は行えなかった。この点については，日清戦争以前は中村尚史『日本鉄道業の形成』（日本経済評論社，1998年）を，日清戦争以後は中村尚史「明治期鉄道業における企業統治と企業金融」荻野喜弘編著『近代日本のエネルギーと企業行動』（日本経済評論社，2010年）119-136頁を参照。なお鉄道投資家側の資金調達については，中村尚史「明治期三菱の有価証券投資」『三菱史料館論集』2号，2001年，69-134頁を参照。
3) Toshio Suzuki, 1994, Japanese Government Loan Issue in the London Capital Market 1870-1913, London: The Athlone Press, および鈴木俊夫「第一次世界大戦前のロンドン金融市場と日本企業」阿部武司・中村尚史編著『産業革命と企業経営』（ミネルヴァ書房，2010年）281-258を参照。
4) 1903年における台湾の機関車は30輌，朝鮮は19輌（建設中の京釜鉄道13輌を含む）であり，日本国内の1604輌には，はるかに及ばなかった（台湾総督府交通局鉄道部『台湾鉄道史　下』〈台湾総督府鉄道部，1911年〉108-109頁および図序-2，表4-7より）。

5) 小野塚知二編『第一次世界大戦開戦原因の再検討』(岩波書店, 2014年) 序章。
6) 沢井1998, 第3, 4章。
7) この論点については, とりあえず第51回経営史学会全国大会共通論題「東アジアにおける鉄道技術の展開」報告要旨集 (2015年10月) を参照。

あとがき

　本書が主な対象とした19-20世紀転換期から100年後，世界は再びグローバル化の時代を迎えた。鉄道分野におけるグローバル競争の焦点は，100年前の蒸気機関車から，新幹線をはじめとする高速鉄道車輛へと遷移し，日本はドイツやフランスとともに，技術的にその先頭を走っている。ところが市場シェアの面で，日本企業（日立や川崎重工）は，鉄道車輛工業のビッグ3と呼ばれるジーメンス（ドイツ），アルストム（フランス），ボンバルディア（カナダ）の後塵を拝している。ビッグ3は鉄道車輛だけでなく，総合的な鉄道システム全体を受注する能力を有しており，個々の日本企業にとってその背中は遠い。ただし，グローバル化の時代において，世界市場の情勢は流動的である。本書で述べたように，19世紀に世界を席巻したイギリスは，20世紀初頭にアメリカン・システムや過熱式蒸気機関車という新しい生産システム・技術への対応において，アメリカやドイツに後れを取った。その結果，世界市場における地位を，急速に低下させることになった。このように，グローバル競争の中では，ある技術革新への対応如何で，急激に市場構造が転換することがあり得る。その意味で，高い技術力を誇る日本の鉄道関連企業群が互いに協力し合えば，ビッグ3へのキャッチアップの可能性も拓けてくるといえよう。

　一方，近年の日本は，新興国・中国の猛烈な追い上げを受けている。中国は2004年にドイツや日本の鉄道車輛メーカーと高速鉄道車輛の技術導入契約を締結した。そして，2008年に北京―天津間，2011年には北京―上海間の高速鉄道が開業するなど，急速に国内高速鉄道網を構築してきた。この間，2010年には，中国の車輛メーカーが「独自開発」した鉄道車輛（CRH-380AL）が，試験運転で最高速度486kmを達成し，2011年にその改良型のアメリカでの特許申請を行った。その矢先である同年7月，浙江省温州市で高速鉄道の衝突事故が発生したものの，高速鉄道網拡張のスピードは落ちず，2012年には北京―広州間の高速鉄道が開業した。中国は，高速鉄道技術の導入からわずか10年足らずで，1万6000kmの高速鉄道を建設し，少なくともスピードの面では日本の鉄道車

輌メーカーをしのぐ水準に達したのである。

　こうした中国における急速な鉄道車輌技術の発達については，日独からの「盗用」，「模倣」という批判が存在する。しかし，総合的な技術である鉄道システムの形成過程において，導入した複数の技術を徹底的に模倣し，すり合わせていくという手法で技術を蓄積することは，別に珍しくない。その代表例が，本書が検討した100年前のドイツであり，日本である。いずれも先進国からの技術導入，多様な技術の模倣と収斂を経て，独自技術を開発し，最終的には技術面で世界の頂点に立った。その一方で，19世紀末に自国製品の品質の高さを誇示していたイギリスは，気がつくと価格や納期の面で新興国に太刀打ちできなくなっていた。グローバル化の時代において，「良いものであれば高くても売れる」という話には，限界があるといえよう。さらにイギリス・メーカーは，職人的な製品の造り込みに拘わるあまり，生産システムや技術の急激な変化に対応できなかった。独自技術による成功体験が，次なる技術革新を阻む結果になったのである。自由貿易を標榜していたはずのイギリスが，政治力を駆使して規格外の製品を無理矢理売り込む姿は，この点を如実にあらわしている。

　私たちが，100年前のイギリスの轍を踏まないためには，グローバル化の時代における市場のあり方を正確に認識し，自らの成功体験を乗り越え，多様な鉄道関連企業と共に不断の技術革新を進める必要がある。その先に，鉄道システム・車輌輸出の新たな展開が見えてくるのかもしれない。

　私が歴史研究をはじめた頃，語学が苦手で日本史に進んだ自分が，多言語文書アプローチを標榜する本を出すことになるとは，夢にも思っていなかった。この四半世紀，世界では急速にグローバル化が進み，その波は否応なく，日本史研究にも押し寄せた。インターネットを用いた文献・史料検索ツールやデジタル・アーカイブが発達し，日本に居ながらにして海外の研究や史料の情報が入手できるようになった。円高と航空自由化で国際便の航空運賃が下がり，気軽に海外に行けるようになった。その結果，自然と海外の研究者やアーキビストとの交流が増え，日本史研究者が史料を求めて海外調査に行くことも珍しくなくなった。気がつけば，私自身，毎年のように海外に出かけ，世界各地の文書館や図書館を巡って，様々な史料を収集するようになっていた。

本書は，こうした研究環境の変化を背景としつつ，国際関係史的な視点から日本鉄道業の形成過程を再検討したものである。本書の執筆にあたっては，実に多くの方々にご指導とご協力をいただいた。お世話になった全ての皆さまに，まず心からお礼を申し上げたい。

　思い起こせば，私がはじめて世界経済史的な発想にふれたのは，熊本大学と九州大学における桑原莞爾先生のイギリス経済史のゼミナールだった。桑原先生のご指導の下でS.B.ソウルらの論文を講読し，19世紀末の世界経済のあり方について議論したことを懐かしく思い出す。また国際関係経営史については，東京大学社会科学研究所で工藤章先生に親しくご指導いただいた。東京大学大学院経済学研究科で開講した工藤・中村ゼミには，日本史やドイツ史だけでなく，国際関係史の若手研究者も集い，活発な議論が展開された。そこで得られた知見や情報は，海外史料調査の際に大いに役立った。

　イギリス経営史の湯沢威先生には，イギリス機関車製造業についてのご教示をいただくとともに，2003年，イギリス国立文書館（NA）に連れて行っていただき，イギリスにおける鉄道関係史料の調査方法の手ほどきを受けた。またジャーディン・マセソン商会研究の先達である石井寛治先生には，ケンブリッジ大学図書館が所蔵する同商会文書の概要や調査方法，帳簿の読み方などについて，懇切丁寧なご教示をいただいた。湯沢先生と石井先生のご指導のおかげで，イギリスにおける史料調査を円滑にはじめることができた。その後，シェフィールド大学（2003年11月-2004年1月，文部科学省派遣）とロンドン大学LSE（2007年3月-2008年3月，国際交流基金派遣）に，それぞれ短期，長期で滞在する機会を得て，イギリスでの史料調査は大いに進展した。

　アメリカ経営史に関しては，埼玉大学経済学部で大東英祐先生にご指導いただいた。大東先生と合同で開講した大学院ゼミで，先生の全著作を講読しながら，アメリカ機械工業史のみならず，経営史学の方法全般についてご教示を得ることができたことは，まさに僥倖であった。また2002年，大島久幸氏のお世話で，渡邉恵一氏とともにアメリカ国立公文書館（NARA）とハグレー博物館・図書館に出かけたのが，アメリカ史料調査の最初であった。当時の私は英会話もままならない状態で，まさに珍道中であったが，この時，ハグレーでボールドウィン社の経営史料に，NARAで三井物産や大倉組の接収史料に出

会い，本研究の端緒が開かれた。その後，2005年からは，上山和雄先生，吉川容氏を中心とする在米日系企業史料の共同研究（北米史料研究会）に加わり，商社史研究に本格的に携わることになった。

ドイツの調査では，2007年当時，ボン大学の博士候補生であったアネリ・ヴァレントヴッツ氏に大変お世話になった。同氏のおかげで，クラウス・マッファイ社の経営史料にアクセスすることが可能となり，手書きのドイツ語という，私の語学能力をはるかに超えた難読史料の読解も助けていただいた。またドイツ機関車製造業に関しては鳩澤歩氏，馬場哲氏，フランス機関車製造業については中島俊克氏，矢後和彦氏に様々なご教示をいただいた。

日本に関しては，鉄道車輌や機械技術史の分野における，沢井実先生，中岡哲郎先生をはじめとする多くの経済史・技術史研究者や，臼井茂信氏をはじめとする鉄道趣味の方々の深い学恩を痛感した。これまで主に土木技術に注目してきた私にとって，同じ鉄道技術とはいえ，機械技術は全く未知の領域であった。それにも関わらず，比較的短期間で，その全体像を何とか把握できたのは，ひとえに当該分野における分厚い研究蓄積のおかげであった。

さらに，沢井先生，湯沢先生，鳩澤氏と，菅武彦氏，中林真幸氏，二階堂行宣氏には，本書の草稿を丁寧に査読していただき，それぞれ極めて貴重なコメントを頂くことができた。諸氏のご指摘を活かしつつ，論点の絞り込みや追加を行ったことで，本書の完成度は多少なりとも高まったのではないかと考えている。その過程で，書き下ろしに近い本を刊行する際に生じる，思い込みによる錯誤や事実誤認，論点の偏りなどを修正できたことは，本当に幸せであった。

また本書の内容の多くは，東京大学大学院経済学研究科，慶應義塾大学大学院文学研究科で開講した私のゼミナールで報告させていただいた。専門的な内容の授業にお付き合いいただき，文章表現，誤植にとどまらず，内容にまで踏み込んだ忌憚ない意見を寄せてくれた大学院生諸君に，心から感謝したい。

なお本書の参照文献リスト作成は，妻・差江子に手伝ってもらった。2度の在外研究に付き合ってもらったことに加え，この10年間，私の国内外への出張が急増したため，妻と3人の子供たちに大きな負担をかけてきたと思う。それにもかかわらず，私の研究活動に，いつも明るく協力してくれている家族みんなに，あらためて感謝したい。

本書は概ね書き下ろしであるが，第1章第2節，第3節は「世紀転換期における機関車製造業の国際競争」（湯沢威・鈴木恒夫・橘川武郎・佐々木聡編『国際競争力の経営史』有斐閣，2009年）を，第3章第3節2は「大倉組ニューヨーク支店の始動と鉄道用品取引」（上山和雄・吉川容編著『戦前期北米の日本商社』日本経済評論社，2013年）の一部を，それぞれ改稿したものである。

　本研究の史料の閲覧，収集に関しては，以下のような多くの史料所蔵機関と，そのアーキビストの方々にお世話になった。
　イギリス国立鉄道博物館，グラスゴー大学文書館，グラスゴー・ミッシェル図書館，国立国会図書館，佐賀県立図書館，サルフォード地方文書館，シラキュース大学図書館，ジーメンスA. G.，スミソニアン協会文書室，総務省統計局図書館，鉄道博物館，東京大学経済学部図書館，東京大学社会科学研究所図書室，東京大学総合図書館，東京経済大学図書館，バイエルン経済文書館，一橋大学図書館，マンチェスター科学産業博物館，三井文庫，南メソジスト大学図書館，リヴァプール国立博物館

　本書のもとになった研究に対しては，文部科学省海外研究開発動向調査（2003年度），国際交流基金知的交流フェローシップ（派遣，2006年度），日本学術振興会科学研究費補助金（若手研究（B））2003-05年度（課題番号15730168），基盤研究（C）2008-10年度（課題番号20539001），基盤研究（C）2011-14年度（課題番号23530406），基盤研究（B）海外学術2006-08年度（課題番号18402026），基盤研究（B）海外学術2010-12年度（課題番号22402028），基盤研究（B）海外学術2013-15年度（課題番号25301031）の研究助成を受けた。これらの研究助成がなければ，世界中に史料調査に出かける必要がある，本書のような研究は成り立たなかった。関係各位に，記して感謝の意を表したい。

　　2015年11月

中　村　尚　史

参照文献一覧

日本語文献

青木栄一「交通・運輸技術の自立　Ⅱ鉄道」(山本弘文編『交通・運輸の発達と技術革新』国際連合大学〈発売・東京大学出版会〉, 1986年)

青木栄一「交通・運輸体系の統合　Ⅱ鉄道」(山本弘文編『交通・運輸の発達と技術革新』国際連合大学〈発売・東京大学出版会〉, 1986年)

青木栄一「日本の幹線用蒸気機関車の発達」(『鉄道史学』第9号, 1991年)

赤坂義浩「幹線国有化後の私鉄の輸送市場」(安藤精一・藤田貞一郎編『市場と経営の歴史』清文堂出版, 1996年)

秋田茂『イギリス帝国とアジア国際秩序』名古屋大学出版会, 2003年

秋田茂「アジア国際秩序とイギリス帝国, ヘゲモニー」(水島司編『グローバル・ヒストリーの挑戦』山川出版社, 2008年)

朝倉希一「島安次郎先生の事業」(『日本機械学会誌』第51巻第352号, 1947年)

朝倉希一『技術生活五十年』日刊工業新聞社, 1958年

麻島昭一『戦前期三井物産の機械取引』日本経済評論社, 2001年

石井寛治『近代日本とイギリス資本』東京大学出版会, 1984年

石井摩耶子『近代中国とイギリス資本』東京大学出版会, 1998年

イリス編『イリス150年——黎明期の記憶』株式会社イリス, 2009年

上山和雄『北米における総合商社の活動』日本経済評論社, 2005年

上山和雄・吉川容編著『戦前期北米の日本商社』日本経済評論社, 2013年

臼井茂信『国鉄蒸気機関車小史』鉄道図書刊行会, 1958年

臼井茂信『機関車の系譜図1』交友社, 1972年

臼井茂信『機関車の系譜図2』交友社, 1973年

臼井茂信『機関車の系譜図3』交友社, 1976年

臼井茂信『機関車の系譜図4』交友社, 1978年

内田星美「初期高工卒技術者の活動分野・集計結果」(『東京経済大学会誌』第180号, 1978年)

内田星美「明治後期民間企業の技術者分布」(『経営史学』第14巻第2号, 1979年)

老川慶喜『井上勝』ミネルヴァ書房, 2013年

大倉財閥研究会編『大倉財閥の研究』近藤出版社, 1982年

大島久幸「三井物産における輸送業務と傭船市場」(中西聡・中村尚史編著『商品流通の近代史』日本経済評論社, 2003年)

小笠原茂「19世紀前半におけるドイツ機械工業の発展」(『商学論集(福島大学)』第38巻第2号, 1969年)

小川資源『南清鉄道線路調査記事』三井物産，1900年
小野塚知二編『第一次世界大戦開戦原因の再検討』岩波書店，2014年
笠井雅直「高田商会とウェスチングハウス社」(『商学論集（福島大学）』第59巻第4号，1991年）
粕谷　誠『豪商の明治』名古屋大学出版会，2002年
金田茂裕『日本蒸気機関車史　官設鉄道編』交友社，1973年
川崎健・用田敏彦・山口貴史「欧州鉄道向け車両技術」(『日立評論』第89巻第11号，2007年）
北　政巳「19世紀グラスゴウ蒸気機関車製造業発展史」(『創価経済論集』第22巻第4号，1993年）
木下立安編『帝国鉄道要鑑　第1版』鉄道時報局，1900年
木下立安編『帝国鉄道要鑑　第2版』鉄道時報局，1903年
木下立安編『帝国鉄道要鑑　第3版』鉄道時報局，1906年
木山　実『近代日本と三井物産』ミネルヴァ書房，2009年
久米邦武編『特命全権大使　米欧回覧実記』第2巻，岩波文庫版，1993年
幸田亮一『ドイツ工作機械工業成立史』多賀出版，1994年
小風秀雅「序」(小風秀雅・季武嘉也編『グローバル化のなかの近代日本』有志舎，2015年）
小島英俊『鉄道技術の日本史』中公新書，2015年
斎藤晃『蒸気機関車200年史』NTT出版，2007年
坂上茂樹『鉄道車輛工業史と自動車工業』日本経済評論社，2005年
沢井　実『日本鉄道車輛工業史』日本経済評論社，1998年
山陽鉄道株式会社庶務課編『規則類鈔』山陽鉄道，1907年（『明治期鉄道史資料第2期第2集27　鉄道企業例規集（Ⅱ）』に所収）
末廣　昭『キャッチアップ型工業化論』名古屋大学出版会，2000年
杉山伸也『明治維新とイギリス商人』岩波新書，1993年
鈴木俊夫「第一次世界大戦前のロンドン金融市場と日本企業」（阿部武司・中村尚史編著『産業革命と企業経営』ミネルヴァ書房，2010年）
台湾総督府交通局鉄道部『台湾鉄道史　下』台湾総督府鉄道部，1911年
高木宏之『満州鉄道発達史』潮書房光人社，2012年
高木宏之『国鉄蒸気機関車史』ネコパブリッシング，2015年
高橋秀行「初期ボルジッヒ企業の成長と機関車生産の展開」(『大分大学経済論集』第27巻第3号，1975年）
高村直助「独占組織の形成」（高村直助編『日露戦後の日本経済』塙書房，1988年）
武田晴人『談合の経済学』集英社，1994年
鉄道史学会編『鉄道史人物事典』日本経済評論社，2013年
鉄道省編『日本鉄道史』上・中・下，鉄道省，1921年
中岡哲郎編『技術形成の国際比較—工業化の社会的能力—』筑摩書房，1990年
中岡哲郎『日本近代技術の形成』朝日新聞社，2006年

中川　清「明治・大正期における兵器商社高田商会」(『白鷗法学』第1号，1994年)
中川　清「明治・大正期の代表的機械商社高田商会（上）」(『白鷗大学論集』第9巻第2号，1995年)
中川浩一・今城光英・加藤新一・瀬古龍雄『軽便王国雨宮』丹沢新社，1972年
中村青志「大正・昭和初期の大倉財閥」(『経営史学』第15巻第3号，1980年)
中村尚史『日本鉄道業の形成』日本経済評論社，1998年
中村尚史「明治期三菱の有価証券投資」(『三菱史料館論集』第2号，2001年)
中村尚史「鉄道技術者集団の形成と工部大学校」(鈴木淳編『工部省とその時代』山川出版社，2002年)
中村尚史「世紀転換期における機関車製造業の国際競争」(湯沢威・鈴木恒夫・橘川武郎・佐々木聡編『国際競争力の経営史』有斐閣，2009年)
中村尚史『地方からの産業革命』名古屋大学出版会，2010年
中村尚史「明治期鉄道業における企業統治と企業金融」(荻野喜弘編著『近代日本のエネルギーと企業行動』日本経済評論社，2010年)
中村尚史「大倉組ニューヨーク支店の始動と鉄道用品取引」(上山和雄・吉川容編著『戦前期北米の日本商社』日本経済評論社，2013年)
奈倉文二『日本軍事関連産業史』日本経済評論社，2013年
西村閑也「第一次グローバリゼーションとアジアにおける英系国際銀行」(西村閑也・鈴木俊夫・赤川元章編『国際銀行とアジア』慶應義塾大学出版会，2014年)
日本工学会編『明治工業史　機械編　地学編』啓明会，1930年
日本国有鉄道編『日本国有鉄道百年史』第1巻，日本国有鉄道，1969年
日本国有鉄道編『日本国有鉄道百年史』第4巻，日本国有鉄道，1972年
日本国有鉄道編『日本国有鉄道百年写真史』交通協力会，1972年
日本国有鉄道編『鉄道技術発達史Ⅴ　第4編　車両と機械（1）』日本国有鉄道，1958年（クレス出版復刻版，1990年)
日本国有鉄道編『鉄道技術発達史Ⅵ　第4編　車輌と機械（2）』日本国有鉄道，1958年（クレス出版復刻版，1990年)
日本国有鉄道北海道総局編『北海道鉄道百年史　上』日本国有鉄道，1976年
日本鉄道株式会社庶務課編『日本鉄道株式会社例規彙纂』日本鉄道，1903年（『明治期鉄道史資料第2期第2集27　鉄道企業例規（Ⅱ）』に所収)
野田正穂・原田勝正・青木栄一・老川慶喜編『日本の鉄道』日本経済評論社，1986年
橋本克彦『日本鉄道物語』講談社文庫，1993年
橋本毅彦「英国からの視線」(鈴木淳編『工部省とその時代』山川出版社，2002年)
橋本毅彦『「ものづくり」の科学史』講談社，2013年
羽田　正「Global History，グローバル・ヒストリーと日本史」(『岩波講座日本歴史　月報11』岩波書店，2014年)
林田治男『日本の鉄道草創期』ミネルヴァ書房，2009年

原田勝正『日本鉄道史』刀水書房，2001年

日野清芳『横浜貿易捷径』1893年（横浜郷土研究会復刻版，1995年）

藤瀬浩司『20世紀資本主義の歴史1　出現』名古屋大学出版会，2012年

水島司編『グローバル・ヒストリーの挑戦』山川出版社，2008年

三井物産合名会社『機械鉄道金物会議議事録　明治39年』三井物産，1906年

三井物産合名会社庶務課『機械部会議議事録　明治40年』三井物産，1907年

三井物産機械部『機械商売ト内地工業界ノ趨勢』三井物産，1919年

三井物産本店機械部調査掛『調査彙報秘号　反対商ノ近状　第二』三井物産（1920年）

村上享一『大鉄道家故工学博士　南清君の経歴』鉄道時報局（木下立安），1904年

森田忠吉『横浜成功名誉鑑』横浜商況新報社，1910年

山下正明「第一次大戦前の車輛・機関車産業と設備信託金融」（『証券研究』第60号，1980年）

山田直匡『お雇い外国人　4交通』鹿島研究所出版会，1968年

湯沢　威「イギリス経済の停滞と蒸気機関車輸出」（『学習院大学経済経営研究所年報』第3号，1989年）

湯沢　威『鉄道の誕生』創元社，2014年

横浜開港資料館編『図説　横浜外国人居留地』横浜開港資料館，1998年

横浜姓名録発行所編『横浜姓名録　全』横浜姓名録発行所，1898年

吉川三次郎『清国福建浙江両省内鉄道線路踏査報告書』三井物産，1900年

渡部　聖『大倉財閥の回顧』私家版，2002年

渡部　聖「裸にされた総合商社」（『エネルギー史研究』第26号，2011年）

外国語文献

Brown, John K., 1995, *The Baldwin Locomotive Works: 1831-1915*, Baltimore: John Hopkins University Press

Burnham, Williams & Co. ed., 1897, '*Baldwin Locomotive Works Narrow Gauge Locomotives, Japanese Edition, Frazar & Co. of Japan Agents, Yokohama*', Philadelphia: J.B. Lippincott Co.

Campbell, R. H., 1990, 'The North British Locomotive Company between the Wars' Davenport-Hines, R.P.T. ed. *Business in the age of Depression and War*, London: Frank Cass

Carter, S.B., Gartner, S.S., Haines, M.R., Olmstead, A.L., Sutch, R., and Wright, G., eds., 2006, *Historical Statistics of the United States, Millennial Edition Online*, Cambridge: Cambridge University Press

Crouzet, François, 1977, 'Essor, déclin et renaissance de l'industrie française des locomotives', *Revue d'Histoire Economique et Sociale*, Vol 55, No. 1-2

Digby, W. Pollard, 1904, 'The British and American Locomotive Export Trade', *The Engineer*, December 16

Digby, W. Pollard, 1905, 'The Earning Power of British Rolling Stock from 1894-1903', *The Engineer*, September 22

Eisenbahnjahr Ausstellungsgesellschaft ed. 1985, *Zug der Zeit, Zeit der Zuge: Deutsche Eisenbahn 1835-1985*, Berlin: Siedler

Endacott, George. B., 1962, *A Biographical Sketch-book of Early Hong Kong*, Hong Kong: Hong Kong University Press

English, Peter J., 1982, *British Made: Industrial Development and Related Archaeology of Japan*, Nederland: De Archeologische Pers

Ericson, Steven J., 1996, *The Sound of the Whistle : Railroads and the State in Meiji Japan*, Cambridge Mass : Harvard University Press

Ericson, Steven J., 1998, 'Importing Locomotives in Meiji Japan, International Business and Technology Transfer in the Railroad Industry', *Osiris: A Research Journal Devoted to the History of Science and Its Cultual Influences*, Second Series Vol.13

Ericson, Steven J., 2005, 'Taming the Iron Horse: Western Locomotive Makers and Technology Transfer in Japan, 1870-1914', G. L. Bernstein, A. Gordon, and K. W. Nakai eds. *Public Spheres, Private Lives in Modern Japan, 1600-1950*, Cambridge Mass.: Harvard University Press

Feldwick W. ed., 1919, *Present-day Impression of Japan*, Yokohama: The Globe Encyclopedis Co.

Fitch, Charles H., 1888, *Report on the Manufactures of Interchangeable Mechanism*, Washington D.C.: Government Print Office

Fremdling, R., Federspiel, R., and Kunz, A. eds., 1995, *Statistik der Eisenbahnen in Deutsceland 1835-1989*, St. Katharinen: Scripta Mercaturae Verlag

Gairns, J. F., 1912, *Superheating on Locomotive*, London: Locomotive Publishing

Garbe, Robert, 1907, 'The Application of Highly Superheated Steam to Locomotives, No. 1 ', *The Engineer*, October 25

Gerschenkron, Alexander, 1962, *Economic Backwardness in Historical Perspective*, Cambridge Mass.: Belknap Press of Harvard University

Headrick, Daniel R., 1981, *The Tools of Empire: Technology and European Imperialism in the Nineteenth Century*, Oxford: Oxford University Press (原田勝正・多田博一・老川慶喜訳『帝国の手先』日本経済評論社, 1989年)

Helmholtz, R. and Staby W. eds., 1981, *Die Entwicklung der Lokomotive 1 Band*, München: Georg D.W. Callwey

Hills, Richard L., 1968, 'Some Contributions to Locomotive Development by Beyer Peacock & Co.', *The Newcomen Socirty Transactions*, vol.40

Hounshell, David A., 1985, *From the American System to Mass Production, 1800-1932 : The Development of Manufacturing Technology in the United States*, Baltimore: Johns

Hopkins University Press(和田一夫・金井光太朗・藤原道夫訳『アメリカン・システムから大量生産へ』名古屋大学出版会,1998年)

Krauss-Maffei ed., 1988, *Krauss Maffei, 150 Years of Progress Through Technology 1838-1988*, Munich: Krauss-Maffei AG

League of Nations Economic and Financial Section ed., 1927, *International Statistical Year-Book 1926*, Geneva: League of Nations

Lowe, James W., 1975, *British Steam Locomotive Builders*, Cambridge: Goose and Son

Lowther, Gerard, 1895, 'Report on the Railways of Japan', *Foreign Office 1896 Miscellaneous Series* (Consular Reports on Subjects of General and Commercial Interest), No.390, London: Her Majesty's Stationary Office

Lowther, Gerard, 1897, 'Report on the Railway of Japan', *Foreign Office 1897 Miscellaneous Series* (Consular Reports on Subjects of General and Commercial Interest), No.427, London: Her Majesty's Stationary Office

Maddison, Angus, 2007, *Contours of the World Economy, 1-2030 AD*, Oxford: Oxford University Press(政治経済研究所監訳『世界経済史 紀元1年-2030年』岩波書店,2015年)

Messerschmidt, Wolfgang, 1977, *Taschenbuch Deutsche Lokomotivfabriken*, Stuttgart: Franckh

National Railway Museum, 2003, '*Records of North British Locomotive Company Ltd & Constituent Companies, Locomotive Builders, Glasgow*', York: National Railway Museum

Nish, Ian, 2001, *Collected Writings of Ian Nish Part2*, Richmond: Japan Library

North British Locomotive, 1909, '*The Locomotives of Argentina*', Glasgow: North British Locomotive Co.

Rous-Marten, Charles, 1899, 'English and American Locomotive Building', *The Engineering Magazine*, vol.17, No.4

Saul, S.B., 1960, *Studies in British Overseas Trade 1870-1914*, Liverpool: Liverpool University Press

Saul, S.B. 1968, 'The Engineering Industry', D.H. Aldcroft ed., *The Development of British Industry and Foreign Competition, 1875-1914*, Toronto: University of Toronto Press

Scranton, Philip, 1997, *Endless Novelty: Specialty Production and American Industrialization, 1865-1925*, Princeton: Princeton University Press(廣田義人・森杲・沢井実・植田浩史訳『エンドレス・ノヴェルティ』有斐閣,2004年)

Shavit, David, 1990, *The United States in Asia: A Histrical Dictionary*, Westport: Greenwood Press

Suzuki, Toshio, 1994, *Japanese Government Loan Issue in the London Capital Market, 1870-1913*, London: The Athlone Press

Trevithick, Francis H., 1894, 'The History and Development of the Railway System in Japan', *Transactions of the Asiatic Society of Japan*, vol. 22

Trevithick, Francis H., 1896, 'English and American Locomotives in Japan', *Proceedings of Institute of Civil Engineers 1895-96*, Part 3, No.125

Vauclain, Samuel M. and Chapin May, Earl, 1930, *Steaming Up! The Autobiography of Samuel M. Vauclain*, New York: Brewer & Warren Inc

Westwood, John, 2008, *The Historical Atlas of World Railroads*, London: Cartographica Press（青木栄一・菅建彦監訳『世界の鉄道の歴史図鑑』2010 年, 柊風舎）

White, John, 1982, *A Short History of American Locomotive Builders in the Steam Era*, Washington, D.C.: Bass

Wolmar, Christian, 2009, *Blood, Iron, and Gold: How the Railways Transformed the World*, London: Atlantic Books（安原和見・須川綾子訳『世界鉄道史』河出書房新社, 2012年）

Yuzawa, Takeshi, 1991, 'The Transfer of Railway Technologies from Britain to Japan, with special reference to the Locomotive Manufacture', David Jeremy ed. *International Technology Transfer, Europe, Japan and the USA, 1700-1914*, Aldershot, Hants: Edward Elgar

一次史料・文書（※括弧内は略称）
在米大倉組関係文書（RG131-Okura），アメリカ国立公文書館（NARA）所蔵
大倉財閥資料，東京経済大学所蔵
佐賀県明治行政資料，佐賀県立図書館所蔵
逓信省公文書　鉄道部，鉄道博物館所蔵
三井物産資料（物産），三井文庫所蔵
American Locomotive Co.（ALCO）文書，シラキュース大学図書館所蔵
Baldwin Locomotive Works 文書1（Orders for Engines, Register of Engines），スミソニアン協会文書室所蔵
Baldwin Locomotive Works 文書2（Engine Specifications, Vauclain Papers その他），南メソジスト大学（SMU）図書館所蔵
Beyer Peacock 文書，マンチェスター科学産業博物館（MSIM）所蔵
Dubs 文書，グラスゴー大学文書館所蔵
イギリス外務省（FO）文書，イギリス国立公文書館（NA）所蔵
イギリス商務省（BT）文書，イギリス国立公文書館（NA）所蔵
Jardine Matheson & Co.（JM 商会）文書，ケンブリッジ大学図書館所蔵
Krauss-Maffei 文書，バイエルン経済文書館（Bayerisches Wirtschaftsarchiv）所蔵
Nasmyth Wilson 文書（Nasmyth Papers），サルフォード地方文書館所蔵
Neilson 文書，グラスゴー大学文書館およびイギリス国立鉄道博物館（NRM, York）所蔵

North British Locomotive（NBL）文書，グラスゴー大学文書館およびグラスゴー・ミッシェル図書館所蔵
在米日系企業接収文書（RG131），アメリカ国立公文書館（NARA）所蔵
Sharp Stewart 文書，イギリス国立鉄道博物館所蔵
Vulcan Foundry 文書，リヴァプール国立博物館（National Museums Liverpool）所蔵

刊行資料・統計・新聞雑誌

『工業雑誌』東京大学経済学部図書館所蔵
『職員録』内閣官報局，東京大学総合図書館所蔵
『新鉄道法令集　全』鉄道時報局，国立国会図書館所蔵
『通商彙纂』（不二出版復刻版）
『逓信省職員録』　国立国会図書館所蔵
『鉄道局年報』（日本経済評論社復刻版）
『北海道鉄道庁年報』（日本経済評論社復刻版）
『北海道鉄道部報』（日本経済評論社復刻版）
『三井物産事業報告書』（丸善復刻版）
『三井物産支店長会議議事録』1-7巻（丸善復刻版）
『明治十四年分　外国人調』　総務省統計局図書館所蔵
『鉄道時報』（八朔社復刻版）
Consular Reports（在日英国領事報告），LSE 図書館所蔵
Japan Weekly Mail，横浜開港資料館所蔵
The Engineer，イギリス国立公文書館（NA）所蔵
The Proceedings of Institute of Civil Engineers，イギリス国立公文書館（NA）所蔵

付表　蒸気機関車の軸配置名称

欧州式・日本国鉄式 ホワイト式	アメリカ式	欧州式・日本国鉄式 ホワイト式	アメリカ式
2A 4-2-0	Six Wheeler	1E1 2-10-2	Santa Fe
1B1 2-4-2	Columbia	2E 4-10-0	Mastodon
2B 4-4-0	American	1E2 2-10-4	Texas
2B1 4-4-2	Atlantic	B 0-4-0	Four Cuppled Wheel Switcher
1C 2-6-0	Mogul	C 0-6-0	Six Cuppled Wheel Switcher
1C1 2-6-2	Prairie	D 0-8-0	Eight Cuppled Wheel Switcher
1C2 2-6-4		E 0-10-0	Ten Cuppled Wheel Switcher
2C 4-6-0	Ten Wheeler		
2C1 4-6-2	Pacific	C1 0-6-2	Six Cuppled and Trailing Truck
2C2 4-6-4	Hudson	C2 0-6-4	Six Cuppled and Trailing Bogie
1D 2-8-0	Consolidation		
1D1 2-8-2	Mikado	B+B 0-4-4-0	Mallet
1D2 2-8-4	Barkshire	1B+B 2-4-4-0	〃
2D1 4-8-2	Mountain	C+C 0-6-6-0	Erie
1E 2-10-0	Decapod	1C+C1 2-6-6-2	Mallet Mogul

蒸気機関車の車輪は，シリンダからの牽引力を伝える動輪を中心に，その前に曲線区間などにおける誘導の役目をも果たす先輪，動輪の後ろに動輪などのレールにかかる重さを分担する役目を果たす従輪から成り立っている。欧米ではその配置を車軸や動輪数によって表してきた。欧州式は軸数，ホワイト式は車輪数で表す。アメリカでは名称をつける。日本では欧州式によっている。

(出典)　原田2001，23頁．

索　引

Ｉ　事　項

あ　行

アーノルド・ユング(Arnold Jung)　51
アーウィン(W. G. Irwin)　161
アッヘンバッハ(Achenbach & Co.)　89
アトランティック相互保険(Atlantic Mutual Insurance)　108
アプト式(rack)機関車　50, 64, 77, 85
雨宮鉄工所　215
アメリカン・アジアチック汽船(American Asiatic Steamship)　127, 150
アメリカン・システム／アメリカン・メソッド　5, 25, 26, 39, 42, 44, 53, 171, 176, 221, 225
アメリカン・トレーディング(American Trading Co.)　134, 137, 138, 141, 142, 147, 195
アメリカン・ロコモーティブ(ALCO)　11, 25, 28, 49, 110, 116, 119, 120, 123, 124, 132-134, 136-138, 142, 166, 167, 170, 172, 175, 177-181, 188-190, 192, 195, 204, 205, 207-212, 214, 219, 223, 228
アンドリュー・ジョージ商会(Andrew George & Co.)　195
安奉線　166
飯田合名会社　195
イェンセン(Yensen)　161
石川鉄工所　221
磯野商会　104, 172, 190
伊予鉄道　44, 68, 71, 89
イリス商会(Illies & Co.)　51, 68, 69-71, 78, 171, 172, 180, 181, 190, 195, 207, 208, 223
岩倉使節団　19
ヴーラーツ(F. Wöhlert)　50
ヴァルカン・アイロン(Vulcan Iron)　151, 195
ヴァルカン(Stettiner Maschinenbau A. G. Vulkan)　51, 202
ヴァルカン・ファウンドリー(Vulcan Foundry)　48, 49, 77, 80, 101, 114, 115, 146, 168
ヴィオネ(Vionnet)　161
ウィッタル商会(J. Whittall & Co.)　169, 183, 187

ウェスティングハウス(Westinghouse Electric & Manufacturing)　108, 115, 191
ヴォークレイン複式(機関車)　102, 106, 107, 111, 113
ウニオン(Union)　51
ウビガウ(Übigau)　27, 50
エイボンサイド(Avonside Engine)　77, 80
エスリンゲン(Maschinenfabrik Esslingen)　28, 50, 77
粤漢鉄道　181, 192, 194
近江鉄道　86
大倉組　9, 11, 50, 60, 81, 98, 110, 117, 118, 120-129, 131-133, 135, 138, 141, 142, 147, 151, 154, 169, 172, 178, 180, 181, 187, 190, 195, 205-207, 210, 212, 218, 219, 223, 227
大阪鉄道　60, 74-76, 81, 86, 90, 114, 115
大田鉄道　159
オットー・ライマース商会(Otto Rimarse & Co.)　51, 195
オリエンタル銀行　57, 58, 72

か　行

カー・スチュワート(Kerr Stuart)　80
カーター・レイノルド(Carter & Reynolds)　161
カール・ローデ商会(Carl Rohde)　51, 71, 89
開拓使　24, 66, 67, 74, 123, 129, 133, 145
開平炭鉱(Chinese Engineering & Mining)　191
型式の標準化(uniform system of standard locomotives)　35, 38, 39, 42, 53, 171, 225
カナダ太平洋鉄道(Canadian Pacific Railway)　202, 203
過熱式蒸気機関車　6, 22, 41, 42, 50, 51, 174, 197, 199, 201-208, 210, 212, 213, 220, 223, 226
過熱蒸気機関(Superheating engine)　42, 174, 201-203, 205, 206, 212
カヤスキー・ペザン(Krajewski Pesant)　161
川崎造船所　119-201, 212-214, 223, 228
官営鉄道　4, 22, 27, 35, 50, 51, 57-60, 62-68, 71-78, 81-83, 85, 87, 88, 91-104, 106, 107, 109, 111, 114, 116, 117, 130, 133, 139, 140, 142, 153, 154,

索　引　　245

158, 159, 165, 167, 169, 171-173, 175, 176, 179, 181, 187, 190-193, 198-201, 226
官営鉄道神戸工場　96, 97, 101, 198, 199, 201
官営鉄道新橋工場　200
関西貿易会社　154
漢陽製鉄所　181, 193, 194
汽車製造会社　112, 113, 156, 162, 176, 199-201, 212-214, 220, 223, 228
キットソン(Kitson)　20, 48, 80, 168, 185
九州鉄道　44, 50, 59, 62, 68-71, 74, 82, 88, 89, 100-102, 113, 123, 124, 129, 130, 155, 159, 162, 163, 178, 180, 192, 198, 222
九州鉄道小倉工場　112, 113
京都大学　112, 113, 162, 222
京都鉄道　86, 87, 115
紀和鉄道　191
グーテホフヌング製鉄所(Gutehoffnungshütte)　50, 70
楠木製作所　221
クック(Cooke)　24, 49, 119, 134, 147, 148, 154, 179, 192, 193
クライド機関車会社(Clyde Locomotive Co.)　21, 22
クライマックス(Climax)　49
クラウス(Krauss)　27-29, 44, 51, 68, 70, 71, 88, 89, 211
グラバー商会　74
クルーの鉄道工場(London & North Western Railway, Crewe Works)　19
クルップ(Krupp)　114
グレイ(G. A. Gray)　145
グレート・ウェスタン鉄道(Great Western Railway)　23
グレート・セントラル鉄道(Great Central Railway)　30
グレート・ノーザン鉄道(Great Northern Railway, UK)　30
グレート・ノーザン鉄道(Great Northern Railway, US)　131, 178
関西鉄道　60, 61, 74-76, 81, 90, 98, 101, 110, 113, 143, 153-156, 162, 169, 173, 178, 187, 192, 198
京義鉄道　165, 175, 191, 192
京張鉄道　194, 214
京仁鉄道　191
京釜鉄道　139, 140, 165, 167, 175, 176, 191, 229
軽便鉄道法　215, 220
軽便鉄道補助法　215, 216
京奉鉄路(Imperial Railways of North China)　187

ケスラー(E. Kessler)　50
工技生養成所　78, 143
江蘇鉄道　181, 182, 193
工部大学校　95, 96, 98, 100, 101, 143, 156, 226
甲武鉄道　66, 86, 87, 89, 113, 114, 162
高野鉄道　86, 159
ゴードン商会(Simon J. Gordon)　109, 161
コーンス(Cornes & Co.)　216
互換性生産(interchangeable system)／互換性部品　5, 25, 26, 29, 38-40, 53, 171, 173, 174, 216, 221, 225
コッペル(Orenstein & Koppel)　51, 216, 221
小林鉱業　89

さ　行

サザン・パシフック鉄道(Southern Pacific Rrilroad)　131
刺賀商会　51, 71, 89
サツマ(s/s Satsuma)　126, 150
讃岐鉄道　86
佐野鉄道　71, 89
サミュエル・サミュエル(Samuel & Samuel Co.)／サミュエル商会　169, 195
参宮鉄道　66, 86, 87
サンダース(Sanders)　161
山東鉄道　214
山陽鉄道　59, 62, 74, 76, 81, 83, 85, 86, 88, 101-105, 107, 111-113, 141, 144, 155, 156, 159, 162, 163, 176, 180, 191, 198, 199, 222
山陽鉄道鷹取工場　115, 198, 222
山陽鉄道兵庫工場　101, 156, 222
ジーメンス(Siemens)　195
ジェームソン(Charles Jameson)　161
シェワン・トームス商会(Shewan Tomes Co.)　151
塩原鉄道　89
シカゴ・サザン鉄道(Chicago Southern Railway)　179
シハウ(Schichau)　51
シベリア鉄道　109, 161
シモサ(s/s Shimosa)　126, 150
下津井鉄道　89
ジャーディン・マセソン商会(Jardine Matheson & Co.)　8, 60, 74-76, 78, 81, 90, 104, 114, 115, 134, 142, 169, 172, 183, 187, 190
シャープ・スチュワート(Sharp Stewart)　20-22, 48, 56, 60, 62-64, 73, 77, 80, 82, 104
上海鉄道(Shanghai Railway)　182, 187
シュミット式過熱蒸気器　174, 202, 212

シュワルツコップ(Schwarzkoppf)／ベルリナー
　(Berliner Maschinenbau)　27, 51, 104, 172,
　174, 181, 190, 195, 204, 205, 207, 208, 213, 223
スエズ運河　　3, 12, 126, 127, 132, 150, 178
スケネクタディ(Schenectady)　24, 49, 98, 99,
　101, 110, 115, 116, 119, 120, 123, 124, 129-134,
　140, 147, 148, 154, 178, 192, 208, 228
スケネクタディ(Schenectady and C. P. R)式過
　熱蒸気器　202
セール商会(C. V. Sale)　109, 183
浙江鉄道　　181, 182, 184, 193, 194
総武鉄道　　66, 86, 87, 159

た 行

大日本軌道鉄工部　215, 221
ダイヤモンド・ステイト・カースプリング(Diamond
　State Car Spring Co.)　147
台湾砂糖鉄道　　193, 194
台湾総督府　　86, 117, 137, 141, 157, 159, 187, 194,
　200, 229
タウンズ(R. Towns)　161
高田商会　　50, 60, 66, 81, 87, 89, 98, 99, 104, 106,
　110, 114, 115, 117, 138, 146, 154, 158, 169, 172,
　187, 190-192, 195, 212, 223, 227
ダッフ商会(William Duff & Son)　99
ダブズ社(Dubs)　20-23, 43, 48, 60-63, 73, 75-
　78, 80, 81, 101, 104, 114, 117, 146
筑豊興業鉄道　　102, 106, 107, 153, 158, 159
中越鉄道　　86
中国鉄道　　86, 87, 159, 194
朝鮮鉄道　　194, 228
津浦鉄道　　214
ディクソン(Dickson)　24, 49, 119, 134, 193
帝国大学　　95-98, 100, 143, 156, 198-200, 204, 226
帝国鉄道庁　167, 180, 228
ディモンド(Williams Dimond)　161
デッカー商会(Decker & Co.)　195
鉄道院　　11, 50, 51, 143, 167, 173, 174, 180, 194,
　195, 197-201, 203-207, 209-215, 217, 218, 220,
　222, 223, 228, 229
鉄道院運輸部工作課　143, 155, 173, 174, 197,
　198-201, 203, 204, 212, 217, 218, 220, 222
鉄道局　　72, 74, 85, 95, 97, 102, 110, 113, 130, 143,
　144, 147, 153, 163, 167, 173, 198, 200, 222
鉄道国有化　　3, 5, 18, 63, 167, 169-171, 178-181,
　198, 199, 201, 204, 215, 220, 222, 228
鉄道作業局　　95, 97-99, 130, 153, 171, 175, 198,
　199, 222
デンビィ(Chas Denby, Jr.)　161

東亜商会　　98, 154
東京高等工業学校／東京工業学校／東京職工学校
　95, 101, 144, 153, 155, 156, 222
東京電気鉄道　112, 113, 162
東京電車鉄道　163, 177
道後鉄道　89
東清鉄道　165, 166
東武鉄道　85-87, 194
ドーヴィル(Deoauville)　115
トーントン(Taunton)　49
ドッドウェル商会(Dodwell & Co.)　150, 195
豊川鉄道　86

な 行

七尾鉄道　86
習志野馬車鉄道　112, 162
成田鉄道　66, 81, 86, 87
南海鉄道　86, 136
南和鉄道　81, 159
ニールス工作機械(Niles Tool Works)　108
ニールソン(Neilson)　20-23, 46, 62-64, 73, 101,
　104, 124
西沢商店　195
西成鉄道　81
日支貿易商会(China Japan Trading Co.)　81,
　110, 134, 138, 142, 154, 181, 190, 195
日本車輛製造会社　153, 156, 199, 201, 214, 216,
　221, 228
日本鉄道　　46, 50, 57, 58, 60, 62-65, 74, 76, 77,
　81-83, 85, 87, 100, 101, 103-105, 107, 109, 111-
　113, 115, 129, 140, 141, 144, 151, 155, 159, 162,
　163, 172, 178, 180, 183, 192, 198-200, 217, 222
日本鉄道大宮工場　101, 144, 198, 199, 217, 222
日本郵船　78, 131
ニューウィル(Newell)　161
ニュージャージー・グラント(New Jersey Grant)
　49
ニューポート・エンジン(Newport Engine &
　Ship Building Co.)　108
ニューヨーク・オリエンタル汽船(New York &
　Oriental Steam Ship Co.　126, 127, 150
ニューヨーク・ナショナル海上保険(New York
　& National Board of Marine Underwriters)
　108
ニューヨーク・ローマ(New York Rome)　49
ネイスミス・ウィルソン(Nasmyth Wilson)
　23, 36, 37, 54, 55, 59, 60, 64-66, 72, 76, 107, 114,
　115, 117
ノース・ブリティッシュ・ロコモーティブ

索　引　*247*

（North British Locomotive） 11, 16, 21-23, 28, 59, 60, 62-64, 73, 80, 82-84, 142, 146, 165, 168, 169, 176, 178, 181, 183, 186, 187, 195, 204-207, 210, 212, 219, 220, 223

ノートン・メガウ商会（Norton Megaw） 109, 161

野沢組　195

ノリス（Norris）　24, 49

は　行

バーチ商会（John Birch & Co.）　60, 62, 63, 66, 73, 81-83, 87, 104, 114, 172, 190
ハートマン（R. Hartmann）　50
バーバー汽船（Barber & Co.）　150
バイエルン領邦鉄道　29
ハイスラー（Heisler）　49
博多湾鉄道　113, 162
バグナル（Bagnall）　80
パナマ運河　127
ハノマーク（Hannoversche Maschinenbau）　27, 64, 104, 105, 172, 174, 190, 202
バリー・ドック鉄道（Barry Docks & Railway）　38
阪堺鉄道　44, 51, 68, 98, 153
阪鶴鉄道　50, 89, 178, 192
ハンスレット（Hunslet）　80, 185
範多商会　195
播但鉄道　102, 107, 159
ビーチ（Beeche）　161
ヒーリング商会（L. J. Healing Co.）　195, 216
尾西鉄道　87
ピッツバーク（Pittsburgh）　25, 49, 119, 120, 134, 147, 154, 192, 193
平岡工場　200
ヒンクリー（Hinkley）　49
フェックハイマー（Fechheimer）　161
ブエノスアイレス・パシフィック鉄道（Buenos Aires & Pacific Railway）　206
フォン ノーリング（Axel von Knorring）　161
深川造船所　221
藤原商店　195
福建鉄道　181, 193
ブラウン商会（A. R. Brown & Co.）　63, 73, 78, 83
ブラック・ホーソン（Black Hawthorn）　80
G&O ブラニフ（G&O Braniff）　161
ブルックス（Brooks）　25, 49, 99, 119, 134, 136, 147, 148, 154, 192, 208
フレザー商会（Frazar & Co.）／セール・フレザー

商会　104, 106-112, 114, 120, 122-124, 132, 134, 138, 145, 146, 148, 154, 158, 160-162, 170, 174-178, 180, 181, 189, 191, 195, 212, 216, 223, 227, 228
プロイセン領邦鉄道　28, 51, 69, 202, 203
ベイヤー・ピーコック（Beyer Peacock）　20, 22, 23, 36, 37, 55, 59, 60, 63, 64, 99, 104, 105, 107, 115, 144, 168, 204
北京広東鉄道　187
ヘイル（Samuel B. Hale）　161
別子銅山　71, 89, 191
ペニー（Penney）　89
ヘミンウェイ・ブラウン（Hemerway & Browne）　161
ベン（Edward Benn）　161
ヘンシェル（Henschel）　27, 28, 50, 64, 104, 105, 174, 176, 190, 212, 223
豊州鉄道　107, 159
房総鉄道　87
飽和式蒸気機関車　41, 201, 202, 204-206, 210, 212, 223
ホーエンツォレルン（A. L. Hohenzollern）　51, 68, 70
ホーソン・レスリー（Hawthorn Leslie）　48, 80
ポーター（H. K. Porter）　24, 49, 67, 137, 151, 216
ポートランド（Portland）　49
ボールドウィン（Baldwin Locomotive Works）／Burnham, Williams & Co.　5, 11, 12, 24-26, 28, 30, 33, 35, 36, 40, 41, 45, 49, 53-55, 59, 63, 80, 84, 101-103, 105-114, 119, 120, 123-125, 132-134, 138, 139, 144-146, 148, 157-161, 165-167, 170, 174-178, 181, 183, 188-192, 195, 204, 212, 216, 223, 228
北越鉄道　86
北海道炭礦鉄道　50, 67, 74, 101, 106, 112-114, 140, 141, 156, 158, 159, 162, 178, 191-193, 198, 222
北海道炭礦鉄道手宮工場　101, 113, 155, 162
北海道庁鉄道部　112, 113, 118, 119, 121, 122, 124-129, 131-133, 138, 144, 149-151, 162
北海道（函樽）鉄道　81, 85, 141, 187, 200
ボルジッヒ（Borsig）　5, 27, 28, 44, 50, 142, 172-174, 181, 190, 195, 202, 204, 205, 207-209, 218, 212, 223
幌内鉄道　67, 106, 158

ま　行

マッファイ（Maffei）　27, 29, 50, 51, 89, 195, 210-213, 223

248

マニング・ワールド(Manning Wardle)　　80, 185
マホーニー(Edward Mahony)　　161
マルコム・ブランカ商会(Malcolm Brunker & Co.)　57, 58, 60, 62-66, 71-76, 83, 85-87
マレー複式(機関車)　50, 113, 187, 204, 205, 210, 211, 214
マンチェスター(Manchester)　24, 49, 119, 134
ミズーリ・カンサス・テキサス鉄道(Missouri Kansas & Texas Railway)　148
三田鉄工所　221
三井物産　8, 9, 11, 13, 64, 66, 85, 87, 98, 104, 105, 109, 114-117, 119, 120, 123, 124, 127, 132-139, 145-147, 150, 151, 154, 160, 163, 164, 170, 172, 175-184, 189, 192-196, 207, 212-214, 216, 220, 223, 224, 227, 228
ミッドランド鉄道(Midland Railway)　30, 41
三菱合資会社　72, 74, 229
三菱長崎造船所　208
南満州鉄道(満鉄)　137, 166, 168-171, 177-180, 182, 192-194, 214, 228
ミネソタ土地建設会社　179
メイソン(Mason)　49
茂須礼商会　51, 190

や　行

野戦鉄道提理部　165, 166, 169
(官営)八幡製鉄所　89, 112, 162
USスティール　125
ヨークシャー(Yorkshire Engine)　77, 80

横浜正金銀行　106, 127, 128, 131, 132, 143
横浜鉄道　89, 179, 193
米井商会　195

ら　行

ラスペ商会(M. Raspe & Co.)　50, 64, 105, 171, 172, 190
陸軍省(中野鉄道大隊)　89, 113, 162, 214
リッチモンド(Richmond)　25, 49, 78, 119, 134, 148, 149, 179, 192, 193
リマ(Lima)　24, 49, 151, 195
竜ケ崎鉄道　89
臨時軍用鉄道監部　165, 175-177, 191
レーヴェ(Ludwig Loewe & Co.)　173
レンセラー工科大学(Rensselaer Polytechnic Institute)　68, 95, 153
ローカ(Lowca)　80
ロードアイランド(Rhode Island)　25, 49, 119, 134, 179, 193
ローリング・ロウ(Ralling & Lowe)　89
ロジャース(Rogers)　24, 44, 49, 119-121, 123-126, 128-133, 138-142, 148, 149, 170, 178, 179, 188, 189, 192, 193
ロバート・スティーブンソン(Robert Stephenson)　19, 25, 48, 80, 185

わ　行

ワグナー(Emiho F. Wagner)　161

Ⅱ　人　名

あ　行

H. アーレンス(H. Ahrens)　114, 146
青木栄一　7, 13-15, 217, 218, 229
青山与一　97, 153, 199, 222
赤坂義浩　220
秋田　茂　12
秋山正八　199, 217, 222
朝倉希一　204, 208, 210, 213, 217, 218, 220
麻島昭一　8, 13, 146, 164
A. アプトン(A. W. Upton)　160
雨宮敬次郎　215
荒川琴太郎　156
荒木　宏　222
粟野新三郎　155

飯島直二　155
飯山敏雄　155
池田正彦　153, 199, 222
石井寛治　8, 13, 78, 183
石井摩耶子　78, 220
石川銀次郎　155
石原正治　155
伊集院兼常　68, 69
泉(Idzumi, フレザー商会)　112, 160
磯谷森之助　222
市川繁夫　153
犬崎(Inuzaki, フレザー商会)　112, 160
井上　馨　68, 69
井上庄作　155
井上　勝　200

索　引　249

今城光英　220, 221
C. イリス（Carl Illies）　69
岩崎彦松　101, 112, 155, 162, 198
岩崎久弥　200
岩原謙三　133-136, 177, 180
P. イングリッシュ（Peter J. English）　30, 45, 80
J. ウィッタル（James Whittal）　183
J. ウエストウッド（John Westwood）　15
植田久逸　155
上村行典　155
上山和雄　13, 146
S. M. ヴォークレイン（Sir. Samuel M. Vauclain）　111, 113, 146
S. ヴォークレイン・ジュニア（Samuel M. Vauclain Jr.）　111-113, 146, 160, 162, 176, 183
C. ウォタース（C. H. Waters）　160
C. ウォルマー（Christian Wolmar）　7, 13
W. B. ウォルター（W. B. Walter）　75
臼井茂信　8, 13, 21, 43, 48, 51, 65, 77, 78, 80, 81, 143, 144, 217-221, 223
内田星美　144
内山頼吉　125, 128, 131, 147
宇都宮貫一　139, 140, 153
江波常吉　222
S. エリクソン（Steven J. Ericson）　7, 13, 110, 144-146
G. エンディコット（George. B. Endacott）　183
遠藤栄次郎　155, 222
老川慶喜　12, 14, 217
大倉喜八郎　117
大島久幸　150
太田吉松　97, 199, 200, 212, 213, 217, 223
大塚践吉　153
大塚武之　156
小笠原茂　44, 51
岡部 遂　155, 222
小川資源　181, 184
奥田正香　201
小野塚知二　230
オマリー（O'may，フレザー商会）　160
A. オルドリッチ（Arthur S. Aldrich）　58, 72, 74, 79, 94, 99, 144, 226
H. オンダードンク（H. K. A. Onderdonk）　460

か　行

W. W. カーギル（William W. Cargill）　57, 79
A. ガーシェンクロン（Alexander Gerschenkron）　1, 12

W. カーティス（W. B. Curtis）　160
C. カービィ（C. E. Kirby）　160
J. ガーンズ（J. F. Gairns）　217
柿村長治　156
笠井雅直　146
H. ガスケル（Holbrook Gaskell）　23
粕谷 誠　150
桂 太郎　199
加藤豊作　155
加藤新一　220, 221
門野重九郎　117, 119, 122, 126, 128, 131, 139, 148
金重林之助　153
金田茂裕　13, 76
加納万次郎　222
神西利政　99, 100
R. ガルベ（Robert Garbe）　203, 218
河相直吉　156
川崎正蔵　200
北 政巳　43, 183
吉川　容　13
木下立安　78, 87, 144, 156, 222
R. キャンベル（R. H. Campbell）　43, 183, 186
M. キャンベル（M. Campbell）　160
具島恒雄　155
久米邦武　19, 43
T. B. グラバー（Thomas Blake Glover）　74-76, 90
G. クラウス（Georg von Krauss）　28
F. クルーゼ（Francois Crouzet）　16, 17
グレイグ（Greig，フレザー商会）　160
W. クレーン（W. A Crane）　160
J. U. クロフォード（Joseph Ury Crawford）　67, 68, 123, 128-131, 133, 145, 151, 178, 179, 192, 193
W. H. クロフォード（William H. Crawford）　108, 111, 146, 160
W. クロフォード Jr.（W. H. Crawford Jr.）　160
A. クロンビー（A. W. Crombie）　160
A. クンツ（A. Kunz）　16, 51
小疇 壽　222
幸田亮一　13, 51, 183, 221
小風秀雅　12
後藤新平　197, 199, 207
小林定馬　153
小松幸太郎　155

さ　行

齋藤 晃　13, 183
坂上茂樹　13
作間綱太郎　155

刺賀長介　71
沢井　実　4, 7, 12, 13, 18, 30, 45, 145, 149, 166,
　　　195, 217, 220, 221, 223, 224, 230
D. シァヴィト（David Shavit）　77
重見道之　222
斯波権太郎　98, 153, 198, 199, 204, 218, 222
渋沢栄一　199, 200
島安次郎　98, 101, 143, 153, 156, 173, 174, 183,
　　　198, 199, 201-204, 208, 212, 217-223
島田徳五郎　222
島村鷹衛　155
T. シャーヴィントン（Thomas R. Shervinton）
　　　72, 78, 87, 99, 133, 144
W. シュミット（Wilhelm Schmidt）　202
G. シュレージンガー（Georg Schlesinger）　221
庄野亀次郎　155
進　経太　50, 195, 212, 223
末廣　昭　14
菅　建彦　15
杉山伸也　78
P. スクラントン（Philip Scranton）　145
J. スコット（James Scott）　114, 146
図師民嘉　95, 153
鈴木（Suzuki, フレザー商会）　160
鈴木幾弥太　98, 153
鈴木鉄次郎　112, 155
鈴木俊夫　229
G. スティーブンソン（George Stephenson）　19
W. ステビィ（W. Staby）　16, 51
瀬古龍雄　220, 221
仙石　貢　95, 112, 113, 153, 162
S. B. ソウル（S. B. Saul）　12, 16, 48

た　行

W. タイラー（Willard C. Tyler）　7, 110, 134,
　　　135, 146
高木宏之　13, 193
高洲清二　155, 199, 222
高田慎蔵　114, 146
高橋秀行　44
高村直助　217
武田晴人　144
多々良信二　155
田中正平　144, 155
田中時彦　6
H. ダブズ（Henry Dübs）　21, 22
田淵精一　155, 222
塚本小四郎　156
W. P. ディグビィ（W. Pollard Digby）　17, 31,

　　　32, 34, 45, 47, 52
出羽政助　156
F. H. トレヴィシック（Francis H. Trevithick）
　　　35, 36, 46, 55, 65, 72, 77
R. トレヴィシック（Richard Trevithick）　78,
　　　201
R. F. レヴィシック（Richard Francis Trevithick）
　　　79, 95, 97, 143

な　行

中岡哲郎　13, 14, 78, 96, 143, 208, 220, 229
中川　清　146
中川浩一　220, 221
中田正一　222
永見桂三　153, 222
中村桂太郎　160
中村青志　147
奈倉文二　146
W. ニールソン（Walter Neilson）　21
西村閑也　12
I. ニッシュ（Ian Nish）　78
J. ネイスミス（James Nasmyth）　23
野上八重治　156, 199, 222
野田正穂　14, 94
野村良一　153

は　行

H. パークス（Harry S. Parkes）　56
G. バートン（G. W. Barton）　160
W. バーナー（W. A. Brenner）　160
E. バーンビィ（E. M. Barnby）　112, 160
D. ハウンシェル（David A. Hounshell）　44
橋本克彦　183
橋本毅彦　44, 45
長谷川正五　200
畑精吉郎　95, 98, 153
服部　勤　153, 201
羽田　正　13
林田治男　7, 13, 76-78, 151
原口　要　95, 153
原田勝志　12, 14, 144, 217, 218, 220
R. ピーコック（Richard Peacock）　23
日野清芳　160
平井晴二郎　67, 68, 95, 153
平岡　熙　112, 162, 176, 200
R. ヒルズ（Richard Hills）　80, 85
C. フィッチ（Charles H. Fitch）　44, 46
R. フェデルシュピール（R. Federspiel）　16, 51
W. フェルドウック（W. Feldwick）　145, 148, 160

索引　251

福島縫次郎　　97, 153, 222
藤瀬浩司　　12
藤田経定　　155
A. ブラウン（Albert R. Brown）　　72, 78
J. ブラウン（John K. Brown）　　12, 44-46, 144, 157, 188
古川豊雄　　156
古田五郎　　155
E. W. フレザー（Everett W. Frazar）　　109, 160
E. フレザー（Everett Frazar）　　108, 160
G. フレザー（George Frazar）　　109, 160
R. フレムトリング（R. Fremdling）　　16, 51
C. ベイヤー（Charles F. Beyer）　　23
D. ヘドリック（Daniel R. Headrick）　　12
R. ヘルムホルツ（R. Helmholtz）　　16, 51
C. A. W. ポーナル（Charles A. W. Pownall）　　79, 94, 95
M. ボールドウィン（Matthias Baldwin）　　25
J. F. A. ボルジッヒ（Johann Friedrich August Borsig）　　28
G. P. ホワイト（George P. White）　　56
J. ホワイト（John White）　　44, 49

ま　行

M. マーシャル（M. Marshal）　　160
C. マクドナルド（Sir C. MacDonald）　　207, 219
A. マジソン（Angus Maddison）　　12
増田礼作　　153
増田屋（嘉兵衛）　　75, 90
松井三郎　　155, 222
松方幸次郎　　200
松方正義　　68, 200
松野千勝　　153
松本慎一郎　　155
松本荘一郎　　67, 68, 95, 129, 130, 153
丸屋美穂　　155
水島　司　　13
J. ミッチェル（James Mitchell）　　21
南　清　　78, 102, 103, 107, 144, 158
三宅淑蔵　　155
宮崎航次　　95, 153
宮崎　操　　155, 222
村井晦蔵　　155
村上享一　　78, 144

E. C. メイ（Earl Chapin May）　　146
W. メッサーシュミット（Wolfgang Messerschmidt）　　51
E. メレガリ（E. Meregalli）　　160
森川荘吉　　155
森田忠吉　　145, 183
森　彦三　　27, 44, 97, 142, 198, 199
森　明善　　153
森山盛行　　156, 222
E. モレル（Edmund Morel）　　56, 79

や　行

矢野（T. Yano）　　75, 76, 90
山口金太郎　　155
山下正明　　188
山田直匡　　79
山田馬次郎　　117-123, 125-127, 128-133, 138-142, 145, 147-152
湯沢　威　　6, 12, 13, 43-45, 47, 68, 77
横井実郎　　153
横山武一　　156
吉川三次郎　　181, 184
吉野伝吉　　155
吉野又四郎　　97, 153
吉見九郎　　156

ら　行

J. リンズレー（John Lindsley）　　108, 109, 160
H. ルムシュッテル（Hermann Rumuschöttel）　　69, 71
H. N. レイ（Horatio Nelson Lay）　　56, 57
J. ロウ（James W. Lowe）　　43, 44
G. ローサー（Gerald Lowther）　　59, 77, 93-95, 142, 143
H. ローズウェル（H. J. Rothwell）　　160
W. ローリマー（William Lorimer）　　22
C. ロス‐マーチン（Charles Rous-Marten）　　45

わ　行

和田敬三　　155
渡辺季四郎　　156, 222
渡辺秀次郎　　177
渡辺伝太郎　　156
渡部　聖　　146, 147

著者略歴
1966年　熊本県に生まれる
1989年　熊本大学文学部史学科卒業
1994年　九州大学大学院文学研究科史学専攻博士後期課程単位取得
現　在　東京大学社会科学研究所教授，博士（文学）

〔主要編著書〕
『日本鉄道業の形成』（日本経済評論社，1998年）
『地方からの産業革命』（名古屋大学出版会，2010年）
『講座日本経営史 2　産業革命と企業経営』（共編，ミネルヴァ書房，2010年）
『〈持ち場〉の希望学』（共編，東京大学出版会，2014年）

海をわたる機関車
―近代日本の鉄道発展とグローバル化―

2016年（平成28）2月10日　第 1 刷発行

著　者　中　村　尚　史
　　　　なか　むら　なお　ふみ

発行者　吉　川　道　郎

発行所　株式会社　吉川弘文館
　　　　〒113-0033　東京都文京区本郷 7 丁目 2 番 8 号
　　　　電話　03-3813-9151〈代〉
　　　　振替口座　00100-5-244
　　　　http://www.yoshikawa-k.co.jp/

印刷＝亜細亜印刷株式会社
製本＝株式会社 ブックアート
装幀＝伊藤滋章

Ⓒ Naofumi Nakamura 2016. Printed in Japan
ISBN978-4-642-03851-5

JCOPY 〈（社）出版者著作権管理機構 委託出版物〉
本書の無断複写は著作権法上での例外を除き禁じられています．複写される場合は，そのつど事前に，（社）出版者著作権管理機構（電話 03-3513-6969，FAX 03-3513-6979，e-mail: info@jcopy.or.jp）の許諾を得てください．